JN240078

有機の郷
猿島野の「生き方資料館」

二人のけんじと共に生きて

小野羊子
Yoko Ono

風詠社

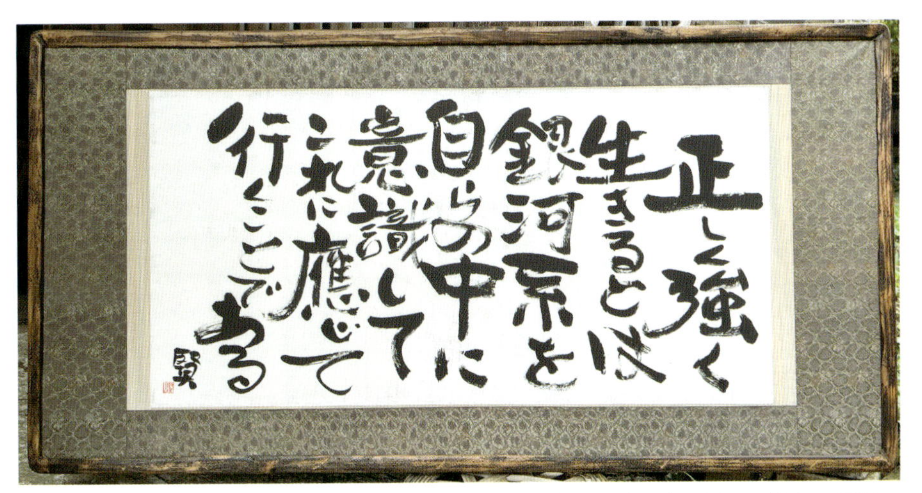

ゴルフ場建設反対を表明するとき、賢治のこの言葉を夫の入魂の字で示し、単なる反対ではなく、次元の高い関係を作っていくことを示したかった。

一目でこの場所が気に入り、通って描いた筑波山と手作りの額。

子供が小さかった頃、自宅内に柿の木を植えると見事に実り、家族だけでなく皆を悦ばせてくれた。

ゴミ拾いで出会った日本文化の香りのする古い酒瓶。１つも欠けたところはなかった。

太平洋戦争で夫の叔父が出征し持ち歩いた水筒。穴や傷跡が残っている。（夫画）

柿の実の持つ強い生命力の美しさに魅かれて。

当時の芸術に対する熱意が、花の勢いと自作の額に表れている。

「たましいは神様とつながっている　唯一の受話器です」

はじめに

たんぽぽのうた

1．人間ってなんだろう　自分ってなんだろう
たんぽぽの綿毛が　風に吹かれて　舞い降りた
そこが　そのたんぽぽの　一生の生息の場
たんぽぽは　選べない　たんぽぽは　選べない
そこで　根を張り　そこで　根を張り
ギザギザの葉で　自分の場を　陣取る
太陽の方に　さとく向き
真っ黄色に　たんぽぽらしく咲こうとしてるのさ
人間だって　生まれる所を選べない
たまたま　そこに生を受けただけ
あなたが　あなたが　私だったかもしれない　しれない

2．人間ってなんだろう　自分ってなんだろう
時という風は　眼には見えない　オルゴール
みんな　そのオルゴール　それぞれに奏でるよ
光と風のセレナーデ　光と風のセレナーデ
時は　流れ　水は　流れ
形あるもの　時のまにまに　たゆとう
太陽の恵みを　大地受け
しっかりと　生きとし 生けるのさ
人間だって　生きてる時間を選べない
たまたま　そこで命燃やすだけ
明日が　明日が　始まりかもしれない　しれない

たんぽぽのうた

作詞
作曲　小野羊子
編曲　梅澤　剛

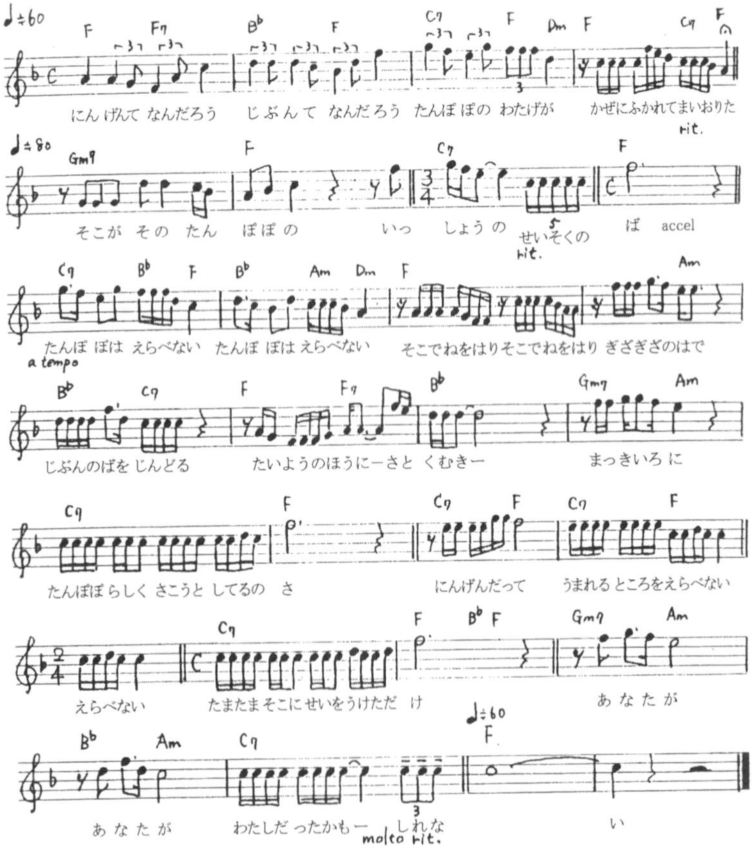
♩≒60
F F7 B♭ F C7 F Dm F C7 F
にんげんて なんだろう　じ ぶ ん て　なんだ ろ う　たんぽ ぽの　わたげが　かぜにふかれてまいおりた
rit.
♩≒80
Gm9 F C7 F
そこが　そ の　た ん　ぽ ぽ の　い っ　しょう の　せいそくの　ば　accel
rit.
C7 B♭ F B♭ Am Dm F Am
たんぽ ぽは えらべない　たんぽ ぽは えらべない　そこでねをはりそこでねをはり ぎざぎざのはで
a tempo
B♭ C7 F F7 B♭ Gm7 Am
じぶんのばを じんどる　たいようのほうにーさと くむきー　まっきいろ に
C7 F C7 F C7 F
たんぽぽらしく さこうと してるの　さ　にんげんだって　うまれる ところをえらべない
C7 F B♭ F Gm7 Am
えらべない　たまたまそこにせいをうけただ　け　あ な た が
♩≒60
B♭ Am C7 F
あ な た が　わたしだ ったかもー　しれな　い
molto rit.

この根本的で素朴な問いは、誰もが持っていないでしょうか。

でも表立っては誰も言わないので、いつの間にか忘れ去られていきます。私が変わっているのは、そういう点になぜかこだわってしまうところです。

今振り返ると、私の人生はその答えを探す旅でもありました。そのお陰で、これまで納得のいく人生を送ることができたのだと感謝しています。

私たちは　みな地球市民

みな地球市民（地球の子供）だれでも仲間
なんでも活用　どこでも地球の庭

（　　　）は後で思いつきました。残念！

この看板は、数年前に２人の孫が夏休みに農場に遊びに来た時、一緒に建てました。素材は、古材と私が以前ゴミ拾いで出会った昔懐かしい本物のレンガです。

そして、この言葉は自分も含めて、１人でも多くの人がこういう意識を持って生活してくれたらいいなあという願望でもあります。

有機の郷 猿島野の「生き方資料館」◇ 目次

第1章

自生農場までの道のり

※本書は、2011年頃から2023年頃にかけて執筆した文章をまとめたものです。
そのため、文中にある「現在」は執筆時の年を表していることがあり、また
その文章に関連する記録も当時のデータで示されている場合があります。

1．パーキンソン病の１人として

丁度、世界中がコロナ禍でてんてこ舞いしている最中に、私はパーキンソン病という診断を受けました。

その時私は、その病名すら知らなかったのですが、今はその病気から来る独特の歩き方しかできなくなってしまった自分を見て、パーキンソン病になったのだと認めざるを得ませんでした。初めは、その事実に打ちのめされて絶望し、再起不能のような状態でしたが、ようやくそこから脱出でき、むしろここまで追い詰められたら、パーキンソン病になったことをプラスに転じないともったいないとまで思えるようになりました。

と言いますのは、私たちは20数年、宮澤賢治的世界観を拠り所に、世界平和と環境保全という大きすぎるような普遍的なテーマを掲げて、小さな会をやってきました。そして、この２つのテーマに対して自分たちの身の丈にあった、自分たちの生活の足元から誰でもいつでもどこでもできる方法に辿り着きました。その中には、地球温暖化問題の解決方法も入っています。コロナの問題も地球温暖化から派生したと聞き及びます。

そこで私は、自分に残された有限な時間を大事に活用して、自分の人生を全うしようと思うようになりました。私は今78歳です。私たちの年代は、第二次世界大戦前後に生まれ育った世代で、物不足の中、必死に生きる親や大人たちの世代の後ろ姿を見てきました。そこから自然ともったいない精神が培われた気がします。

これまでの自分の人生を振り返ると、全ての自分の行動の源は、もったいない精神の泉から湧き出てきたように思います。私と同世代の高齢者でこの病気にかかってしまった方の中にも、それまでこのもったいない精神で一生懸命生きてきた方も多いと思います。私も、そのお仲間の１人に加えていただき、地球や後に続く世代の人たちのために少しでもお役に立てるよう、共に残された時間を大事に楽しく使っていきましょう。そう決めた時から、私は何をするのにも自分を許容できるようになり、楽観的にものを考え、行動できるようになりました。ちょっと無理していますけど。でも感謝、感謝です。

パーキンソン病になったお陰で、自分が往生できる道を見出すことができたと思えるようになりました。天に召される日まで、春のような幸いの境地で日々を送れる予感というか祈りが、自分の中に生まれたように思います。自分にとっての何よりの天からの贈り物です。その思いを５冊目の本に残し、旅立てれば何も思い残すことはありません。ありがとうございます。

上の文章を書いた時から月日が経ち、私は現在、病が進行したのか、もう１つ何らかの病気も併せ持っているのか、左足の痛みで歩行できなくなり、車椅子の生活になってしまいました。この後には、寝たきり生活しか待っていません。パーキンソン病独特の歩き方でも歩けた時には、まだ家事もできたし、一通りのことができて先の見通しも持てましたが、こうなると５冊目の本を寝たきりになる前に書いておかないと、私にとって全てが水の泡です。

そこで、５冊目の本作りを生活の最優先にして、頑張っているつもりですが、なかなか思うように進みません。でもこの本を完成させることが、これまで私に関わり手を差し伸べてくれた方たちへの感謝の印であり、これからの時代を生きていく世代の人たちへの、もしかしたら地球温暖化問題や放射能の減少などの解決の１つになるやもしれません。その路を示して、私の遺言とさせてもらえたら、これ以上幸いなことはないという気持ちに切り替えて頑張る所存です。

２．宮澤賢治の今日的意義

私は全く柄にもなく、これまでに４冊の拙著を書いてきました。私をそうさせたのは、「たんぽぽのうた」の最初のフレーズ「人間ってなんだろう　自分ってなんだろう」という、最も気にかかり知りたいけど誰も教えてくれない問いに、それまで遠い存在だった宮澤賢治の詩の数行が、私に真に納得のいく答えを与えてくれたことがきっかけでした。そして、その答えを生活の中で実践してみて、賢治の教えてくれた人間定義がいかに真実かを実感し、この混迷深き現代文明社会の中で、大人ですらとりあえずでしか生きざるを得ない、ましてや未来ある若者はなおさらと、宮澤賢治の今日的意義を痛感し、本として残しておかなければもったいないと思うようになり、思いきって実行に移しました。

今の時点では、自己救済のためにも拙いながら書いておいて本当によかったと感謝しています。

1冊目は『私の宮澤賢治』副題「たんぽぽの里より」、2冊目は『私の宮澤賢治かん』副題「時間と空間を考える博物館」、3冊目は『宮澤賢治を生きる』副題「たましいは　神様が全ての人に与えてくれた唯一の贈り物である」、4冊目は『とりあえず症候群のあなたに』副題「宮澤賢治的世界観より」です。4冊目は、賢治を生きていく過程で、私の中から自然と生まれてきた歌の10数曲を入れたCD本です。

賢治の言葉に「自我の意識は個人から集団社会宇宙と次第に進化する」とあります。これから、この4冊の本の内容を簡単に紹介させてもらうことで、宮澤賢治の上の言葉のように、目には見えない自我の意識が長い時間をかけて、苦しみを伴いながらも少しずつですが、いい方向に変わっていくのをわかってくれる人がいたら本望ですし、有り難いです。

3．私の幼児期から結婚に至るまで

私は、昭和18年、第二次世界大戦の終戦2年前に、千葉県安房郡富浦町という所で、歯科医の父、田畑嘉雄と母、道枝の間に次女として生まれ、5歳上に優子という名前にぴったりの姉がいました。

1歳4ヶ月の頃、私は自家中毒症になり、物資不足、日本中どさくさの真っ最中、本来ならば私というなきに等しい点は、そのまま無に帰するところ、父に小児科医の姉あり、東京の赤羽に母と共に入院し、輸血の点滴を受け、それでも見放されていたのが、奇跡的に一命を取り留めたそうな。回復の最中、粥椀をしっかり抱え、1粒1粒手で大事そうに口に運び、空になると、もっとくれと小さい両手を合わせて哀願していたと父母、叔父叔母に何度も聞かされました。

私は子供の頃、自分の原点をいつもそこに見ていた気がします。その自家中毒の後遺症ゆえか、身長も伸びず、強い吐き気の体質が残り、知能の発達も遅かったようです。

昭和20年の終戦直前、父の郷里、信州へ疎開します。その前夜が、東京深川で10万人以上の死傷者を出したという大空襲の日で、翌日私たち家族が乗った信越線はガラ空きで不気味なほど静かでしたが、そのすぐ後からの列車は大空襲の被災者で膨れ上がったそうです。

そして、長野県の無医村の診療所で、村の人たちとの温かい交流の中、3年3ヶ月を過ごした後、私たち家族4人は、母の実家のある気候が温暖な千葉県青堀町に移り、歯科医院を開業しました。

地元の商人の娘で、生来外交的手腕のある母は、患者さんの応対、会計、治療の時の介添え、保険業務、税金関係の分野を一手に引き受け、父はその頃、技工室と私たちが呼んでいた治療室の一隅で仕事に専念していて、その姿が私の脳裏に刻まれています。芸術家肌の父は入れ歯とか義歯がうまかったようで、その頃の言い方では〝はやって〟おり、夫婦2人で力を合わせて働く姿は、後の私に結婚生活のあるべき姿を教えてくれた気がします。洗濯機、お風呂のガスなどない時代、しっかり者の母は洗濯と薪割りを専従の人に頼み、家事は、頼りない私とは違い、しっかり者で家族思いの姉にも手伝わせるなどして、うまく切り盛りしていました。

一方、私は昔の子供のように自然の中で遊び、幼児の時には縁の下にいるカニの家作りに熱中し、小学生の時は昆虫採り、まりつき、お手玉、おはじき、ゴム跳び、石蹴り、石当て、ままごと、馬乗り、面取りに興じ、中学、高校になると魚釣り、映画に夢中になりました。

このように勉強に自分から興味が湧くまで自由に泳がせておいてもらえた、あの自然のリズムを持った時代と我が家の放任主義に、私は本当に感謝しています。

それゆえ、無意識のうちに根強く「自由」というものを、あらゆるものの最上位に位置付けるようになったのだと思います。また、私には本や映画による感化も大きく、『赤毛のアン』『秘密の花園』『十五少年漂流記』『ハックルベリーフィンの冒険』『ジャイアンツ』『戦争と平和』『風と共に去りぬ』『大草原の小さな家』など、主人公が自由な発想で生きていく姿勢とその生命力に惹かれました。

経済格差のある社会で育った私は、一種の自己防備のために勉強し、大学に進学することができました。

私はミッション系の大学に通いながら、大学３年の春休みに高校時代の友人と福井県の永平寺に２週間、参禅しました。東洋の禅、その中に何やら本質的なものが隠されている気がしたのです。瞑想と作務（作業のこと）を中心に据え、質素、禁欲に徹した２週間は、私にとって濃密な生活体験でした。

大学卒業後の仕事に関しても、求人板を見ている学生の群れを他人事のように感じていました。父が口癖のように「自由業がいい」と言っていた考えが自分にもすっかり浸透していたので、私は家に帰って家事を助けながら塾でも開こうかと考えていました。

教職課程を取り教職の試験を何気なく受けておいたのが、私の運命を決めました。伝統を受け継ぐ県立の農業高校と、新設でこれからの農業後継者を育成する農業高校の２校から依頼が来て、私は最初に見学に行った新設高校の時間講師のほうを選びました。なぜなら、その学校は素晴らしい自然環境の中にあって、私の自然回帰への思いを十二分に満たしてくれたからであり、自由気ままな私には県立で常勤という堅い条件の伝統ある高校にはついていけない気がしたのです。１週間に３日出勤し、あとは家で塾をやる、収入も時間的余裕も私の望み通りでした。こうして私は２年間、山の上の高校に勤めることになり、ようやく自分なりの自由と独立を手に入れたのでした。

そこで、私より１年遅れて入ってきた１人の男性（のちの主人）と出会ったのですが、２人の男女が結婚という一大合意に到るまでには、決定的な要素と契機が必要でした。彼は今まで出会ったどんな男性よりも、一緒に話していて気楽で居心地が良かったのですが、それだけでは結婚には踏み切れなかったと思います。私が決断できたのは、夢を持てる明るさと強さが彼にあったことと、彼が物質的には本当に何も持っていない裸一貫の人間だったからです。要約すれば誠実で生命力があるということでした。

私の一番身近な男性は父であり、父を基に私の男性像は出来上がっていきました。心身ともに強い人、それが私の望んでいた全てでした。私は与えられた環境の中で、世間一般的な結婚観と離れて、自分独自の結婚観を自ずと作り上げていった気がします。世間一般、また身近な周囲も、第三者が介在する結婚が多く、私にはそれが不思議に思えたのです。結婚は両者の合意100パーセントが望ましいと、私は思っていました。

はじめ私には、主人は着の身着のままみたいな、年齢よりは凄く老けて見える、冴えないただの人でした。学校が山の上にあるので、下りる時に車に乗せてもらって、ふと立ち寄った喫茶店で、彼が自分の一面を覗かせました。彼は、これから自分の可能性を信じて、自由に世界を飛び回ろうとしていました。その時、初めて私は彼の眼の純粋さに気付きました。その眼の光というか、輝きに彼の全てが集約されていたのです。宮澤賢治が「春と修羅」の中で人を光にたとえましたが、あの時の瞬間の強い印象は、まさにそういう現象を超えたものでした。彼は私とは全く異なった精神界に住んでいて、私とはある部分で異質であり、ある部分で同類でした。そして、彼のこの異質な光は、私の光と違って揺らめかず、太くてストレートでした。しかし、この２つの光は、零から自分たちの力で何かを創り上げていこうという点で、方向が同じでした。自由と独立を目指して私たち２人は意気投合し、若さ以外何もないまま、明るい未来を信じて、あの喫茶店から１年後に婚約しました。

主人は、月給のほとんどをはたいて婚約指輪を買ってくれました。彼は貯えなど全然なく、それでも楽観的でいられるところが彼の強さなのでした。私が漠然と望んでいた通りの結婚相手でしたが、将来に対する一抹の不安があったのも否定できませんでした。なぜなら、私の周囲で結婚する姉や従兄弟や友人たちは皆、将来の生活が約束されていたし、それが当然でした。型破りな分だけ、私は見えないところで覚悟し、緊張し、勉強もしました。純粋に、自分たちで決めた結婚という大事業に失敗は許されないと思いました。

婚約して結婚するまで、２人でよく話し合い、気構えを確認し合い、実際の生活設計を立てました。そのために彼は結婚６ヶ月前に茨城に移り住むことになり、それからは文通が主な会話の手段になりました。私も結婚資金を作るために、千葉の実家で塾を続けました。

昭和43年10月10日、主人26歳、私25歳、秋晴れの日に私たちは結婚しました。新婚旅行は、主人の郷里である岐阜の養老に結婚の報告を兼ねて行く旅でもありました。彼の一家は、ご両親をはじめ皆、典型的な伝統的農家の生活形態を守りながら、仏教への信仰心も厚く、質素倹約に暮らしている純朴な人たちばかりでした。彼は祖父母、両親、兄妹４人の次男として生まれ、伊吹山脈から吹き下ろす寒風を受けて育ち、貧しかった農村社会、封建的な純日本的家族制度、信仰を中心に据えた両親の生活の中で、彼の身上である忍耐力、生命力は培われました。自ずからしからしむるところの彼の性格であり、ここが私と全く異質な土壌なのでした。私は、今で言うところの核家族の中で育ち、日本の伝統的家族制度の中で育った人と比べたら、人間としての許容範囲、適応範囲が狭く、未だに主人にその点をカバーしてもらっています。

主人は高校卒業後、県庁に就職しましたが、２年後に彼は大学に行きたくなり、独学して上京し受験しました。そして、合格通知を手にしてから、両親の承諾を得て大学生活へ。自然のリズムの中で自分の内側の声に従ったことが、彼の運命も変えたのでした。あの時、もし彼が自分の内側の欲求を埋もれさせていたら、私たちの出会いはなかったでしょう。彼は大学で素晴らしい師や友人を得て、その後の彼の人生が大きく変わることになります。特に、大学時代彼が所属していた奉仕会という会の会員同士の精神的な結び付きが、彼の人生観を形成したことは特筆に値します。そして卒業後、今に至るまで、この関係は続いています。

４．結婚生活

茨城県三和町が私たちの結婚生活のスタートの場でした。私たちが勤めていた高校の年配の同僚の先生が、以前、自分で豚の飼育の研究をしていた所でした。婚約中に下見に行って、あまりの荒れ方と粗末さに度肝を抜かれましたが、自由の新天地は他になく、彼が高校の職を辞し、結婚半年前に移り住んで、奉仕会の後輩の力を借りて、どうにか人間が住めるようにしてくれました。

前任者の性格上、周りの人たちはそこを「研究所」と呼んでいました。そして今度、彼がそこで無菌の動物実験用の鶏を飼育することになったので、ますます研究所らしくなってしまいました。私たちが住居とした二間の粗末な家の脇に、大谷石を積んで造った７坪ほどの石の家が、なぜか洋館風に建っており、それが研究所という雰囲気を醸し出していました。車の騒音のない静かな田園の中に、それはあったので、私たちの貧しい生活もなかなか詩的で牧歌的に見えました。そして、身軽で質素なスタートは、地味で実質本位な私たちの性格にふさわしく、また、できるだけお金を使わない生活が貧乏な私たちには絶対必要でした。お陰で、やりくりのし甲斐もあり、周りの自然を取り込んで生活することが、生きていく知恵にもつながりました。

食べられる野草はみんな食べ、野菜ばかりの食卓を味わい、ナス１つとっても色々な食べ方を発見しました。結婚前は最高のお茶を飲まされていたのが最低のお茶になり、食後に欠かさなかったフルーツも貰わない限り食べることもなくなりましたが、自由気ままな生活の前には些細なことでした。

彼は豚小屋だったという施設を鶏舎に改造して、周囲に柵を巡らし、衣服を着替えて慎重に鶏を飼い、週に一度、実験用の無菌の鶏を北里研究所に届けていました。私も土日に千葉へ帰り、塾を続けていました。私はここでの生活がすっかり気に入り、借地借家にもかかわらず、家の内外を綺麗にすることに努めました。私は周りの環境を整備することに極めて夢中になる性癖があって、それまで私の生活にあまり縁がなかった野菜や草花にも親しむ機会が増えました。

そうこうしているうちに、妊娠しました。つわりがひどく、私は仕事を辞めざるを得なくなり、悪いことは重なるもので、無菌の鶏も注文が来なくなりました。2月に大雪が降った頃は最悪の状況でした。私はつわりがひどくて起きられず、窓の隙間から雪が入り込んで積もってしまうような部屋で、時が経つのをじっと待つしかありませんでした。

彼は毎日、1人で本格的な鶏舎作りをしていました。ブロイラーをやるということで、古材で建設し始めたのです。彼は生来器用な上に、窮すれば通じるの言葉通り、必要に迫られて、大工仕事や電気仕事を身につけてしまいました。彼は、青い顔をしてトイレ通いが頻繁になっていく私のために、茶の間の真ん中をくり抜き、掘りごたつを造って練炭を入れてくれました。また、それまで風雨の時も、深夜でも、履物を履いて10数メートル歩かなければならなかった外の便所を、粗末ではありましたが家の中に造ってくれました。天水桶を転がしてきて大穴を掘り、それを埋め込んで便槽にし、金隠しは全部木で、二燭電燈が頭上に垂れている、暗い穴蔵のような便所ではありましたが、彼の心尽くしの何よりの贈り物で、どれだけ助かったかしれません。

5．人生で初めての自分たちの土地と家

人生、ご縁というものが人生を決めるということはあるもので、主人が東京農大に入って奉仕会という会を知り、卒業した後もずっとご縁が続いています。

その奉仕会は、旧猿島町にある何代も続いた万蔵院で毎年キャンプをしていましたが、卒業後、そこに住み着く人がいたり、帰農志塾という

有機農業を志す若者を育てる塾をそこで開いた人もいました。私たちもその万蔵院を通じて、猿島町の元町長でもあり、主人の母校、東京農大の大先輩でもある方を紹介されました。

丁度その頃私たちは、自分の土地を方々当たっていましたが、結婚式を挙げたらほとんど手元には何も残らず出発した私たちには、安い出物の土地しか無理だったので、なかなか見つかりませんでした。そんな頃、倉持氏が話を持ってきて下さったのが、現在の私たちの住居が建っている土地でした。その他にも、この方には有形無形のお世話になりました。仕事の資金として、銀行から貸し出しを受ける時、預金担保のない私たちは、保証人を探すしかなかった時がありました。そんな時、彼はまだ知り合って日の浅い私たちに「払えなかったら、俺の土地少し削ればいいんだから」とポンと判を押してくれたのでした。本当に有り難く、感謝しています。

純粋で孤高の人であるその方とのご縁があったお陰で、それからずっと私たちは猿島町に住むことになり、その地が私たちの三人娘の良き故郷となり、私たちにとっても思いがけない人生を歩む場所になりました。

その彼から紹介された土地を、私たちは不足分を私の両親から借金して購入し、そこに小さな家を建てました。その時は本当に本当に感激しました。細長いうなぎの寝床のような土地で、狸やむじなが出そうなほど荒れ果てていましたが、それでも自分が立っているこの足元の土地が、掘っても掘っても自分たちのものなのだという実感は、生まれて初めて体験する衝撃のようなものでした。

三和町に主人は３年３ヶ月、私は２年９ヶ月いたことになります。長女が誕生した２年後に、次女も生まれました。500坪もある荒れた土地と、２人の乳幼児と借金を抱え、主人はその頃、飼料販売のかたわら、勉強して宅地建物取引主任者の資格を取得しました。そして、５年ほど、この２つを仕事にし、私も１日も早く借金を返したくて、次女が６ヶ月の時、主人に小さい看板を作ってもらって、自由来という名前の英語塾を開き、２人で一生懸命に働きました。

私は、自分の土地なのだという悦びが、他の人より何倍も強かったのでしょう。その上、空想的なところが多分にあったので、自分の描いている庭園にしてみたいという夢に取り憑かれてしまいました。夢のためには、何も苦にしないようなところは、子供の頃のままでした。毎日々々、家の中の仕事をできるだけ早く済ませ、寒暑を厭わず外に出て、葛、餅草を主流に雑草生い茂る全土を、葛の根を掘り起こし、根絶やしにして、草を刈り、開墾し、三和町で育てた芝生を根分けして植え、挿し木も覚え、苗木を植え、植木の手入れやどぶ掃除と、仕事は数限りなくありましたが、やがて、以前の状態を知っている人たちが驚いてくれるほど庭園らしくなっていきました。

自然を取り込んだ生活を毎日続けたお陰で、私はすっかり自然に親しみ、かつ健康になりました。長靴、シャベル、鎌、植木鋏が私の普段の愛用道具でした。その頃、自然に私の中から生まれた歌があります。全て自然讃歌です。2曲ほど紹介させて下さい。

春

1．ふきのとうも　花が咲き
白木蓮や　レンギョウが
口火を切って　花開く
さあ　春だ　春だ
ここまで来たぞ　春が
さあ　とびだそう

2．川の水も　ぬるむ頃
カエルの卵　いつの間に
オタマジャクシで　泳ぎます
さあ　春だ　春だ
皆で呼ぼう　友を
さあ　集まろう

風河（ふうが）

１．風　風　みどりの風よ
君は　太古の昔から
野山を　駆け抜けた
或る時には
旅人に　安らぎを
或る時には
働く者に　悦びを
悩める者に　慰めを

２．河　河　聖なる河よ
君は　太古の昔から
野山を　流れてた
或る時には
旅人に　潤いを
或る時には
働く者に　生活を
悩める者に　詩や歌を

このように５年ほど私たちは２人で一生懸命働き、遂に私の両親から借りたお金を返済できた時には、頭の重石が取れた思いがしました。

すると、ほっとした私の内側に思いがけない変化が起きました。虚脱状態になってしまったのです。夢中で走ってきた列車が急停車してピタッと動かなくなってしまったような精神の空洞状態、弛緩状態。庭も夢が叶い、借金もなくなって目標を達成した悦びの直後に生まれた苦痛。意外なところに意外な伏兵でした。

自分たちの目指す自由と独立を手に入れてしまった以上、もう頂上に登り詰めてしまった、唯物的ロマンの限界か、それとも賢治が言うところの自我の意識が進化し始めたということだったのでしょうか。虚脱状態に陥ったというのは、それまで個人の領域に留まっていた自我が、それでは満足できなくなり、見えない意識が無意識に少し進化したのかもしれません。でも、私の著書には「幾晩も眠れず、死の誘惑にかられたりした」とあるので、その当時の私は本当に苦しかったのでしょう。

一方、はるばる越してきた新天地で塾をやったことは、あの時点でも、現時点で考えても、その地域の人々や社会とのつながり、私たちを理解してもらえたという点で、本当に良かったし、有り難かったと思っています。私たち家族の住まいは、眼前に広い飯沼新田が、遠くに筑波山が一望できる、一幅の絵のような恵まれた環境にありました。また、近くに住む人たちも塾の教え子の親御さんも、自然に則して本当に正直に暮らしている人たちばかりでした。母なる大地に根ざして生きている人たちというのは、皆個性の違いはあっても、おしなべて純朴で、力強くて、明るくて、温かい。10数年後に私たち夫婦が賢治の言葉に背中を押され、会の行動に踏み切った時、これらの人たちが陰に陽に応援してくれ、どれほど有り難かったかしれません。

私は34歳の時、三女を出産しました。この子の誕生によって、もう一度強く生きてみようという決意が秘められていました。また、三女の出産と相前後して、私は絵に魅かれるようになりました。かさかさした満たされぬ部分が何かを求めていたのです。その時まで、絵ほど私から遠いものはありませんでした。私は子供の頃から絵を描くのが苦手でした。どうしようもないほど下手でつまらない絵しか描けず、可能性の一番薄いものでした。今思うに、憧れのように遠いものだからこそ、やる気を起こしたのかもしれません。美とは、永遠の課題であり、道のりです。唯物的ロマンの果てに虚無を知った後、嫌いだった絵を描くことへの思いが生まれたのは、きっと当然の心の帰結だったのでしょう。

長女　　次女　　三女

賢治は「農民芸術概論綱要」という作品で、「誰人もみな芸術家たる感受を為せ」と言っています。私はその彼の言葉に影響されたとずっと思っていましたが、その頃の私はまだ賢治を知らず、自分で選んだ道だったのだと気が付きました。こうして、絵と三女を起点に、私はまた歩き出したのです。

生きてる実感を求めて

1．生きてる実感が　欲しくて
焚き火する
めくるめく　炎
肌を焦がす　熱気
その煙の　匂いで
遠い時の　静寂(しじま)を越えて
母さんが　かぶっていた
あの煤けた手拭　目に浮かぶ

小ちゃな　足で
風になって　走った
捨て犬　抱いて
雨上がりの虹　見とれた
誰もが皆　胸の一隅に
自分だけの小部屋　しまってある
それを　開けて
風を　入れよう
生きてる実感を
求めて　求めて

2．生きてる実感が　欲しくて
裸足で歩く
忘れてた　大地
肌にやさしい　こもれび
その小路の　どこかが
遠い時の　静寂を越えて
あの人と　でくわした
あの羞らいときめき　思い出す

大きな　声で
友と共に　笑った
自由を　糧（かて）に
果てしなき夢　追いかけた
誰もが皆　胸の一隅に
自分だけの小路　続いてる
それを　見つめ
それを　辿ろう
生きてる実感を
求めて　求めて

楽譜「生きてる実感を求めて」（『宮澤賢治を生きる』P147 より）

６．自生農場までの道のり

夫は、その頃、今までの仕事に終止符を打って、自分の本来の仕事である農業人に移行しつつありました。彼の養鶏技術を高く評価した会社と業務提携を結び、谷田部に土地と施設を借りて、ブロイラー飼育、数年後に種鶏飼育を始めたのです。その８年間はほとんど休日がなく、朝、弁当を持って出かけ、夕方に帰る生活を送りました。仕事が変わるたび、最初の２、３ヶ月は収入がありません。それが自由業の定めでした。

谷田部農場も、なかなか思い出深い場所でした。借りた当初は物凄く荒れ放題で、養鶏場は汚いというイメージを周囲の人たちに与える見本のような所でしたが、汚ければ汚いほど、私の綺麗好き病はやる気を起こします。おむつとミルクとお弁当を持ち、私はよく三女を連れて谷田部に通いました。借りた所であっても綺麗に住みやすくすると気持ちが良く、我が家の別荘と呼んで、夏休みには隣家の子も連れて泊まりに行ったりしました。畑も作り、鶏糞をどっさり入れて、一度里芋の花が咲いた時は感動しました。

谷田部時代の８年間は、子供３人が幼児期、少女期で、主人は農場、私は家事、育児、塾、雑事、子供は家と学校、忙しい回転の日々で、よく誰もが故障を起こさなかったものだと感心してしまいます。自然の懐に抱かれて、子供は３キロの道を歩いて通学し、できるだけ自給野菜を使って食事を作り、規則正しく質素な生活を送りました。三和町時代から形成されてきたこのような生活様式が、我が家の家風でした。私は、快食、快眠、快便（快動、快働が大前提だと後に気付きました）という言葉が好きで、これがきちんと守られていれば正しい生活なのだと信じており、我が家の生活は全くそれに適合していました。

40歳を迎える頃、今何かをしておかねばもったいないという気持ちが起こりました。私は大学時代、ある家庭に下宿し、家族同様の親身な扱いを受け、過ごさせてもらったことに感謝していたので、今度は自分が誰かにお返ししてみたいと思うようになったのです。また、自分の教えてきた英語は机上のもので、非実用的なのではないかというコンプレックスを持っていたため、一度試練に晒されなければならないという思いもありました。それらが1つになり、私はAFS（American Field Service）の制度を利用してみようと決めたのです。

昭和58年夏の約70日間、18歳のアメリカの少女、キムが我が家にホームステイしました。キムは自然で、健康的で、誠実で、その上、美しい容姿を備えた申し分のない子で、私たち家族と価値観が相通じるところがあり、お互いに思い出深い日々を過ごしました。その後、彼女は日本文化を愛する親友を連れて再来日したり、私たちが渡米した時には彼女の両親にも会うことができ、今でも娘共々交流が続いています。

そんな谷田部での暮らしでしたが、やがて脱皮の時を迎えました。大型企業養鶏の一環であるがゆえの経済至上主義と、自分が企業に奉仕する歯車的存在であることの無力感を、矢田部で働いた8年という時間が十二分に教えてくれました。大型養鶏は近代文明の所産であり、そこで作られる卵は工場製品のように大量生産され、農産物である食としての意味や安全性などは全く考えられていませんでした。太陽の恵みと慈雨と透明な大気と黒い大地をもって農を行えば、緑の食、即ち私たちの生は保証され、地球の命も永遠に存続していきます。この自然の理に適った生活が、全ての基本であらねばならなかったのです。

夫は、小さくても自由になる自分の農場を持つ決心をしました。昭和62年春、数多くの候補の中から私たちが最終的に決めたのは、自宅から4キロほど離れた同じ町内にある低湿地帯の一角でした。地形は悪いし、竹、よし、雑木の生えるがままのジャングルのような所でしたが、ひどくて誰もが諦めるような所にこそ、将来性や可能性があることを、私たちはこれまでの体験で知っていました。それにしても運良く、その購入した土地の真ん前に、以前、塾に来ていた教え子の家の土木建材置き場があり、そこからダンプ100台くらいの土砂が運ばれ、1週間後には、あの最悪の状態だった土地が、たちまち平らな運動場のように変貌を遂げてしまったのです。

その後、主人は不断の粘りと体力と忍耐力で、井戸掘り、測量、道路の交渉、難航した建築許可、電柱の設置などといった社会的な問題を片付け、鶏舎と事務所の建設が完了したのは９月頃でした。７月、８月の猛暑の中で、鶏舎２棟分の100本近いコンクリートの柱を土中に埋めることから始まって、鶏舎の骨組みの鉄筋は私の教え子の家に注文して作ってもらいましたが、側面を厳重にして、長い１枚トタンを屋根に並べて載せるまで、主人はほとんど１人でやってしまいました。主人の建設力は、おそらく子供の頃から必要に迫られて身につけてきた生活の知恵の結晶だと思います。

鶏舎は、彼が高校卒業後に勤めた養鶏試験場の鶏舎にヒントを得た建て方で、籾殻を敷いた産卵箱から直接手で集卵できるようになっている通路が、私は気に入りました。周囲は、犬、猫の被害に遭わぬよう厳重に囲われ、南側に日光浴する運動場も作りました。

そして、循環農業としての養鶏、即ち、安全な餌で自然飼育。鶏糞は畑に還元し、そこで育つ草や野菜は人間や鶏が食べて再循環。この小さな循環の法則に従った生活は、私たちを平和で幸せな気持ちにさせてくれます。

７．宇宙の循環の法則

宇宙の循環の法則とは何でしょうか。

ここ半世紀くらいの科学技術の凄まじいまでの発展によって、これまで保全されていた地球の資源が大量に消費され、その上、それによって生じる大量の毒素が地球全土に残留するようになりました。資源が大量に消費され、毒素が残留するようになっては、資源の枯渇と毒素の蔓延が待っているだけです。

宇宙の循環の法則とは、太陽、空気、水、土、緑をできるだけ、前と同じ状態で存続させることです。今、現代文明の中では、多くの人々が絶対的にはそれほど重要ではない物を消費することによって、人間の生命の源である空気と水を汚し、主客転倒が堂々とまかり通っています。私たち現代人は今の今、宇宙の循環の法則が危機的状況に置かれていることを自覚し、その法則に則った社会生活、家庭生活をする人を増やしていく必要に迫られています。
　地球温暖化問題は、まさにその典型です。世界のできるだけ多くの地球市民が、この宇宙の循環の法則を認知した上で、それに沿った社会生活、家庭生活をして、その後ろ姿を次の世代に見せ、伝えていくことが早急に求められています。この５冊目を書こうと私の背中を押してくれたのは、一刻も早くこの問題に取り組まなければ、人類の未来や存亡に関わるという強い思いからです。
　本当にささやかですが、この現代社会の傾向に問題提起するような、ライフワークとしての夫の自然養鶏は、試行錯誤をしながら始まりました。そして、新しい飼育による卵の買い手も、夫の大学時代の奉仕会の後輩を通して見つかりました。それが、なんと宮澤賢治の作品「ポラーノの広場」から名前をいただいた「ポラン広場」「夢市場」というところで、経済機構の名称としては極めて文学的であり、詩的ロマン性を有する存在でした。このポラン広場は、農業生産者と、あらゆることに仲介する夢市場と、消費者に直接接する八百屋さんという自由人のネットワーキングの組織でした。
　ここに、賢治の「ポラーノの広場のうた」を載せます。彼の大局的、肯定的な人間観を感じてもらえたら嬉しいです。

まさしきねがいに　いさこうとも
銀河のかなたに　ともにわらい
なべてのなやみを　たきぎともしつつ
はえある世界を　ともにつくらん

　このポラン広場から始まって、その後の活動や生協さんなどとの出会いを通して、夫の自然卵は少しずつ愛好者を増やしていきました。そして、主人がそれまでの生き方を変え、自分の納得のいく生き方を選んだことが、この後の私たちの人生を全く変えてしまいました。

8．自我の意識

しかし、その前に私個人の再生、再出発。即ち、自我の意識の反省と、賢治の世界に徐々に触れていたことで、「自我の意識は個人から集団社会宇宙と次第に進化する」という意味が、私なりに少しずつ理解できるようになりました。その目に見えない自我の意識や納得できる人間定義を、賢治の代表作「春と修羅」の中に見出し、それに沿って行動していなかったら、私は未だに修羅の中にいたことでしょう。

私はその結論に辿り着くまでに、長い歳月を費しました。それは、私が生まれて初めて自分の中から自然に歌が生まれるほど感動した長女の誕生から始まりました。そして、それまで生き方として「自由」を最高位に位置付けていた私は、彼女に「自由を貴ぶ」という意味から「由貴」と名前を付けたほどでした。

むすめよ

1．生まれたばかりの　由貴ちゃん
お手手を見つめて　不思議そう
由貴ちゃん　なあに
ママ　ここよ

2．生まれたばかりの　由貴ちゃん
私をママに　してくれて
ありがとう　由貴ちゃん
これから　よろしくね

3．生まれたばかりの　由貴ちゃん
名前のように　育ってね
由貴ちゃん　はーい
健やかに

その後、私が子供の自由、自主性、自発性をうながす親子の関係を必死で模索している中で出会ったのが賢治の代表作「春と修羅」の序にある次の言葉でした。

わたくしといふ現象は　仮定された有機交流電燈の
ひとつの青い照明です
（あらゆる透明な幽霊の複合体）
風景やみんなといつしよに　せはしくせはしく明滅しながら
いかにもたしかにともりつづける　因果交流電燈の
ひとつの青い照明です
（ひかりはたもち、その電燈は失はれ）

私は、賢治が彼の代表作をなぜ「春と修羅」という題名にしたのかを最近、私なりに推測するようになりました。人間は昔から108つの煩悩を持って生まれてきていると言われています。だから人間である以上、悩み苦しむのは当然です。しかし、その修羅を自分の内に認めた上で、一方で人間は誰もが天とつながっている魂の持ち主であり、その魂の次元で生きれば、春のような平和で幸せな世界を生きていくことができるようになる、即ち、人間は春と修羅を併せ持っている存在であると賢治は言いたかったのではないかと思ったのです。子供との関係やこれまでの自分の至らなさゆえの苦しみを体験して、そのように解釈するようになりました。

でもこの時点で、この詩の全てがわかったわけではありませんが、もうこれで人生は限界だと思っていたら、無限に広がりを持った世界が、まだこの世にあったのだということを、この詩の一部によって識ったのです。それこそが、私にとって一番欲しかったものでした。私を内側から変え、生きていく勇気や悦び、元気を与えてくれること以上に大切なものはありません。

私のほうはというと、最初の本を出版した後、明るい未来が待っていると思っていたのですが、全くの誤算でした。いくら賢治の人間定義を理解したような気になっても、具体的に自分の実生活が変わらなければ、私の内面も変わるはずがありません。その時の私はきっと、心の中で自我の意識が個人から集団へ、社会へと移行していくことを求めていたのです。

その頃に生まれた歌です。

ひとつの勇気

１．今、今、ひとつの勇気をもてば
いつか　あなたに翼が生える
飛んでく方向　見えてくる
どんな事でも　勇気があれば
あなたの風景明るくなる　明るくなる

２．寒風に　出てく勇気があれば
いつか　あなたは子供にかえる
原始の元気が　湧いて出る
どんな事でも　勇気があれば
あなたの日記もどこかが変わる

私は、それまで自分の家の敷地内の手入れに自分の生活時間の多くを費やしていたことに、疑問を感じてきました。賢治の人間観、自然観、宇宙観は、制限を持たない自由な広がりの中にあります。私は、自分の家の庭を自然に任せて、たんぽぽの野原にしようと決めました。自然が人間も含めた生命界全体の財産だと思えば、どこも自分の庭です。この考えを、行動を通して表明していかなければ、自分を変えることはできません。それが、時々実験的にやっていた、自然の大気の中での自浄作用と社会浄化を兼ね備えた「道路のゴミ拾い」でした。

それからの私の生活は、午前中が「地球清掃会社」の勤務時間となりました。勤務場所は無限であり、報酬は、ゴミ一掃後の爽快感と五感の蘇生でした。しかし、また汚くなります。そこで、捨てる人に立て札で交信を送ることにしました。「みな地球人、同じ釜の飯」「みな地球人、同じ地獄の釜」「一つ捨てたら二つ拾ってみませんか」「エコノミカルだけでなくエコロジカルにも」などなど。ある時、不要の板が出る所を発見して、今度はゴミ箱作りを思いつきました。アルミ缶だけは換金して積み立てておき、ゴミ箱の材料が手に入らなくなった時、今は何も利用されないでいる竹を使おうと、その積み立てで竹のノコギリと斧を買いました。色々な人々とのふれあいも生まれ、楽しさも増しました。

拾ったゴミの山を眺めていると、現代社会の縮図を見ている気がしました。資源の大量使用、大量生産、大量消費、大量投棄の末路がこれです。この悪循環をどうにかしなければ、いつか地球も使い捨てになってしまうでしょう。私は、そのゴミの山の中から、まだまだ使える物や古い日本の生活用具を拾っては持ち帰るようになりました。そのうちのいくらかは、自分たちの生活に活用させてもらっています。

これらを眺めていると、昔の日本人の生活の正しさや確かさが私を安らかな気持ちにしてくれます。日本の農耕文化は、あらゆる自然の生態をよく観察し、そこから自分が生きていくために必要なものを、知恵によって抽出し、利用し、また、そこからは何のゴミも有害な物も出さないばかりか、自然の美が自ずと保たれていました。そして、その頃は、日本人の国民性である勤勉実直さが美徳でした。

現代の日本人はというと、エコノミックアニマル、働きバチ、働き中毒、過労死などという言葉に象徴されるように、勤労そのものが形骸化、空洞化してしまっています。賢治の「我らには、只、労働が、生存があるばかりである」という言葉は、まさしく現代を象徴しています。私たち日本人は、今こそ、かつての日本人の自然観と、その上に立った生活文化の価値を再認識し、掘り起こし、将来につなげていかなければならないのだと痛感しました。その意味で、私はそれらの愛すべき道具たちを農場に置き、自分たちの生活に活用したり、訪れる人たちに見てもらっていました。

いつの日か、これらの魂のこもった品々が安住できる場所を見つけてあげたいと思いながら過ごしていたら、その思いが届いたのか、しばらくしてその通りになりました。

９．私の宮澤賢治かん

ゴミ拾いを続けていた時のことです。その途上で外国からカボチャを輸入する際の沢山の木枠の箱に出会い、最後は燃やされると聞き、もったいないと思った私は、その会社の社長さんを訪ねて木枠をいただくことになりました。それからはゴミ拾いのかたわら、その木枠の箱を解体し積み重ねていく日々が続きました。途中、やりすぎて腱鞘炎になったのも、今では懐かしい思い出です。

なぜ腱鞘炎になるほど頑張ったかというと、私がゴミ拾いで持ち帰った文化ゴミならぬ文化財を収容する館を、夫の建設力とセンスで形にしてもらいたかったからでした。ライフワークとして自然養鶏をやろうと決めた彼は、自分の思い描いたように鶏舎を建ててしまい、それから30年近くを経た今も雨漏り1つしていません。

誠実な彼は、仕事の合間にその館を3年かけて建ててくれ、私の願いを叶えてくれました。カボチャの木枠は、カボチャが傷付かないように表面は滑らかで両サイドは面取りがしてあったので、床や建物全ての板壁に活用しても、美しく独特の味わいがありました。窓やガラス戸などの建具も同じ時代の物なので統一性があり、その館の中に拾ってきたり、いただいた古き良き時代の物が安置してあるのは、心安らぐものがありました。

そして、私たち2人はこの建物を「私の宮澤賢治かん」と名付けました。「かん」が平仮名であるのは、建物としての「館」、宮澤賢治を私がどう観るかの「観」を意味しています。この館が完成した時には、カボチャの木枠を提供してくれた社長さんもお招きして、皆でお祝いをしました。懐かしい思い出です。

猿島町まるごと博物館

現時点で過去を振り返ると、皆でやってきた様々な活動が交錯し重なり合い、また次の活動を誘発し、次第に大局的な普遍的結論に導いていってくれたという思いを強くしました。この「私の宮澤賢治かん」も、2冊目の本の副題になっている「時間と空間を考える博物館」も、私たちの会が作った「猿島町まるごと博物館」の1つです。

発端は、私たちが住んでいた猿島町で、数年後に作られる郷土資料館の建設準備委員になぜか私が選ばれたことにあります。女性は私1人で、他は町長さんをはじめ立派な肩書きの方ばかりでした。私たちの任務は、その郷土館の基本理念を作成することでした。その委員の中に、大学の専門の先生がいて、彼が教えてくれた「エコミュージアム」のコンセプトが、私の興味を引きました。これは、従来の博物館学では処理できない新しい理念に基づく博物館学でした。

創始者であるヘンリー・リビエルは「行政と住民とが同等の権利を持ち、一体となって発想し、形成し、活動し、運営していく博物館で、行政側は資材、施設、それに経済的な面を用意し、住民側はアイデア、知能、ビジョンなどを提供する形で、両者が参画することが望ましい」と述べています。内容面から意訳すれば、住民主導型の「生活と環境博物館」とでも表現できるでしょうか。また、リビエルはエコミュージアムの三大原則を、①地域住民の生活環境に関する史的研究と住民生活の未来を予測し住み良い環境の創造と開発の道を求める研究、②住民が彼らの仕事について学び生産の実をあげる活動を促進させることができる学校、③博物館内の自然遺産と文化遺産の保護センターと定義しました。これらの３つが補完し合って任務を達成することが肝心であると言っています。

私はこのコンセプトを知って、この委員会に加えていただいてよかったと思いました。なぜなら、この頃「箱物主義」という言葉が幅を利かせ横行していたように思っていたので、せっかく作るのに「仏作って魂入れず」ではもったいないと、私のもったいない精神が動き出したからでした。

その後、基本理念作成の折に、自分が考えた「町全体を博物館として捉え、建物はその拠点とする」という一文を、皆さんに理解してもらうために奮起しました。お陰様で皆さんの理解を得て採択してもらえたので、その後に猿島野の大地を考える会の有志で「町まるごと博物館を推進する会」を作り、数年後に資料館が完成した頃には、私たちの「町まるごと博物館」マップも完成し、実用化できるようになっていました。

この博物館が稼働していたお陰で、私たちの会の活動の環境の分野が躍進できる転機になったのです。この詳細は後ほどのお楽しみに。

第2章

有機交流電燈的生き方

10. 有機交流電燈的生き方

こうして賢治から端を発した私たちの「有機交流電燈」的生き方は、たんぽぽのように土中深く根を下ろしていき、それがまた試される大事が待っていました。

平成に入って間もなく、夫がライフワークとして到達した手造りの自然養鶏の農場が、ゴルフ場の計画予定地に入ってしまったのです。ゴルフ場側からは良い条件が提示されましたが、私たち２人は「正しく強く生きるとは銀河系を自らの中に意識してこれに応じて行くことである」という賢治の言葉に背中を押され、自分たちの生き方を貫こうと決めました。

命の根源である環境と食を大事にし、夫の安全な卵を食べてくれている生協の人たちと町長さんのところに要望書を持って行ったのが、この運動の第一歩でした。続いて私たちは、町の中央公民館を借りて「猿島野の大地を考える会」の発会式を行いました。かなりの人が、各方面から集まってくれ、この地で、このような前代未聞のことをやれたというのは大きな成果でした。

次に私たちがやったことは、反対署名文を作り、それをワープロで打ち、生協で刷ってもらい、署名を貰い歩くことでした。この反対運動の半年前から私の午前中のゴミ拾いは始まっていたので、午後に署名を貰い歩く日々となりましたが、関係者の皆さんが協力してくれて、とても心強かったです。そして、町内外合わせて3000名以上の署名が集まり、町に提出しました。効力はなかったかもしれませんが、圧力にはなったと私たちは実感しています。

その後、私たちは、環境運動家で宮澤賢治の研究者でもある久慈力氏の勧めで、茨城県初の立木トラスト運動に踏み切りました。しかし、まずトラスト運動の場所の確保が先決でした。トラスト運動の賛同者に、１本の木の権利を1500円で買ってもらい、３分の２は地権者に支払い、３分の１は事務費として会の運営費になりました。トラスト地を提供してくれた地主さんの中に、たまたま夫と同じ大学の同期で畑違いのパイロットさんや、私の塾の教え子のお父さんがいて、この両人はトラストによる彼らの取り分を会で使ってくれるように申し出てくれて、大変有り難かったです。この立木トラスト運動は、北海道から九州まで全国にまたがって、1000本以上にまでなりました。

また、この運動が新聞で報道されたのを見て10本買ってくれた人がいたのですが、その方も偶然夫と同じ大学の後輩で、その後も会にずっと貢献してくれています。また、農場のすぐ近くに、ここで生まれ育ち、愛する家族の命の安全のために、横断幕を掲げて反対を表明してくれた人もいました。彼もその後入会し、会でやるようになった月１回の水質検査に一度も休まず主体的に参加してくれました。

私たちが、アンケート調査や意見書の提出などを行っている時、生協の方の紹介で社会党の矢田部理氏が農場を訪問して下さったことがあり、会を作ってきちんと活動していかないと長続きしないと忠告されました。確かに「猿島野の大地を考える会」を発起はさせましたが、会として定例会を持ち、そこで合議の上、活動してきたのではありませんでした。

平成４年４月８日、（なんと）お釈迦様の誕生日の日に第１回定例会が農場で行われました。自分の意見を表明しにくい土地柄で、こういうグループが生まれたのは、画期的なことでした。その分だけ、私たちの真意が地域の人たちに正しく浸透していくように、本当に心して活動していかなければならないと思いました。

会の基本理念は、私たちがそれまで守ってきた宮澤賢治の精神を軸に作らせてもらいました。

①自由（自由な魂をキープしていくためには、非営利、非政治であること）
②平等（全ての人が天と自由な魂でつながっているという点で平等）
③行動（各々が自由な魂でつながり、真に欲することを行動によって自己実現していくことで、みんなで会を構築していく）
④非政治
⑤非営利

この時から月1回の定例会はほとんど休むことなく続けられ、色々なことがそこで話し合われ、決められ、行動に移されていきました。

ある時には、前述のパイロット氏が、ライシャワーやキッシンジャー同様、日本政府から勲二等を受けた親日家のアメリカ人、グラント夫妻を農場に連れて来られ、会として皆で手作りの料理を持ち寄っておもてなしをし、国際交流の真似事もさせてもらいました。その時、グラント氏が、200年前に作られたアメリカの古典とも言うべき「死観」という詩を朗読されました。死というものは宇宙に還ることである、というようなテーマでした。こういう深いところから各々が環境問題についても発信していかなければという感慨を、私はその時持ちました。

ゴルフ場が出来ることによる町道廃止と農業用水路に排水を流すことに反対する私たちの会による陳情書提出後の町議会の傍聴は、おそらく議会始まって以来の盛況ぶりだったかもしれません。そして、ゴルフ場がもし出来た時のことを考え、事前のデータ作りも兼ねて水質検査をやっていこうということになりました。

これからの時代、水の安全は普遍的なテーマであるので、月1回調べる定点も、ゴルフ場の予定地近辺だけでなく、町全体を対象にしようと決めました。トラストの時、立木を10本買ってくれたKさんや、反対の横断幕を掲げたSさんが中心となって、その時点で水質検査は42回目を迎えていました。その日になるとレギュラーのメンバーが割り当てられた所の水を持って集まり、話に花を咲かせながら慣れた手つきで作業を行うのですが、その光景はのどかで楽しげでした。

また、この水質検査が思いがけなく役に立ったことがありました。ある新田の用水路の水が、何回調べても異常に高いアンモニアの数値を示しました。町の保健課に報告し正しく対応してくれた結果、メッキ工場による違法の垂れ流しであることが発覚し、改善されました。ずっと放置されていたら、U字溝から溢れた排水で、窒素過多の被害はもっと大きくなっていたでしょう。

ゴルフ場の立木トラスト運動から端を発した私たちの会の活動は、徐々に環境問題全般へと移っていき、平地林の掃除と、そこから出る木の活用としての炭焼きに行き着きました。見学に行って恐る恐る始まった炭焼きも、回を重ねるうちに慣れてきて、穴も崩れやすくなってきたので、たまたま廃棄するところだった大谷石を貰い受け、会のみんなで炭焼きの穴まで作ってしまいました。本当に環境問題は無限の領域であり、命の連鎖があちこちで分断されてしまった現代、全てが復活の試みでした。その点で、猿島野の大地を考える会も、炭焼きも、町まるごと博物館を推進する会も、根っこは１つでした。

平成６年、不意にゴルフ場の建設許可が下りました。その頃、会はどんな状況にあったのかというと、公民館の親子自然観察に講師として夫が頼まれ参加した報告や、ゴルフ場建設計画反対の意見書および要望書の提出についての話し合い、町の文化祭参加に際するエコミュージアムの基本理念の説明、町で設置された産業廃棄物監視委員に私が任命されたという報告などがありました。いつの間にかこれだけの展開と広がりになり、ただ個人的な生活をしていただけならば、終生味わえなかったであろう厚みのある時間を、会として積み重ねられました。

皆さんそれぞれ事情のある中で、貴重な時間をこの会のために割いてくれました。そして、月１回の定例会、水質検査が、一度の休みもなく続けてこられたのは、この会が本音で話し合い、共に行動することによって、自分自身を高められ、リクリエイトできる場になっていったからだと思います。

オオタカ保護の会誕生

ゴルフ場の開発許可は下りても、私たちの会の足跡と結び付きは消えるものではなく、炭焼きを実施しました。１週間後の炭開けの日のことでした。産卵箱から集卵に行った人が「変わった鳥が鶏舎の中で鶏を食べている」と知らせてくれ、取り押さえた後、図鑑で調べ放鳥しました。ところが、翌日も同じことが起き、今度は県や役場、町の鳥獣保護委員の人たちに来てもらい、オオタカの幼鳥であることを確認して放鳥しました。一度ならず二度も現れたオオタカの幼鳥が、私たちの会にこの山林を守ってくれと懇願に来た使者のように思えました。

私たちは会を作って守っていこうということになり、専門家を招いて「オオタカ保護の会」の発会式と勉強会を、町の構造改造センターで行いました。その後、会でオオタカの生息調査をやろうということになり、休日に集まっては周辺の山林を歩き回りました。ついに巣とおぼしきものを見つけ、観察を続けていましたが、その営巣木と思われる木が、ある日ゴルフ場側に切られてしまいました。オオタカ保護の会はゴルフ場側に抗議文を提出し、再びNHKテレビに取材されるところとなりました。新聞にも取り上げられ、問題は大きくなっていきました。ゴルフ場側も、調査期間を設けるようにという県の指導があり、工事は中断されました。その間に予定地内でもう1箇所、オオタカの巣と思われるものが見つかり、ゴルフ場側も専門の調査機関に依頼し、保護の会も時間を作っては、夜遅くまで対策を話し合ったり、観察、調査に歩きました。専門家の人に指導を受け、定点観察もやりました。会の人は皆同じ気持ちで、どこにいてもオオタカが気になりました。

皆が集めた調査結果報告書と要望書を県知事に、環境庁に対しても要望書を、また、町議会にもオオタカ保護の陳情書を提出しました。その上、広範囲にオオタカを求めて歩き回っていた甲斐があり、予定地外ではありましたが、ついにオオタカの営巣している場所を見つけることができました。ところが、私たちが密かに慎重に観察していたオオタカの巣からヒナが盗まれるという事態が起きてしまいました。オオタカの親がヒナを探してお互いに鳴き交わす声が、今も耳に残っています。

私たちが生きてゆくためには、清浄な空気と水が不可欠です。それを供給してくれるのが木の炭酸同化作用であり、木の持っている涵養保水能力です。そして、木の落とす葉は、腐って土を肥やします。人間の生存の源は、山林から来ると言っても過言ではありません。その山林の保全度のバロメーターがオオタカなのです。オオタカが生息しているということは、私たちの命も守られているということです。そういう環境があって生物は生きていけるのです。この自明の理が、後回しにされているのが今の社会です。私たちは、ゴルフ場が依頼した専門の調査機関による調査結果の公表と、オオタカが生息でき得る山林の確保を求め、再び環境庁、県に要望書を提出しました。

ゴルフ場さんへの本音の交信

こうした会の一連の行動とは別に、ある冒険的な働きかけがゴルフ場側になされていました。それは、私がゴルフ場の社長さんに直接手紙を差し上げ、こちらの事情を本音で真摯に伝え、有機的な関係を築こうとする試みでした。

私の拙著を社長さんに送り、私が人生に生き詰まっていた時に宮澤賢治の人間定義によって救われ、生きていく勇気を与えられたということを伝えました。私たちが貴社とこの地でこのような関係に至ったということも、この地球上で長い歳月の間に積み重ねられ絶妙に絡み合った因果の上に成り立っているのだということも、次第に私たちの中で実感として理解されてきたことも、手紙に綴りました。

私たちは「猿島野の大地を考える会」を作る時、皆で「自由、平等、行動、非政治、非営利」を基本理念に、環境全体を考えていこうと申し合わせました。そして、有機的な関係が誰とでも持てるよう、対立しないという基本路線は守っていこうと約束し合いました。こんな立派なことを言っても、私個人としては好き嫌いも矛盾も大いに持っていて、ななかなか道遠しですけれど、会としてはこの誓いに沿って皆が忠実にやってきたつもりです。

オオタカの件につきましても、主人が数年前より野鳥に興味を持ち、仕事の合間にいつも周囲の野鳥観察をしたり、野鳥の会の会員であることから、町で野鳥の観察会を呼びかけたり、頼まれたりしていました。そこに偶然、オオタカが２日連続私共の鶏舎に飛び込んで来ました。また、会員の１人が田んぼの近くで目撃しており、営巣しているのではないかという気運になってきて、探してみようということになりました。これも１つの小さな因果だと思います。そして図らずも現在このような局面を迎えてしまいました。オオタカ保護の会としては、今後ゴルフ場が出来た後も町全体でオオタカの住めるような環境を作っていくために活動していくつもりです。これから長いお付き合いになると思います。お互いに共生していく以上、良好で有機的な関係を創り、保ち続けていきたいと願っています。

このような内容の手紙に対して、社長さんも誠実なお返事を下さり、町や私たちとの共生や、オオタカとの共存とゴルフ場さん側の配慮ある対策というような内容で、有り難かったです。私はまた、これから数年後に出来る町の郷土館の建設準備委員として基本理念作成に関わり、「生活と環境博物館」というような内容のエコミュージアムのコンセプトを知り、「町全体を博物館として捉え、建物はその拠点とする」という一文を基本理念に加えていただけたことを、社長さんに伝えました。

そして、その好例として、リサイクルできる物を保管する建物を設けて住民に開放し、ゴミ減量化を図っていく所として、これから出来る町のリサイクルプラザを挙げました。また、賢治を生きる具現的な方法として私がやっているゴミ拾いで出会った日本文化の品々を収める建物を、やはりゴミ拾いで出会った木枠の素材で夫に作ってもらい、その館もエコミュージアムに入れたいと伝えました。そして、この後に社長さんからの便りをいただいて、ある温かい光が交錯するのを感じました。

これまでの企業と町と私たちのような環境保護グループとの関係のあり方は、対立して結局平行線で終わりがちでした。しかし、私たちの会はこれまで本音でゴルフ場さんと対峙しながらも、将来につながる有機的な関係を模索し、創ってこようとしてきました。そして、それから2ヶ月後にゴルフ場の信頼できる人から電話があり、会社で協議の上、オオタカの生息を認め、開発保全でき得る開発の道を探り、レイアウトの変更をし直すことを決定したと教えてくれました。

計画を変更することはゴルフ場にとって大変時間のかかる難作業らしく、約5ヶ月間、工事は中断されました。そして、ある日、ゴルフ場側がオオタカの保護区域として3.6ヘクタールの設定とそれに伴うレイアウトの変更結果の説明のために、農場に報告に来てくれました。その後も、私たちの農場で、ダルマストーブの下、自家製のどくだみ茶を飲みながら和やかに両者の話し合いは持たれました。

思えば長い道のりでした。私たちは、会としてこの大事な節目を、これまで立木トラストなどで応援してくれた会員の人たちと分かち合うために、会の便りを発行しました。

ゴルフ場問題は、私たちに1つのきっかけを与え、「猿島野の大地を考える会」誕生の端緒を創ってくれました。そして私たちもそれによって環境問題に開眼し、共に考え、共に行動することによって、新しい関係作りと、関係相互の結び付きを深められたことに会としての自負と感謝を感じています。今後も地域に根ざし銀河的視野に立って歩んでいきたいと願っています。

11．平成６年は記念すべき年

私は、賢治によって一番欲しかった徹頭徹尾納得でき得る人間観、人生観、世界観を与えられ、再生を期して本を書きました。しかし、日が経つにつれ、賢治が遠のいた時期がありました。私はそれを哀しみ、生涯を通して賢治を取り込んで生きていくには、どうしたらいいか、色々模索して辿り着いたのがゴミ拾いでした。だからこそ、人にとっては「たかがゴミ拾い」でも、私にとっては「されどゴミ拾い」なのです。

平成３年１月が、私のゴミ拾い人生の始まりでした。わざわざそのために自動車の免許を取り、理解ある夫に中古の軽四輪を買ってもらい、これまたポンコツ車の山の中から幌を見つけてきて、私の軽トラに取り付けてくれました。ゴミ拾い幌馬車の誕生でした。何の下心もなく始めたゴミ拾いなのに、町のゴミ捨て場が宝拾いの場になろうとは。どうしてこのようなかけがえのない時間の染み付いた物を、いとも簡単に捨て、どこにでもある大量生産の顔をした物を据えつけるために人は働き、そしてまたその物にも飽き、次なる物を追ってまた働くのでしょう。この堂々巡りをしているうちに、一生は終わってしまいます。その曼荼羅を、私はゴミの山に見るような気がしました。

そして、私はゴミを拾いながら、いつも自分に問うていました。なぜゴミ拾いをして元気になるのかと。けれど、どうしても自分で真に満足のいく解答が得られずにいたのですが、ある時、そのことを人から尋ねられ、自分の口からこんな言葉が自然に発せられました。「自然の側に立てるから」と。そうです。そうだったのだと思いました。人間界、人間社会の時間と空間は有限であり、境界線だらけです。人間社会の時間と空間だけに、行動の規範を置くから限界を感じてしまうのです。自然界の時間と空間は永遠無限であり、どこまでも広大無辺です。人間界の時間と空間、自然界の時間と空間は厳然と別々にあり、死して人は自然界の時間と空間に還るのです。

生きてなおゴミを拾っている間は、その無限の時間と空間に、自分の小さな時間と空間を重ね合わせることができました。だから、私は自由になれたし、元気を得られたのです。そういう思いに到った私は、とても大きな命題を解いた気がしました。

自分への問いに答えを見出した私は、一生ゴミ拾いを1人でやっていくだろうと思っていましたが、そんな折、私が毎日郷土提言に送った論文が入選し、新聞に掲載されました。そして、たまたまそれを読んだ友人が、私のゴミ拾いに共鳴し、一緒にやろうと言ってくれたのです。彼女はその頃、息子さんとの関係で苦しんでいた時で、ゴミ拾いをやってみて、その気持ちの良さを自分で体感し、息子さんに干渉しなくなったそうです。そして彼との関係が正常になったと述懐してくれました。

そのことがきっかけで、彼女の親しい友人にも伝染し、全く自然な流れでゴミ拾いの会「四季の会」が生まれました。また、この会の中に、私がやっていた自由来の教え子の元気なおじいちゃんもいて、その生き様は私など足元にも及ばず、奥さん共々現役で、その上に早朝のゴミ拾いを「捨てる人もいなければ、俺の仕事もなくなってしまう」と言いきれるほど、明るくしたたかな方でした。

最初は、4、5人で始まった四季の会でしたが、段々増えて10人ほどになりました。平成6年に誕生し、毎週火曜日の午前中を活動日に、いつの間にかもう30年近く続いています。四季の会のメンバーは、各々の事情の中で、自分のリズムに合わせて自由に活動し、自分の生活のエネルギーにしていて、それが全体で補完し合っているところが長続きの要因ではないかと思います。

例えば、市との委託事業であった週1回のEM（有用微生物群：Effective Microorganisms）による川の浄化活動も、私がEMの活性液、培養液の製造と浄化活動まで手が回らなくなった時、2人のメンバーが浄化活動は引き受けてくれたり、EM液体石鹸を普及させてくれたり、ある方は私がゴルフ場で販売している銀杏を公園で拾ってきて綺麗にして届けてくれたり、別の方はご自分の趣味の手品で交流会を盛り上げてくれたり。今では「ゴミ関心部会」という名称になり、ゴミ全般、特に会が地球温暖化防止に結び付く生ゴミの活用に取り組んでくれており、心強い存在です。

そして、１人でゴミ拾いをしている時とはまた違う楽しみも出来ました。それは、ゴミを拾いながら、分別しながら、お茶を飲みながら、本音の話ができ、その後の展開にもつながっていくことでした。

平成６年は、四季の会の誕生の他に、心に残る誕生が２つありました。その１つは、私が夫の仕事を手伝っている時、活用されないＢ級品の卵をもったいなく思っていた私は、働く張り合いも欲しくて、それを安く売ってそのお金を最も必要としている所に送ろうと、ユニセフを思いつき、８月31日（野菜の日と命名）にユニセフショップが誕生しました。この誕生が、後の会の重要な事業の元になります。

また、その年に、生涯学習の研修旅行があり、その際に偶然見かけたボランティアのチラシに私は啓発されました。ボランティア組織が出来ていて、そこからボランティアをしたい人、してもらいたい人に呼びかけるチラシでした。以前からボランティア人口が増えれば町の資質も高まると思っていたので、このボランティア発掘につながるチラシという手段は絶対いいと確信して帰ってきました。

早速、社会福祉協議会に頼みに行くこと数回。保健衛生課の課長さんにもバックアップしてもらい、町の既存のボランティア団体の長の人の同意を得られれば作ってもよいというところまで漕ぎ着けました。

１日かけてその家々を訪問し、遂に社協ではボランティア連絡会を発足。６つほどのボランティアグループが集まり、話し合った結果、チラシの名称は「茶はなし」と決まりました。これには「茶ばなし」と「茶は無し」の２つが掛けられていて、茶ばなしでボランティアを広めるという意味とボランティアは飲み食いなしという意味だそうで、なかなか含蓄のある名称だと思いました。そして手書き。手から全ての文化が生まれたことを思えば、配り物が全てワープロ字の中、下手でも手書きというだけで、温もりがあって読んでもらえるかもしれないという期待がありました。

B4サイズで月1回、後にA4になり、その上全戸配布ということで、そこまでは予想していなかっただけに、町中の公認の場を与えられ行政との垣根が1つ外された気がして、嬉しく感じました。

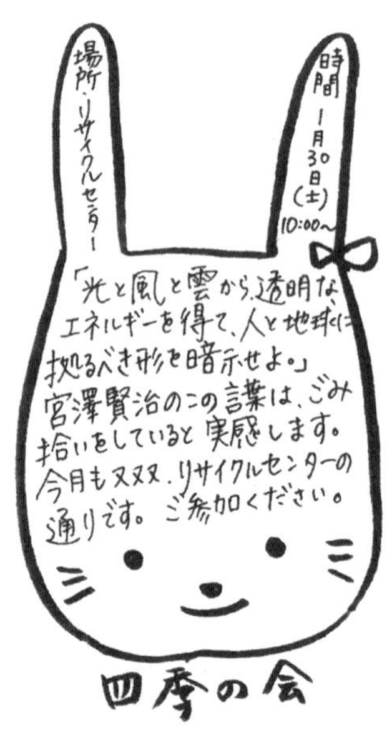

ホタルからのメッセージ

平成十七年度に入り旧岩井市の農家の方々が、「米のとぎ汁流さない運動」の熱心なモニターさんになってくれ、色々な話題や感想を寄せてくれました。

その一つ、減農薬の田んぼに米のとぎ汁EM発酵液を入れ続けていたら、今年はその田んぼだけにホタルが大発生し、集まった人達が皆でホタルを楽しんでEM(有用微生物群)の関心も自然に広まったそうです。

そしてもう一つ。ねぎ農家では作業衣にねぎの臭いがしみついて色々な高価な洗剤で試してもとれなくて困っていたのが洗剤を半分にして米のとぎ汁EM発酵液を入れるようになったら、その臭いがとれてしまって「米のとぎ汁はもうもったいなくて流して捨てられなくなりました」との言葉が印象に残りました。

NPO法人猿島野の大地を考える会

昨年境町の二校の小学校で「プールの清掃にEMと米のとぎ汁を活用した環境体験学習をとれ入れてくれました。

子供達と米のとぎ汁EM発酵液を大量に作り、秋と春の二回プールに入れておくとプールの清掃が短時間で水も節約でき、児童の健康にもよいとの全国の事例に基いて実施しましたが結果は本当にその通りとの事です。プールの水を校庭の散水に使った所、それまでの詰まりも解消されたと喜んで頂きました。

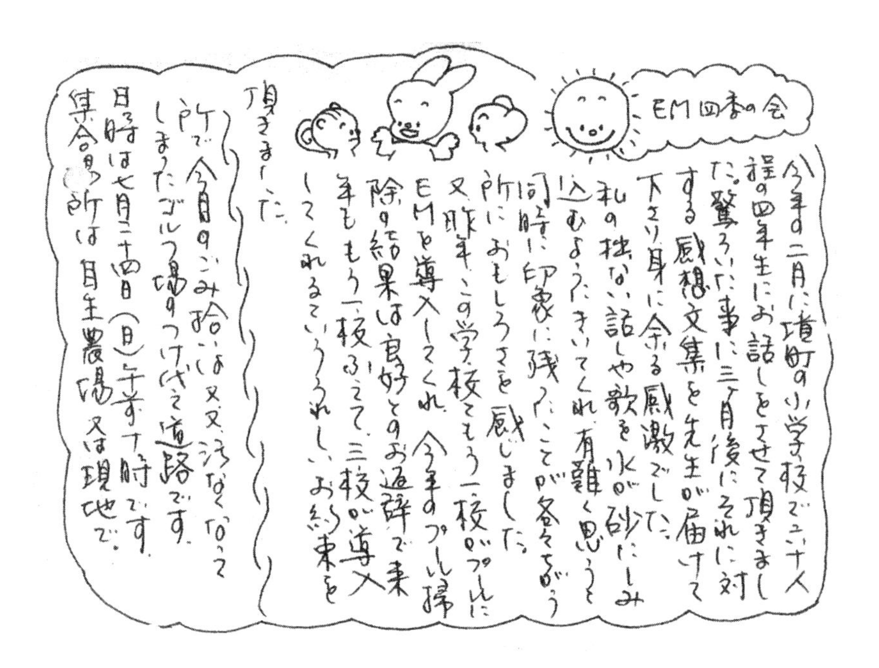

EM四季の会

今年の二月に境町の小学校で三十人程の四年生にお話しをさせて頂きました。驚いた事に三ヶ月後にそれに対する感想文集を先生が届けて下さり身に余る感激でした。
私の拙ない話しや歌を水が砂にしみ込むようにきいてくれ有難く思うと同時に印象に残ったことが各々ちがう所におもしろさを感じました。
又昨年この学校でもう一校がプールにEMを導入してくれ、今年のプール掃除の結果は良好とのお返事で来年ももう一校ふえて三校が導入してくれるというれしいお約束を頂きました。
所で今月のごみ拾いは又又汚なくなってしまったゴルフ場のつけぞえ道路です。
日時は七月二十四日(日)午前十時です。
集合場所は自然農場又は現地で。

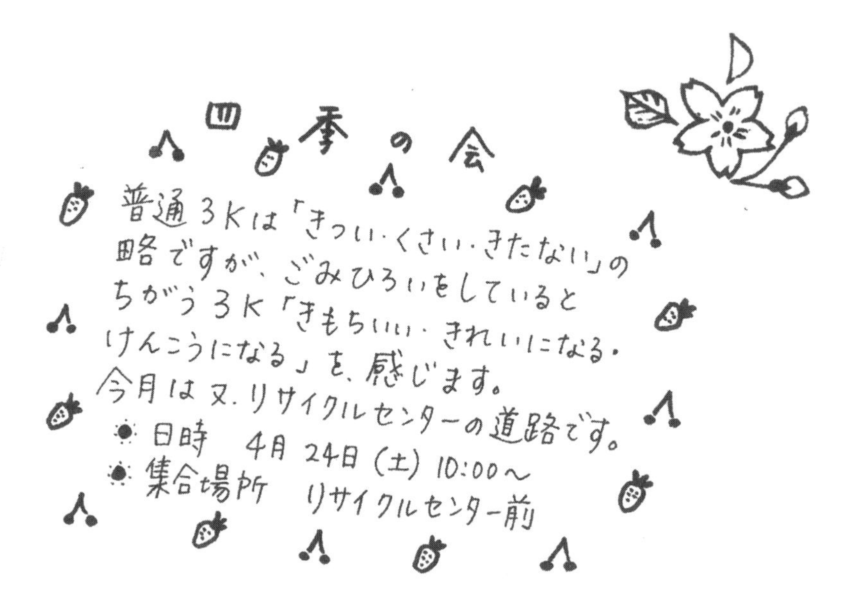

四季の会

普通3Kは「きつい・くさい・きたない」の略ですが、ごみひろいをしているとちがう3K「きもちいい・きれいになる・けんこうになる」を、感じます。
今月は又、リサイクルセンターの道路です。
日時　4月24日(土) 10:00〜
集合場所　リサイクルセンター前

「茶はなし」16号から

今回は趣向を変えて、小さいお家造りに取り組むことにしました。有る材料で、皆の手造りで、リサイクルスポットをリサイクルハウスに変身させてしまおうとする試みです。関心のある人、力のある人、誰でも参加をお待ちしています。今回は大掛かりなので、事前に猿島野の大地を考える会やオオタカ保護の会にも応援を求めておきました。

当日は都合が悪くて来られない人が、前の日に来て夫と水平を出し、コンクリート柱を建てるところまでやってくれ、当日男性陣は建設仕事、女性陣は食事班に分かれ、午後まで仕事続行。1枚で畳1畳ほどの大きさのぶ厚いガラスを最大限活用しての家造りなので、ガラスでは釘は打てないし、どんな風にやるのかと興味深げに見ていたら、周囲を木で挟むという手法。さすがと感心する。しかし、この日だけでは終わらず、そこに彗星の如く現れたのが、四季の会のメンバーのお父上。器用でボランティア精神に富み、これぞ格好の人でした。日参してコツコツやって下さり、夫の陰の力もあって、遂に完成。

広さ六畳ほどのガラスのリサイクルハウスは、こうして皆の力が結集し、本当に実現してしまったのでした。また、「整理する事によって、人は二倍の力を得る」という賢治の言葉ではありませんが、こういう持ってくる場があれば、人に役立ててもらった上に、自分の場も整理され、一挙何得にも。基本的には無料ですが、片隅に遠慮がちに設置してあるユニセフ募金箱に、これまで1万円くらいの喜捨がありました。

たった1人で始めたゴミ拾いから、これだけ思いがけない広がりが生まれたという事実に対して、やってよかったという悦びと同時に、本当に様々な人たちが私たちの活動に関わってくれて、協力していただいたからだという感謝の気持ちでいっぱいになりました。そして、このリサイクルハウスが形になったことで、私はこれを「町まるごと博物館」の1つに加えました。

私が「茶はなし」で「ユニセフショップとリサイクルハウスは姉妹のようなものです」と載せましたら、ある元気なおじいちゃんがこの姉妹の存在を知って、リサイクルハウスの品物を高額な価格で買ってくれて、それをユニセフショップにと言って、私たちの農場にそれを渡しに寄ってくれるようになりました。この出会いが、後の会の進展に重要な役目を果たしてくれることになります。それは後のお楽しみ。この「茶はなし」は、12年間、144回まで続き、月1回のゴミ拾いの呼びかけはずっと掲載されました。

このように「四季の会」は全く自然な流れで誕生し、広がっていきました。平成6年に誕生した四季の会は、やはり同年に、私のもったいない精神から社会福祉協議会に働きかけて誕生したボランティア広報紙「茶はなし」に毎月「四季の会」の皆でゴミ拾いを呼びかけてきました。そのお陰で、旧猿島町のボランティア力は人々に関心を持ってもらえるようになったのではと思います。

その1つが、部会である「四季の会」に入った若いお母さんが「猿島野の大地を考える会」に、やはり部会で子供を自然の中でたくましく育てる会を作りたいと申し込んできたのです。毎月やっている定例会で話し合った結果、野外で親子や子供たちが自然と触れ合う会として「大地っ子」が誕生しました。「四季の会」とも交流しながら自分たちも活動日を設け、かまどなどを使って親子で体にいい食事を作って食べたり、幼い者同士鶏に緑の葉っぱをあげたり、自分たちで見つけた遊びに興じたりしています。

その後に、四季の会の活動は、これも「茶はなし」に紹介していくように、次第に多岐にわたっていきました。その1つが、私たちの会が旧猿島町と委託事業で行っていた「住民参加型」の「環境基本計画」に則った「EM生ゴミぼかしの無料配布制度」や「川へのEM投入」への関心喚起および参加へのお誘いでした。更に四季の会が力を注いだのが、EMの中の主役である光合成細菌の凄い実力を知ってもらうことでした。

2つ目は、人類だけが出して、この地球を汚している生ゴミと下水汚泥の処理についてです。下水汚泥の素になる米のとぎ汁はEMで作った発酵液で生活浄化に活用し、生ゴミは光合成細菌と一緒に大地に戻して安全で美味しい野菜を育てるというもの。まさに、この2点は、昔の日本人のもったいない精神から生まれた生活の知恵です。これらをイラスト付きでこの広報紙に載せたことで、少しは町の人々に伝わるのではと思い、それを張り合いにして町が合併後までの14年間、頑張りました。やらせていただいた社会福祉協議会や関係者の方々に感謝しています。

12. 町まるごと博物館の実現

3つ目は、将来できる町の博物館「ミューズ」の建設準備委員に私が選ばれ、その基本理念作成に関わったことです。メンバーの中で女性は私だけでした。その委員会に中におられた専門家のお話から「エコミュージアム」という理念を知り、その頃横行していた「箱物主義」に疑問を感じていた私は、「町全体を博物館として捉え、建物はその拠点とする」と主張して、認めていただきました。

その後の歳月は、これら3つのタネがどんなふうに芽を出すのか、その芽がどのように育つのか、猿島野の大地の会のお仲間と一緒に見守りながら活動してきました。

そして、この3つの存在は有機的につながり合い、思いがけない会の展開と進展がありました。

四季の会は、月に1回のゴミ拾いを呼びかけたり、町と会でやっている「EM生ゴミぼかしの無料配布制度」やその後の「EM活性液による米のとぎ汁流さない運動モニター制度」を周知したり、学校のEMプール清掃や川へのEM投入を通した具体的な効果などを通して、ボランティア力を発揮してくれました。

また、NPO法人「猿島野の大地を考える会」として、その頃に最も主眼を置いていたユニセフショップ（後に「もったいないピース・エコショップ」に改名）でのユニセフやペシャワール会への支援を通して世界平和に関与することで、反対に自分たちが貰える元気、安心、希望、連帯感を伝えたりしました。

一方、旧猿島町郷土館「ミューズ」で決まった基本理念に基づいて、私たちの会は「猿島町まるごと博物館」と命名し、そのコンセプトに沿った場所の選定を始めました。私たちの会員さんの中に適任者がおられ、「そば名人さん」と「木の匠さん」はすぐに決定しました。「私の宮澤賢治かん」や、筑波山を背景に田園の中に建っている私たちの旧宅の２階は、使われていないのがもったいなく、私が勝手にこだわっている「時間と空間を考える博物館」としました。

また、もう２つどうしてもお知らせしておきたいのは、私たちの会の拠点である自生農場の入口にある「リサイクルハウス」と旧猿島町の住民参加の環境基本計画の拠点である「リサイクルセンター」です。

リサイクルハウスはガラス張りの細長い建物で、全て廃物と廃材を利用し、ボランティア広報紙「茶はなし」で呼びかけ、私たち会員も参加して１日かけて作りました。そのリサイクルハウスを活用し、そのお礼を持って農場を訪ねてくれたご老人が、その後の会の発展に大きく貢献してくれました。

リサイクルセンターは、その時の課長さんが、自分たちで作った住民参加の環境基本計画を時間をかけて具体化しようとして作りました。その際、私たちの会もその遠大な計画に賛同して、市民農園を作ることを提案し、それを採用してくれた町は広い駐車場と洗面所も完備してくれました。私たちの会も、町の誠実な姿勢に対して感謝の印に、その駐車場に５本のメタセコイヤなどの木を記念に植樹しました。そして、その頃には「猿島町まるごと博物館」も出来ていたので、「茶はなし」で町に呼びかけセンター開始時は、かなり集まってくれ友好的な時間を持てました。

しかし、このリサイクルセンターも、一時は私たちの会が提出した要望書で機能が回復したものの、今はすっかり昔の面影もなく生気を失っています。私はこれをもったいなく思い、3年ほど前に地球温暖化問題に取り組んでいる若いグループに、その研究にここを活用するように勧めてみましたが、何のお返事も貰えませんでした。そして、その後には、更に厳しい現実が待っていました。しかし、その厳しい現実が反対に作用して、私に「有機の郷創り」に活用できそうな1つの発想を与えてくれました。

私たちの会「猿島野の大地を考える会」は最初、個人的にも宮澤賢治的世界観を拠り所にしていました。会の基本理念を賢治の世界観に沿って、「自由、平等、行動、非政治、非営利」とし、有機的な活動を展開してきました。官民協働で旧猿島町と一緒にやった、茨城県で住民参加型の環境基本計画を具体的に一緒に作り、「EM生ゴミぼかしの無料配布制度」を9年間、「EM活性液による米のとぎ汁流さない運動モニター制度」として週1回の川の浄化活動は、合併後も含めて16年間続きました。これは、官民協働関係の賜物です。そこで今後は、現在は坂東市となったこの地で、誰ともどこことも対立しない、対話の姿勢で、これまでの「官民協働」の関係を活かし、更にこれからの時代を見据えた「有機の郷創り」に向けて励んでいきたいと願っています。

このように、日々ユニセフショップから自分のほうが元気を貰いながら、もう1つの「町まるごと博物館を推進する会」も四季の会や毎月の定例会に出席する会員の人たちに協力してもらいながら、少しずつ形になっていきました。皆で一緒に作った「リサイクルハウス」も、私のゴミ拾いで出会った資材で夫が創った「私の宮澤賢治かん」も、エコロジーは「生活と環境博物館」ですから、もちろん仲間入りしました。また、文明が幅を利かせる現代にあって、日本の文化の中で育ち、その文化をしっかり身につけ生活に活かしてきた世代が減少しつつある今、それを存続していかなければ、日本人の特質である知恵やもったいない精神が次の世代に伝わりません。

幸い、すぐ近くに格好の人がいました。それが、私たちの最初の家の隣人でした。この家の人たちにはどれほどお世話になったかしれません。

その上に、ご主人も奥さんも、本当に器用で知恵を持っていて、それを生活の中で活かしていました。そのご夫婦の作品について一例を挙げますと、ご主人はもちろん自然の素材を使っての、縮小版のわら屋根の農家や昔の農業に使われた農機具の数々。奥さんは昔の衣類を活用してのお節句の時の雛飾りなど。どれも心和む作品ばかりで、私の家の三人娘も皆、お二人の作品をいただいて生活の中で本当に大事にしています。

また、食文化で言えば、そば名人さん、漬物名人さんなどがいました。そば名人さんと言えば、本当に最適な人が見つかりました。高齢にもかかわらず現役感覚でしっかり生きておられ、訪れるといつもご自分の広い畑で体を動かしておられて、こちらが感心します。私たちの会の趣旨を説明したら、早速入会もして下さいました。その上に、お仲人をしたという彼女の甥御さんを紹介していただき、彼の仕事の関係で出る木材の半端が、後に会の活動にとても役立つことになります。

そして、それまで会の年中行事として炭焼きをやっていましたが、交流行事としてはやっていなかったので、彼女の入会を機に、定例会で1年に2回、1月に餅つき、5月にそば作りをやっていこうということになり、会としての体裁も段々と整っていきました。

そば名人さんは、家族思いで、大晦日の年越しそばは、一緒に暮らしている家族だけでなく、離れている家族の分も作ると聞き、その強くて優しい姿勢に感動させられました。もう1人のそば名人さんも、幼い頃からのご苦労がお顔ににじみ出ている仏様のような人で、お仕事を退職してからも現役の農業人で、交流会の時にはご自分で栽培した蕎麦を提供して下さいます。

このように、少しずつ町まるごと博物館と会の活動が補完し合いながら交錯し合いながら形になっていきました。住民参加型の環境基本計画を作って、そのシンボルとしてリサイクルセンターを作るという課長さんの夢は、EM生ゴミぼかしの無料配布制度と並行して実現し、その上、市民農園と広い駐車場というおまけまで付いて、町まるごと博物館の貴重な1つになりました。また、「時間と空間を考える博物館」は、眼前に筑波山と稲田が広がる自宅の2階を活用して、私が創りました。

私たちの会が生まれるきっかけとなったゴルフ場さんとの関係は、ゴルフ場が出来てからも有機的に続いていました。私とゴルフ場の社長さんとの手紙のやりとりも必要に応じてあり、私はその中で間伐材を利用した炭焼きを提案しました。すると、驚いたことにゴルフ場さんは本当に立派な炭焼き設備を作って下さったのですが、それを活用しなかったので、今思うと私たちの会でそれを活用させてもらえば、もっと良い関係が生まれただろうと悔やまれてなりません。ただ、私たちの会の最初の頃の年中行事であった炭焼きには、お招きすると喜んで参加してくれました。

また、ゴルフ場が出来たことで作られた付け替え道路が、人家が少ないのでゴミが多く捨てられるようになっていました。そこで、月1回、全戸配布の「茶はなし」で、その道路のゴミ拾いを呼びかけ、ゴルフ場さんにも声をかけ、それまで2、3回一緒に拾ってきました。

一方、この頃、町まるごと博物館マップも4、5年経って実態に合わないところが出てきて変更することになり、定例会でゴルフ場反対運動の際オオタカが出たことで、ゴルフ場さん側がオオタカの保護区域として森を残してくれていた、その場所が選ばれました。そこで、ゴルフ場さんにその森を「野鳥の森」としてマップに加えてもらえるよう頼んだところ、快諾してくれました。そして、何年ぶりかに私たちがその森に足を運んだ時、待っていたのはゴミの大量投棄でした。全部を取り除くことは到底不可能でしたが、１回だけはやろうということになり「茶はなし」で呼びかけました。当日は、ゴルフ場さん側も役場の職員さんも参加してくれたのですが、皆で森に入って行くと、野鳥の密猟者に出会ったりして、まるで現代の縮図を見るようでした。でも、せっかくなのでマップに入れさせてもらいました。

そして、町まるごと博物館に指定させてもらった所には、会の有志で手作りの看板を立てさせてもらいました。それと並行してマップは、会の中で最適の人材、私共の次女が作ってくれました。農場も会の活動、運営も彼女の存在がなかったら、随分違った寂しいものになっていたでしょう。

次女はしっかりしていて、それでいて情緒があって優しいというこの二言がぴったりの娘で、農場では父親の片腕としてよく働いてくれました。ワーキングホリデーやウーフなどの制度を利用してカナダやニュージーランドで農業体験をし、私たちの農場もウーフの制度に入ろうという彼女の勧めで何人かのウーファーを受け入れ、私たちもいい体験をさせてもらいました。そして、その中に生涯の伴侶がいたのです。現在は、石川県の山間の豊かな自然の中、自然農法で彼女は加工を担当し、夫婦で力を合わせ家族４人で仲良く暮らしています。「町まるごと博物館マップ」と後に出てくる「米のとぎ汁流さない運動」、そして「茶はなし」の中のセンスのあるイラストは、彼女の足跡を示す置き土産になりました。ありがとう、ありがとうの一言です。

（2001年の改訂版）

『宮澤賢治を生きる』P35 より

案内版

	生涯学習のチャンスを提供してくれる場所・人・物	予約	訪問日	備考・TEL
1	逆井城跡	は	い	0280 (88) 7766
2	漬物名人・生井茂八さん	い	は	(88) 8497
3	猿島高校	い	い	(88) 1011
4	常繁寺	は	い	(88) 1329
5	逆井山小学校の桜並木	は	い	(88) 1527
6	川端あやめ園	は	い	(88) 1429
7	時間と空間を考える博物館	い・ろ	は	(88) 0610
8	木の匠（たくみ）	い	は	(88) 8199
9	そば作り名人・根本菊江さん	い	は	(88) 0341
10	万蔵院	は	い	(88) 0301
11	塚原家の大ケヤキ	は	い	
12	とうがらし地蔵尊と板垣家	い・ろ	い	(88) 0426
13	リサイクル・センター	は	ろ	(88) 7975
14	私の宮澤賢治かん	い・ろ	は	(88) 7670
15	リサイクルハウス	は	い	みんなのハウスです。気もちよく使いましょう！
16	野鳥の森	は	い	
17	深井地蔵尊	は	い	
18	岸本君二世功徳碑	は	い	
19	志度谷津	は	い	
20	工業団地・調整池	は	い	
21	沓掛香取神社	は	い	0297 (44) 3645
22	神明社の大ケヤキ	は	い	県の天然記念物

☆お問い合わせ先…0280(88)7670 小野まで☆

『宮澤賢治を生きる』P36より

1. 戦国末期の築城技法が駆使された広大堅固な遺構。往時の姿をとどめる空堀や土塁。落城伝説の「鐘堀り池」の他、復元された建築群も常時公開。4月上旬は桜まつり。10月10日は古城まつり。

2. 規格外の大量のきゅうりを、省力化で上手に漬けることを考案。

3. 前身が農芸高校なので、約10ヘクタールの校内には広い農場を有し、生徒さんのつくった新鮮な野菜や果物、草花、猿島の名産・猿島茶などを随時求めることができる。

4. 逆井前山にある浄土宗の寺。逆井城主の常繁公と夫人の菩提寺。境内の古木や古い建築群が安らぎを与えてくれる。念仏行者が念仏を唱え続ける十夜法要会は、今尚 秋に行われている。

5. 昭和25年に植えられ、その30数年後、切り倒される運命になったが、皆の願いで命拾いをした。この古木の桜並木は、長い間町の人々に愛されてきた。

6. 自分の庭園に沢山のあやめや、季節の花木を植え、常時公開してくれて、それらのビデオも用意されている。

7. 眼前に拡がる飯沼新田を眺めながら、時間と空間について3つのテーマを用意し、自由に考えてもらうため、自宅の二階を開放。

8. この人の手からうみだされる木工製品！とりわけ、昔の米づくりに使われた農機具のミニチュア版の勢揃いは必見。

9. お孫さんをみながら、そば以外にも手造りの「食」を大事に生活している。

10. 開祖空海の死後約100年、今から約1,100年程前に建立された真言宗、豊山派のお寺で、県の重要文化財多数。地域の文化交流中心地で、牡丹（ぼたん）のお寺としても知られている。

11. コブシの大木に抱かれるように建つ地蔵尊は、ピリッとして元気な子が安産できる、と言われる。毎年8月23日の宵宮には、家々の門口に灯ろうが立てられて、幻想的な夜となる。裏手の板垣家には、築100年の蔵があり、民具の入った内部や庭を見ることができる。

『宮澤賢治を生きる』P37より

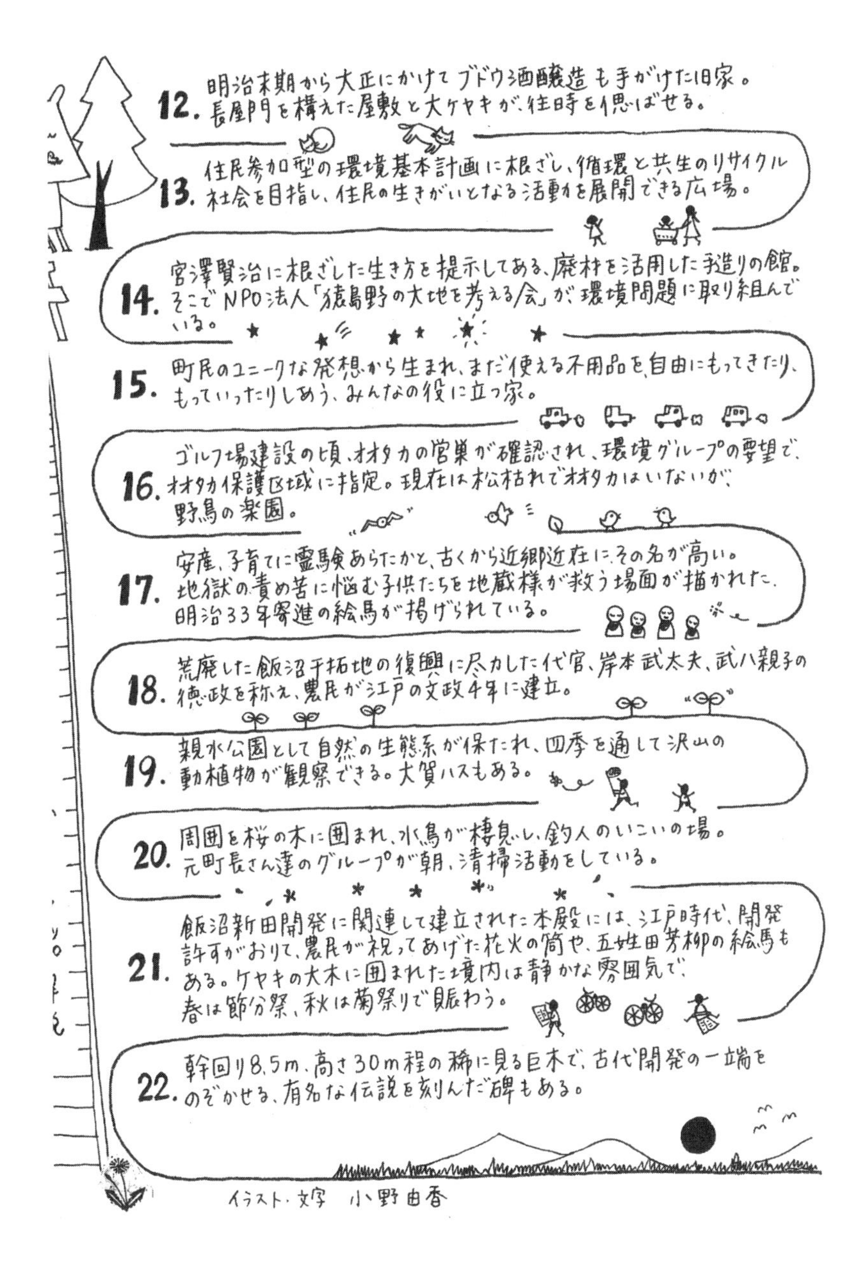

『宮澤賢治を生きる』P38より

13. EM（有用微生物群）との出会いと真価

今、遠い昔に想いを馳せると、ゴミ拾いが全ての原点だと感じます。

ゴミ拾いをするようになって町の役場の人と接する機会も増え、猿島町の町長さんもゴミ拾いがお好きで、登庁前にはお仲間と一緒にゴミを拾っているとも聞き、親近感を覚え、いつの間にか町長室を時々訪れ、お話しするようになりました。

かつて役場の職員で労働組合の組合長でもあったという町長さんは生活も質素で、町長室に伺うと、ご自分でお茶を入れてくれる庶民的な方でした。町長さんも役場の職員さんも環境意識が高かったのか、茨城県では初めての「住民参加型」という冠の付いた環境基本計画を作り、その中心的場としてのリサイクルセンターを設立しようという壮大な夢を、その当時の課長さんが抱いてしまったことから始まりました。

彼は最初に前段階として、一般町民からなるゴミ減量推進委員会を作りました。私もその委員の1人に選ばれ、埼玉県和光市へ研修旅行に行ったのがEMを知った最初でした。各家庭の生ゴミをEMという微生物で堆肥化して、それを農家が活用するというシステムを、行政主導で作り上げたというような趣旨でした。

その際に生ゴミをEMぼかし和えして、下に液が溜まるようになっている二段式の密閉容器を各家庭に2個ずつ配布したということで、そのバケツが紹介されました。その溜まった液を取るためにバケツの下部にコックが付いているのを、私たちは皆で感心して眺めた記憶があります。また、そのEMの発見者が比嘉照夫さんと紹介されていたのを、私は「嘉」を「喜」と間違え、ヒキさんと勝手に思い込んでいました。そして、そのEMについての驚くべき効果についてもおそらく書かれていたと思いますが、読んだとしても全く通り一遍の路傍の石だったのでしょう。現代の高度情報化社会では、情報が氾濫しすぎ、本物、偽物、亜流の区別がつかず、余程のことでない限り引っかからなくなっています。EMにおいても同様で、私の中にEMのことが自然と浸透、定着していくまでには、長いブランクと何段階かの醸成期間が必要でした。

２回目の出会いは、私たちの会で作った「町まるごと博物館」の15番、リサイクルハウスからやって来ました。その活用者の中に１人の老人がいて、ある日農場を訪ねて来られました。80歳を過ぎているとは思えぬ軽やかさで自転車に乗り、リサイクルハウスの衣類をいただいたので、ユニセフに募金したいとの申し出がありました。手作りの梅ジュースでもてなすうち、彼が話し始めたのがEMのことだったのです。彼はEMを絶賛し、EM農業をしているとのことでした。

３回目の出会いは、私たちの農場の卵を取ってくれている生協の元職員さんからの年賀状の中でした。彼女は、今はなんとEMの普及所に勤めておられ、賀状には「EMに毎日教えられます」とありました。聡明な彼女にそう書かせるくらいなのだから、大きな存在なのかもしれないという思いが脳裏をかすめました。その後、彼女から比嘉先生の著書『微生物の農業利用と環境保全』が送られてきました。

ある時、EMのおじいさんの家を、夫と訪ねたことがありました。その折に私たちは、彼が木箱に保管してあったEMの種菌入りのぼかしをいくらか貰って持ち帰りました。そのうちの半分を、私の自由来の教え子のお父さん（「猿島野の大地を考える会」の会員さんで、「オオタカ保護の会」の会長を気持ちよく引き受けてくれた方）にあげ、残りの半分を自分で保管し、最初の頃こそ大事にしていましたが、そのうち忘却の彼方になってしまいました。

大分時が過ぎ、ぼかしを半分持って行った彼が、それで作ったと言ってキャベツを持って現れました。そのキャベツの見事なこと。大きくて薄緑で、生き生きとみずみずしく、葉はしっかり密に巻いていて重く、食べてみると甘くて、パリパリ、キャベツ本来の味がして非の打ちどころがありませんでした。「百聞は一見にしかず」の言葉通り、私はこのキャベツでEMがぐっと接近し、初めて自分からEMへの関心が頭をもたげてきました。彼のお陰で、この時を境にして、私たちのEMと向かい合う日々が始まりました。

まず、マニュアルを見ながら夫と農業用のぼかしを作ってみました。10日ほど寝かせ、ナスとピーマンで比較してみると、10本中８本くらいまでは、EMを入れない苗より、茎や葉に優位の差が出たように感じました。

夫も自家配合した餌の中に、畜産用のEMぼかしを作って入れる試みを始めました。我が農場は平飼い養鶏なので、以前から悪臭はあまりありませんでしたが、すっかりなくなったというのが知り合いの弁。また、産卵率や卵質に関しては、雛の時からEMぼかし入りの餌を与えるほうが、途中からより効果は顕著でした。このことから推測されるのは、最初からEM環境を作ると良い遺伝子が固定するということです。

そして、EMを採り入れて一番驚いたのは、鶏同士のお尻の突つき合いがなくなったことでした。以前は、弱い鶏がお尻を突つかれて死んでしまうことが多々あり、困っていました。それが、ほとんどなくなったのです。EMの中の主役、光合成細菌が常に波動を発していることからもたらされる精神面への効果でしょうか。これは本当に確たる事実であり、衝撃でした。他にも畑で色々試し、中でも以前は出来なかったホウレンソウが、特に種子をEMの希釈液に浸してから蒔いたら、生え揃って出たのには驚かされました。

ある晩、思いついて、自分たちで作ったEMの農業用のぼかしと、会で作った竹炭と竹酢液を持って、自由来の教え子のご両親で、会員でもあり、立木トラストの時に無料で貢献してくれた篤農家さんの家を訪問し、EMを試しに使ってみてくれるように頼みました。

自分が頼みに行ったことをすっかり忘れかけていた頃、篤農家さんが農場に来てくれました。彼が話すのには、捨てるようなボロ苗のキュウリとトマトのほうにEMを与えておいたら、途中からぐんぐん他を追い越し、出来たものを黙って親に食べさせたら、EMのほうが美味しいと言ったそうな。私たちの所にもトマトを持って来て、どちらがEMか当ててみろと。答えは明らかでした。本当に有り難いことです。

こうして、EMのおじいさん、オオタカ保護の会の会長さん、篤農家さんたちのお陰でEMの真価に目を開かせてもらった私は、「住民参加型」の「環境基本計画」を作り、その中心的場としての「リサイクルセンター」を作りたいという夢を持っていた役場の課長さんに、ゴミ減量推進委員として、EM生ゴミぼかしを配布し試行してもらって結果を聞くことを提言しました。町は100名のモニターさんを募り、1年間試してもらってモニターさんの意見を聞き、その結果が非常に良かったので、「EM生ゴミぼかしの無料配布制度」に踏み切りました。

このEM生ゴミぼかしは最初の頃は、役場の職員が手作業で作っていましたが、夫が、鶏の飼料を作る時の攪拌機があるので使って下さいと勧めてからは、農場に来てやるようになりました。私はこの頃、助成金制度というのがあるのを知って、この攪拌機を目標にトライしたところ当たって、中古ですがリサイクルセンターにプレゼントし、使ってもらえるようになりました。

このEM生ゴミぼかしの無料配布制度は好評で、猿島町が合併直前の９年間続きました。そして生ゴミを燃やさなくなった分、可燃ゴミの焼却費用は周辺の自治体の中で最低を記録し続けたと聞きました。そもそも生ゴミを燃やすというのは不自然なことであり、大気の汚染につながるものと思います。このEM生ゴミぼかしの無料配布制度は、猿島町が目指した住民参加型の環境基本計画に則っていて、それを官民協働でいい結果を残したのですから、他の自治体にも広がっていってほしいと思いました。この時の切実な思いが、更に効果的な生ゴミの自家処理法につながっていきます。

14. EMによる水質浄化実験

このEM生ゴミぼかしの無料配布制度をやっている頃、親しかった役場の係長さんから、ある排水路のことで相談を受けました。幅１メートル、長さ200メートル、両側がコンクリート、底面はグリ石で、勾配がほとんどなく、３年ほど前に100万円近くかけてヘドロをバキュームで吸い上げ、別のところに移したにもかかわらず、また元の木阿弥になってしまって住民からの苦情が絶えないという排水路でした。

ある日、係長さんに現地を案内してもらいましたが、聞きしに勝るひどさで、私もちょっとたじろいでしまったほどでした。「ヘドロを吸い上げてどかしても、それは別の場所で産業廃棄物になってしまうし、こんなふうに同じ状態に戻ってしまうのでは、本当の解決にはなりませんよね」と言った彼の静かな口調が、共鳴音として私の中に長く残りました。

EMに水質浄化の力があることはビデオや本で知ってはいましたが、確信はなかったし、その排水路自体が最悪の条件でとても無理な気がしました。月1回の定例会で、この件について話し合われ、以前夫と一緒に見学に行った川の浄化実験に使われた灌注器のことを話したところ、例の篤農家さんが灌注器ではとても無理そうなので、自分の家にある500リットルのポリタンクと動力噴霧器を使ってやったらどうかと提案してくれました。本当にこの提案は功を奏し、私はこの提案をしてくれた彼に後で手を合わせました。

しかし、あれだけ悪臭を放つよどんだ排水を改善するためには、行政にも協力してもらう必要があったし、私たちの会がEMを灌注するにしても、月に1回くらいではとても心もとなく思えました。会で色々思案した末に、会としては3ヶ月間、7月から9月までは灌注を毎週1回やっていこうということになりました。そして、行政に会の方針を話し、協力を呼びかけた結果、行政側は24時間ポストからEMを点滴することを約束してくれました。

会の乏しい大事な費用を削って初めてやることなので、私は言い出した者として責任を感じ、活性液の塩梅も決めかねて胃が痛くなったりしました。しかし、信頼できる方からその塩梅を教えてもらい、前日に灌注液を仕込むのが私の役割になりました。7月最初の灌注の日、初めて現場を見た篤農家さんは、あまりのひどさに自分がこの提案をしたことを後悔したそうです。それほど汚く、悪臭と蚊とヘドロの巣で、本当に暗中模索の出発でした。

各方面からの雑排水が流れ込む排水路の先端に行政の用意した点滴のポストが設置され、私たちの会がそこから30メートル下流まで灌注することになっていました。週ごとに様々な現象が見られ、その間、長年詰まったゴミを取り除いたり、水辺に茂る大草を除草したり、灌注以外にも男性チームは色々やってくれました。本当にご苦労様でした。

これまで一度も休まず続けてきた月1回の水質検査の当初の目的はゴルフ場の建設に関係したことでしたが、今回のように水質浄化の効果を見るという前向きの役割が生まれ、公益のために活かされることになるとは思ってもみないことでした。その上、月を追うごとに、私たちが予想した以上の結果が現れ、やっただけの甲斐は確かにあり、私はほっと胸を撫で下ろしました。自分たちの手で、自分たちの目で、EMにこれほどの水質浄化の力があることを実証できたのは、農業における効果と合わせて、EMの総合的な真価を私たちに確信させてくれた画期的な出来事でした。

この実験が、私が知る限りにおけるこれまでのEMの水質浄化実験と違う点は、大量の拡大活性液を動力で注入棒をヘドロの中に突っ込み、圧力で押し込むやり方を採用したことにあると思います。これによって、主に嫌気性のEM菌が嫌気状態にある水中のヘドロに活着し、活発に活動しやすい条件を作り、そこで発酵分解が行われ、功を奏したのではないかと推測します。

一般に酸化分解は、速度は速いが汚泥を作ってしまいます。それと反対に発酵分解は、速度は遅いが汚泥を減らすと聞きます。これまでのように、ヘドロを他に移すのではなく、その場でヘドロが減少したということは、EMに根本的な解決力があることを示しています。そして、測定地の１つが灌注地より約50メートル下流であるにもかかわらず、そこでもEMの効果がはっきり見られました。このことから、EMは移動しながら増殖し活躍していることもわかりました。

EMによる水質浄化実験

会の基本理念の一つ、「行動」を重視する私達の会の平成10年度の最大の足跡は、ＥＭによる水質浄化実験であったと思います。それまでの学習で、ＥＭに根本的な解決の路があるかを確かめるべく、この実験に踏み切りました。

７月から９月までの三カ月間、毎週一回、排水路のヘドロの中に、500リットルのＥＭ拡大活性液を、動力噴霧機で灌注する作業を続けました。そして、６年間継続している会の月一回の水質検でその推移を調べた結果、下記の表のような驚異的な数値を得ました。

地点Ａ（実験地の中の定点）

	水温℃	PH	COD mg/l	アンモニア窒素 mg/l	燐酸イオン mg/l	ヘドロ高
実験前	25.5	6.0	1000	80.0	33.00	35
実験一月後	25.0	6.5	100	8.0	1.65	33
実験三月後	23.5	7.0	20	1.6	0.66	16

地点Ｂ（実験地の最先端で行政側がＥＭ液を24時間点滴している排水の流入地点）

	水温℃	PH	COD mg/l	アンモニア窒素 mg/l	燐酸イオン mg/l	ヘドロ高
実験前	25.0	7.5	500	60.0	33.00	～
実験一月後	25.0	6.0	100	8.0	1.65	～
実験三月後	23.0	6.0	50	4.0	0.66	～

地点Ｃ（実験地から約50メートル下流の地点）

	水温℃	PH	COD mg/l	アンモニア窒素 mg/l	燐酸イオン mg/l	ヘドロ高
実験前	25.5	6.5	500	60.0	33.00	25
実験一月後	26	6.5	50	8.0	1.65	25
実験三月後	23	6.5	10	0.8	0.33	5

＊　COD：化学的酸素要求量

『宮澤賢治を生きる』P98 より

この実験の意義は、①その場でEM菌がヘドロを分解したこと、②現在の日本の下水処理場では取り除けず放流されてしまう窒素やリンを排水現場でほとんど取り除けたこと、③実験地から離れた下流でも同様の数値が得られたためEM菌は移動して波及効果があること、でした。

NHKの「ためしてガッテン」という番組で、四合の米のとぎ汁を流した場合、魚の住める環境、BOD（生物化学的酸素要求量）5に戻るのに、10リットルのバケツの水がなんと216杯も必要だと言っていました。また、下水全体の流れの中で、家庭の雑排水の占める割合が98パーセントというのも驚きでした。工場排水などは規制が厳しい中で、家庭排水は野放し、各自の意識に任せるしかないという内容でした。

そして、その下水の処理は、下水道から処理場に行った水が、大きく曝気されながら、好気性の微生物によって分解され、水と汚泥に分けられ、汚泥は産業廃棄物として他に移され、水はそのまま海や川、湖などに放水されるのだということでした。そこで唖然としたのは、その放水される処理水の中に窒素やリンが除去されずにそのまま含まれており、それらが富栄養となって、海では赤潮、湖ではアオコの原因となっているということでした。日本には脱窒、脱リンできる高次処理場はほとんどないのだそうです。なんとお寒い現状なのでしょう。

15. 米のとぎ汁流さない運動とEM液体石鹸の製造

この放送の中で米のとぎ汁の根本的な解決策は、結局示されずに終わっていました。私は米のとぎ汁にEMを入れると、EMがそれを餌として増えていい発酵液に変わり、色々に活用できるということを知ってはいたものの、忙しさもあり、なかなか行動に移すことができずにいました。ところが、この放送を見てから、行動の大小を決定するのは、それが地球や後世に影響を及ぼすか否かにかかっているのだと反省し、自分1人からだけでもやらなければという殊勝な気持ちになりました。

排水浄化実験の際、家庭の雑排水が出てくる排水溝を見て、私は排水を主に汚しているのは、米のとぎ汁と合成洗剤と油物ではないかと感じていました。そして、この3つをマイナスからプラスにするのに私が考え出したのは、その後、私たちの会が役場との委託事業になった「EM活性液による米のとぎ汁流さない運動モニター制度」でした。

もう1つは、私が前例を参考にして試行錯誤の末に辿り着いた「EMとお米で作った天然アルコール」と、廃油、米のとぎ汁、苛性カリなどを原料にして作った、食器洗いも洗濯もシャンプーにも使える安全な「EM液体石鹸」を製造し、普及させるために販売することでした。この米のとぎ汁発酵液もEM液体石鹸も、どちらもEMを使っているのでどこまで行っても排水浄化の力があります。また、廃油も石鹸製造には必須なので、何も環境を汚さずそれらが活用されてハッピーエンドです。

『宮澤賢治を生きる』P101より

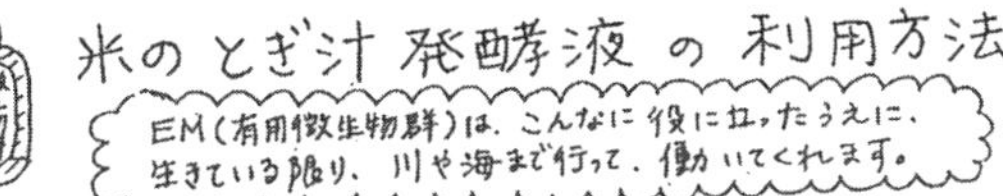

(1) 台所や風呂場の流し口に、定期的に入れると
流し口にヌルヌルがつかないし、においもとれる。

(2) 洗たく機に、洗剤※の量を半分にして、発酵液を
200～400cc入れると、肌に良く、洗たくそうのカビをなくす。
※洗剤…合成洗剤は環境を汚すので石ケン洗剤を使った方がよい。

(3) 入浴剤として使う（50～400cc位）と、身体がしんまで温まり
肌にも良い。風呂がまの中の汚れもなくなる。

(4) 床・タイル・天井などについていた、汚れやカビをふきとった後
発酵液にひたした布でふいておくと、カビが生えにくい。
スプレーしてもよい。

(5) トイレに毎日流すと（1日100cc位）、浄化そうの中の
汚泥が減り、悪臭もとれる。

(6) 発酵液を、約500～1000倍の水でうすめ、花や野菜にかけると、
きれいな花や、おいしい野菜ができる。

(7) ペットのトイレに、発酵液をスプレーしておくと、臭いがなくなり、
ペットの気嫌も良くなる。

(8) ペットボトルの下にたまった沈でん物に水を入れ、
ボトルをよくふってきれいにしてから、作物の根元の部分にかけると、
非常に効果がある。

みなさんへ
"こうでなくてはいけない"ということは、EMの世界にはありません。
みなさんの工夫次第ですので、新しい使い方をみつけたら、
教えてください。多くの方が実行してくださることを、願っています。

『宮澤賢治を生きる』P101より

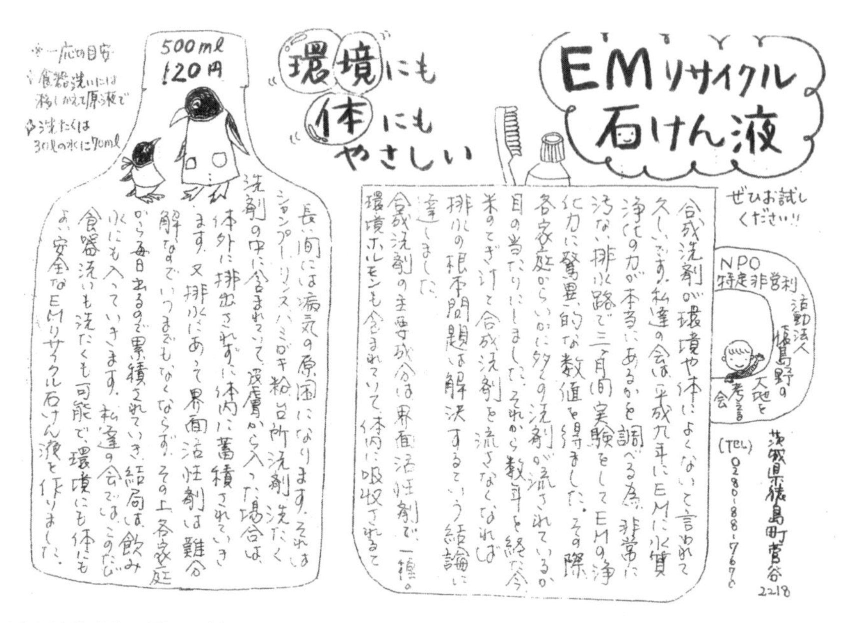

EM リサイクル石けん液のパンフレット（「猿島野の大地を考える会」発行のチラシより）

この排水浄化実験をやった頃に、町は生活排水対策事業重点指定区域になり、この実験結果がとても良かったので「EM 活性液による米のとぎ汁流さない運動モニター制度」と「週 1 回の川への EM 培養液の投入」が私たちの会の委託事業になり、合併後の坂東市になっても 10 年以上続きました。

米のとぎ汁は流すと環境を汚しますが、パンフにあるようにEMと混ぜて発酵液にすると、様々な生活改善に活用され、同時に排水浄化にもなります。EM 米のとぎ汁発酵液と EM 液体石鹸は、誰でも実行可能な住民参加の好例で、これが真に地球や後の世代のためになることならば、いつかは住民参加の力が、国にも届くと信じています。

私たちの会による排水浄化実験の水質検査の結果は、ヘドロもその場で減らし、窒素、リンも減り、排水処理におけるこれまでの難問題を解決してくれる画期的な方法の正しさを示しています。EM の中の主役、嫌気性の光合成細菌がヘドロの中で活躍し、他の EM 菌が窒素、リンを減らすのに貢献しているのでしょうか。NHK の「ためしてガッテン」

にあるように、日本の多くの排水処理場が、好気性の微生物で処理して、汚泥と水に分け、窒素とリンを多く含んだ水をそのまま放水し、海では赤潮、湖ではアオコの原因になっているそうです。

全国の排水処理場の1つでも私たちの会のやり方を採用して、私たちと同様の結果が出れば、全国に波及する可能性は高まります。この実験にかかった費用は約10万円でした。多額のお金をかけてヘドロを除去しても、3年後には元の木阿弥になるのではあまりに情けないです。私たちの会は活動資金が乏しく、少ない会の費用を削ってこの実験を行っていたため、その実験の相談を持ちかけた役場の職員が困っていた私に「大好きいばらき県民会議」という助成金制度を教えてくれました。それに応募して同額程度をいただけた上に、貴重な出会いがあり、「大好きいばらき県民運動」の奨励団体にも選ばれました。その後も、この助成金制度を知って色々活用させてもらい助かりました。

私たちの水質浄化実験で出た汚泥も、微生物が中に残存しているため良い堆肥として活用でき、窒素もリンも激減したので赤潮やアオコの被害もなくなるでしょう。EMは排水浄化にとっても良いこと尽くしです。

EMの主役は嫌気性の光合成細菌で、乳酸菌や酵母菌はそれを支える共生菌です。どんな時代が来ても人類には食物と水の後始末はついて回りますし、どんどん地球を住みにくくしているのは他ならぬ私たち人類です。こんなに切羽詰まった状況になったら、1人1人が目を覚まして行動を起こさないと、この間のCOP26の会長さんではありませんが、人類は今に自分たちの墓穴を掘ってしまうことになるでしょう。

最後に、この排水浄化実験は、茨城新聞の一面に「新環境宣言」という題名で、灌注作業中の写真入りで大きく採り上げられました。会が総力を挙げてやったこのEMによる水質浄化実験は、結果といい費用といい、普及しなければあまりにもったいないという成果を示しています。

16. NPO法人とホームページ

茨城新聞からの依頼で、私は「私の時評」というコラムに5回ほど書く機会を与えられました。その際、私にはなんの肩書も社会的ステータスもないので、ユニセフショップ代表（代表と言った覚えはないのですが）で書かせてもらいました。新聞に載ったことで良いこともありましたが、1人の読者がユニセフショップという名前にクレームをつけてきました。この時から、日本ユニセフ協会の某部長さんとの手紙のやりとりが始まりました。

私は、これまでユニセフにその名前で送金していたので、協会でも認めていると思っていました。向こうの言い分は、ユニセフグッズやカードなどの委託頒布をする商店に、ユニセフ・ショップの名称を使ってもらっているとのこと。それでは私のほうでも、ユニセフグッズもエコ的なものと一緒に売りますのでという返答にも、ユニセフの中にユニセフショップという新しい部門を作ってはという提案にも、肯定的なお返事は貰えず、組織の厚い壁を感じました。そして、その後の突然の部長さんの農場表敬訪問で、この問題は幕を閉じました。しかし、これを機に私は、ユニセフショップのこれからの方向性に1つのヒントを与えられました。

ここでちょっと寄り道をさせてもらって、新聞に載った1回分だけ、ここに載せさせて下さい。題名は、崇高なる魂光る「宮澤賢治」です。

宮澤賢治の真骨頂は法華経である。彼がこれまでの作家とは全く特異の巨全たる星であるのは、法華経を普遍的な芸術に昇華し創り上げたことと、生涯を通し自分の身を賭して、法華経を咀嚼し実践したことが、表裏一体をなしているからだと、私は思う。彼の不器用だがひたむきな生き様に裏打ちされた作品の中に、彼の無垢で崇高な魂が光る。まさにそれが法華経なのである。

仏陀はあの大昔、宇宙という存在（今では当たり前の概念ですが）に気付き、かつ、その宇宙の虚空界と人間の内奥にある魂の虚空界とが同一であることに気付いた時、初めて悟りを開いたと伝えられている。宇宙の虚空界とは、宇宙的な広がりを持った根源的な命を意味し、人間1人1人の命が魂を媒介に、この根源的な命と結ばれていることから、人間は永遠の命に生かされていると、仏陀は説く。

「子供は大人の父である」私が大学で頭に刻まれた唯一の（英国の田園詩人、ワーズワースの）言葉である。この逆説的な意味が、私は長い間不可解だった。賢治を知って謎が解けた。キーワードは魂だったのである。心はコロコロと変わるからココロとか。魂は、心と全く位相が違い、最深部に宿り安置してあるもの。人は長じるにつれて、その魂は曇り、錆び埋もれやすくなる。それを掘り起こし、真ん中に据え直し、向かい合うは自分自身の役目。

今、世界は紛争が絶えない。その中でも宗教的争いが顕著である。人間を本来救うべき宗教がである。賢治は自分の理想郷をイワンの王国に例えた。これはトルストイの「イワンの馬鹿」から来ている。皆から馬鹿と言われていたイワンが、様々な悪魔の仕掛ける難関を彼独自の方法や価値観で解決していく。そして王となった後も、以前と変わらず勤勉で、民と共に平和な国を築いていく。その国は皆平等で助け合い、自給自足、完全自決型社会で貨幣経済を必要としない。ここには神への敬虔な信仰心はあっても、特定の宗教は存在しないし、王は富や、権力の象徴ではない、賢治は、イワンのように誰でもが無私無欲、働いて自分の糧を得、誰をも受け入れ、争わず、全体や未来の平和や幸を考え行動する魂さえあれば、理想郷は世界のどこでも可能であると示唆する。

賢治の言葉に「自我の意識は個人から集団社会宇宙と次第に進化する」とあるが、人は小さな自我を捨てて、大きな自我を拾う時、人は初めて真の自由を得るのだと思う。

猿島野の大地を考える会も、発足して８年。時代は、中央集権的構造が解体し、地方分権に移行しつつあり、私たちの会が大道を行く時代に入ってきました。私たちの会も、これまでの任意団体から、認証されたNPO に脱皮するほうが、大きく社会に関与できると思えたのです。これを契機に私は定例会に諮って、個人的なユニセフショップを会の活動の１つに位置付けることを承認してもらい、NPO 法人申請に向けての私の役場通いが始まりました。NPO 促進法が出来てのNPO なので、役場の担当の職員に教えてもらうことにしたのです。

私をそういう気持ちにさせてくれたのは、住民参加型の環境基本計画が出来上がっていく過程で関わったスタッフの存在でした。彼らはその計画が出来上がった後も、その担当を離れた後も、私たちが「茶はなし」で呼びかける月１回のゴミ拾いに参加してくれました。彼らの行動は、まさに住民参加の環境創りを計画だけに終わらせるのではなく、私たち住民と、また職員と言えども一住民である彼らを通して、実現していこうという誠実さと熱意の表れだと、私には思えました。

このように行政とか住民とかの壁を超えて、大きくて明確なビジョンに向かって協働していく柔軟な姿勢こそ、これからの時代に求められているのではないでしょうか。

また、私たちの会のホームページ作りを私に思いつかせてくれたのは、他ならぬ、あの会独自の排水浄化実験の水質検査結果が載っていた、年１回全会員に届けられる会の便りでした。というのは、研修旅行で知り合った住民グループにその便りが渡り、そのデータを見た彼らが驚き、自分の会のホームページに載せたいとの申し入れがあったのです。今度はそれを見た埼玉県の鷲宮町の住民グループが、二度にわたって大型バスで私たちの農場に視察に来てくれました。このホームページの伝播力を知ってか、今度は無謀にも、文盲ならぬパソコン盲の私が、自分たちのホームページを作ってみようかなという気になってしまったのです。

本を買って（私がHP作りを）独学で始めたものの、メカに弱いというのは哀しいもので、わからずじまいというようなことが何度もありました。時々役場に行ってはトンチンカンな質問をしたりするので、「小野さんはホームページをHTML語でやっていくつもりか」などと役場の職員にからかわれても「そう。それでも私が死ぬ頃までには、いくらなんでも完成するでしょう」と私も呑気に答えていました。

しかし、ここでも渡る世間になんとやらで、私と正反対のパソコン大好きな会員の１人に巡り会い、懇切丁寧な指導を受けて、死ぬまでかからずにホームページ完成の運びと相成りました。それがなんと、NPO承認の知らせとホームページ完成の日が重なったのです。その後、三女のアドバイスがきっかけで我が家にもパソコンが入り、学生時代に英文タイプを習っていたことが幸いしてワープロだけはできた私は、自然にパソコンに馴染む生活に入り、その後の会の事務処理などにどれほど助かったかしれません。しかし、私にとって色々な人の介在なしには、この２つは実現できなかったというのが本音であり、感謝の気持ちを新たにしています。

ここに、会のホームページアドレス（www.peaceecoshop.com）と、会がNPO法人を取得した時の定款を載せます。

定款　地球的規模の環境悪化や世界で勃発している地域紛争等の現状に危機感を抱き、宮澤賢治的世界観に立ち、ユニセフショップ事業やEM普及活動という、具体的展開を通して、このような世界的規模の問題に対しても、自分の足元から根本的に解決する路がある事を社会に示し、平和的な輪を広げていく事を趣旨とする。

このように会がNPO法人の資格を取得して、ユニセフショップが会の事業として位置付けられてからは、農業をやっている会員さんたちが新鮮な余剰野菜を提供してくれるようになり、これにも感謝だし、会の結び付きも強くなった気がしました。私の自由来の教え子やそのお父さん、お母さん、EMで丹精込めて家庭菜園をやっている会員さんやEM米のとぎ汁のモニターさん、長年有機農業に取り組んでいる夫の大学時代の奉仕会という会の後輩のご夫婦などが色々届けてくれ、大地で生きる人の大らかさとフットワークの軽さに、頭が下がりました。

これらの厚意と大地からの恵みが、このショップによって万全に活かされ、かつ私たちの手元に必要な分しか残らないことが、余計食べ物に対する感謝につながり、自分たちの生活を自ずと簡素に規定してくれました。その上、いつの間にか日々の集積、活動に協力してくれた人たちの労働の対価が、これまでに沢山の支援となり、空間を超えて子供の命とつながりました。協力して下さった方々に心より感謝申し上げます。

17. 家族

家族の問題は世界共通の普遍的な問題なので、我が家を例にとって参考にしていただけたら幸いです。前にも書きましたが、生まれて初めて私の中から自然と歌が生まれたほど、私の人生で最も感動した出来事は長女の誕生でした。そして私が最も大事にしてきた「自由」を大切に生きてほしいという願いを込めて、その子を「由貴」と命名しました。

それにもかかわらず親の自由を行使してしまい、彼女の自主性が育つのを遅らせてしまいました。その目に見えない過ちは、その後の彼女の成長過程に影響を及ぼし、彼女のアメリカ行きを契機に、私が生き詰まってしまいました。その極限状況の中、早朝に田んぼ道を走ったり、家の内外の整理に没頭したり、自力で必死に這い上がろうとしている過程で、それまでわからなかった賢治の詩の数行に、人間とは、という究極の問いに納得できる答えを見出しました。

そして、再生を期して生まれて初めて『私の宮澤賢治』という本にしました。長女もアメリカで自分の居場所を見つけ、私たちの関係も良好になりました。アメリカで良い伴侶にも恵まれ、毎年可愛い孫を見せに里帰りしてくれます。そしていつの間にか、小さかった2人の孫も、今ではもう大学生と高校生になりました。

もう1つ、大事なことを付け加えておきます。私が段々EMの真価が信じられるようになり、普及する使命を感じていた頃、長女夫婦に会いにアメリカに行ったことがありました。その時私は、EMと糖蜜のセットを持参して行きました。長女の夫、エリックが家庭菜園をやっていることを知っていたので、EMを試してもらおうと思ったのです。案の定、エリックはEMの効果に驚き、興味を示しました。それからずっとEMを学び実践してきていました。その後、私は、彼の熱意を本物と感じ、比嘉先生にお手紙を出し、しばらくしてエリックから連絡があり、比嘉先生がアメリカに来た時に会って下さることになりました。それ以来、彼はEMの販売と普及を自分のライフワークにするようになり、現在に至っています。

次女は、長女に比して、昔の子供のように親から変な期待もかけられず、いつの間にか自然に大きくなっていきました。そして、私との会話が一番多かったのも彼女でした。読書が好きで、子供に自然と慕われ、情緒が安定しているという言葉がぴったりでした。一度、我が家にホームステイしたキムの家に三人娘が滞在したことがあり、その時にキムのお母さんが、次女を評して、彼女はグレイスフル（優雅な）、ソートフル（思慮深い）、モデスト（謙虚）ですねと言って下さり、彼女の鋭い観察眼に感心してしまいました。

三女は、小さい頃から彼女の自由意志を尊重してきたので、大好きなバスケットボールに熱中し、高校を決める時も、アメリカでバスケットをしたいからアメリカの高校に行きたいと言い出し、私に似て小柄な身で「私が自分で決めたことだから、私に何があっても誰のせいでもないから気にしないで」と言って、旅立って行きました。そして、たまたま長女が見つけてくれたホストファミリーが懐の深い温かい人だったので、アメリカで充実した高校生活を送っていましたが、途中で体を痛めてバ

スケットができなくなり、諦めざるを得なくなりました。しかし、そのうちにアメリカで以前聴いて関心を持っていたバグパイプを自分でもやりたくなり、高校を卒業するまで熱心に続けました。そして、進学する際、バグパイプで有名な大学に入り、途中からノースキャロライナ州立大学に移り卒業しました。自分が決めたことだから、何があってもやり通すという彼女の精神は、魂の次元から発しているように思われ、「三つ子の魂百まで」という日本の言い伝えを思い起こさせます。

そして、就職を決める時も、やりがいを感じる会社がないので、EMに関わった仕事をしたいと思うようになった頃、本当に幸いなことに、比嘉先生の直弟子、専門家集団のEM 研究機構が、アメリカに上陸するのと、彼女の卒業が重なり、1年間この研究機構でお世話になることになったのでした。その後、沖縄のEMの会社に移って働いていた頃に、生涯の伴侶に巡り会い結婚しました。夫婦で力を合わせ、夫のベンは働きながら大学を卒業して、現在は大手のIT 企業の本社に勤務しています。彼らは自分の2人の子供に対して好きなことを存分にやらせ、子供たちはのびのび育っています。

この三人姉妹の共通点は、結婚式を外の自然の中でやったことでした。長女と次女は自生農場の広場で行いました。夫や会員さんが手作りのテーブルと長い木の椅子、竹のコップと竹の箸を使い、会の毎年やる交流行事の時のように会員さんの助けも借りながら、皆さんに祝福されました。長女も次女も同じ、エリックのお母さんが持っていたとてもクラシックなウエディングドレスを着て、簡素ないい結婚式でした。

三女もアメリカのベンの家の庭で沢山の人に祝福されました。長女の2回目の結婚式はエリックの家の庭でにぎやかに行われ、次女の2回目の結婚式は夫の和則さんの故郷である石川県の古民家で日本の古式に則ったやり方で行われ、どれも心に残る結婚式でした。

賢治の人間定義ではありませんが、因果交流電燈的見地から見たら、1つとして同じ家族はいません。しかし、どんな家族でも、家族同士が、愛し合い、心配し合い、お互いの自由な魂を尊重し合い、お互いを許容し合いながら暮らしていけば、家族の関係は自ずと有機交流電燈的に移行しながら、昇華していくのではないでしょうか。その見地から見たら、天や宇宙や神と１人１人の自由な魂でつながっているという点で、皆家族ということになります。どんな人でもこの魂の次元で生きれば、その人自身に、そして、世界に光明がさしてくるでしょう。

このような観点から、また自分への反省も踏まえて、私の家族観が作られ「家族」という歌が生まれました。家族は、世界共通のテーマなので、三女夫婦の助けも借りて英語にもしておきました。この願いが、どなたかに届くことを念じつつ。

Family

1. We are the family born from the belly
We are the family born from the earth
We are the family born from the god
We are all family
Whether far away or very close
Organically connected
Ever present the family

2. We are worrying about you, family
We are always loving you, family
Be always fine and yourself
That’s all we want you
Whether far away or very close
Organically connected
Ever present the family

家族

（一）

腹から生まれた　家族
土から生まれた　家族
神から生まれた　家族
みな　家族
はるかにいても　間近にいても
思えば　想えば
そこに　家族

（二）

心配してるよ
愛しているよ　家族
元気でいろよ　家族
それだけさ
はるかにいても　間近にいても
思えば　想えば
そこに　家族

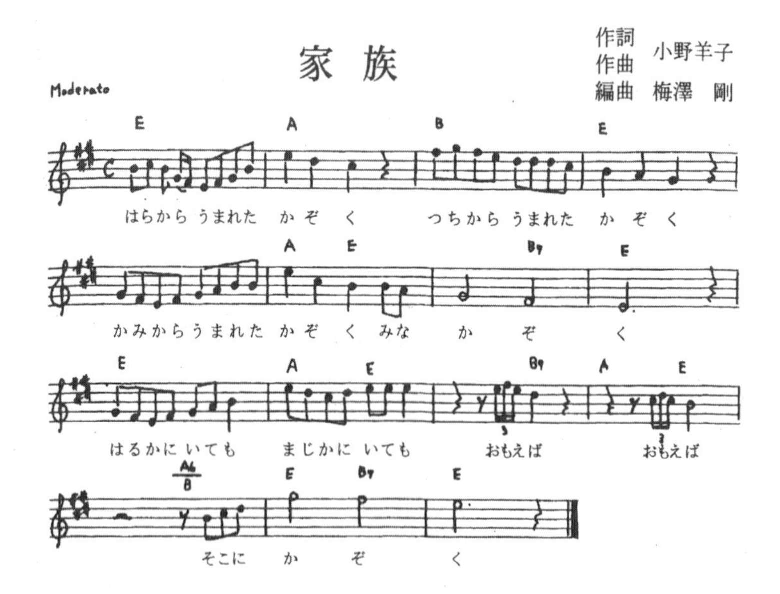

『とりあえず症候群のあなたに』P36より

18. 自由来という塾

私は40代の後半くらいまで、約20年間「自由来」と称する塾をやってきました。私の人生の中ではかなり大きな領域を占めています。これによって3人の子供を育て、広い庭を管理しながら、生徒を通して社会や親御さんとも接点を持てたし、経済的にも自立感を持てました。大した英語力ではありませんでしたが、英語とも縁が切れなかったし、それなりに人生のまとまった一区間でした。

しかし反面、私は塾という仕事に絶えずある種の後ろめたさを感じていたのも事実でした。それは、日本の社会では一般化しているとはいえ、塾が教育の商業化、学歴主義を助長しているのは確かであり、私自身も「勉強とは本来自分でするものなり」と素朴に信じていたからです。それでも私ができることと言えば、英語を教えることしかなかったのです。そこで私がその自己矛盾や良心に折り合いをつけるためにしたことが、「少人数で教えること」と「月謝を安くする」ことでした。

そして、今勉強したい子もいればしたくない子もいるのだから、今したい子にも後でしたくなる子にも、どちらにも役立つ方法はないかと模索し、「小野方式」という英語の独学法を思いつきました。子供の頃から、ただ歌うことが好きだったのが幸いして、「東京音頭」の曲に小野方式の文句を当てはめた形で、私の中から湧いてきました。

小野方式、英語早わかり歌

1．あー、英語訳すなら　最初動詞を見つけましょう　ヨイヨイ
　動詞見つかりゃ　動詞の前が主語ですよ
　動詞の前が「～は」ですよ　動詞の前が「～は」ですよ

2．「～は」ができたら　さて　お次はうしろ行く　ヨイヨイ
　うしろ行ったら　順にゆっくり進みましょう
　順にゆっくり進みましょう　順にゆっくり進みましょう

3．そして最後～は　ちゃんと　動詞がお待ちかね　ヨイヨイ
　動詞言～ったら　これで終わりでございます
　これで英語は訳せます　自分でためしてごらんなさい

〈ポイント〉

日本語でウ段で終わるのが動詞（例：遊ぶ／食べる／話す）で、前置詞は順にゆっくり進む時の区切りで、ブーメランのようにそこから発してそこへもどってくる。また、動詞に関しては、本物の動詞とにせ物の動詞に分類し、その見分け方に慣れることにしましょう。

◎本物の動詞は？
・Be 動詞（～です／～である／～でした／～であった）
・一般動詞（いっぱいあるから、いっぱい動詞とおぼえる）
・Be 動詞　プラス　動詞 ing（～している／～していた）
・助動詞　プラス　動詞の原形
・Be 動詞　プラス　過去分詞（～れる／～られる／～られた）
・have, has　プラス　過去分詞（現在完了）
◎にせ物の動詞？
・to プラス　動詞の原形（不定詞）～するため／～すること
・動詞 ing だけ（動名詞）～すること

本当に英語を学びたい時が来たら、この歌と基本を思い出して、独学してほしいというのが、私の願いでした。しかし、これを形に残しておかないと無に終わると思い、ワープロを買って原稿を作り、製本。それをコンビニで半日かけて生徒の数だけコピーし、手引書が完成しました。

あと１つ。私が自分に課したのは、中学が終わって最後の時に、私の手作りの物を一緒に食べ、近くの香取神社に必ず参拝に行くことを習わしにしたことでした。寒風の雪の中を一緒に走って行ったこと。雨の中、傘をさして話しながら歩いたこと。人生初めての試練、高校受験に心細げに、熱心に手を合わせて参拝していた生徒の後ろ姿。

そして、私が途中から思いついたのが、毎年我が家で食べきれずに残ってしまうジャガイモと、お腹を空かせた生徒とのドッキング。ジャガイモを２つに切って、鍋に並べ、バターと塩を振り、蓋をしてストーブにかけておく。丁度生徒が帰る頃になると、部屋には香ばしい匂いが漂い、いい具合に出来上がっているという寸法で、紙にくるんでフーフー吹きながら食べて帰っていく姿は可愛かったです。これはとても好評で、後々「小野自由来」ならぬ「イモ自由来」という異名まで貰ってしまいました。

そして、約20年間の「自由来」生活は、今振り返れば、「自由来」がなかったら今はないというくらい、私の未熟な性格にとっても、全てにおいて、本当に重要で不可欠なものであったと実感しています。来てくれた生徒や親御さんたちに只々感謝です。いい思い出をありがとう。ありがとうございました。

19．もったいないピース・エコショップ事業

ユニセフショップが、「ピース・エコショップ」という最も大局的、包括的名称に変わりました。それは、読書家の次女によって、ペシャワール会の中村哲さんの存在を知ったことがきっかけでした。私は、このようなスケールの大きなことをしている日本人がいるということに、まず驚きました。世界平和とはどういうことかを、具体的に私たちに提示してくれていました。この時から、ユニセフへの支援も続けましたが、支援の主軸をペシャワール会に移し、名称も「ピース・エコショップ」に、そして最終的には、私たちの会の真骨頂でもある「もったいない」を頭につけて「もったいないピース・エコショップ」にしました。

また、彼が、沖縄平和賞やアジアのノーベル賞と呼ばれているマグサイサイ賞の他に、宮澤賢治の里、岩手県の花巻市から、賢治が理想郷の意味で名付けたイーハトーヴ賞を授与されたことも、私たちの会と見えない糸で結ばれているようで嬉しいです。

そして、平成12年にNPO法人の資格を取得してから、いつの間に

か10年ほどの歳月が経っていて、実情の変化により定款変更をする必要が出てきていました。そこで、私は定例会に諮った上で、「ユニセフショップ」を「もったいないピース・エコショップ」に、そして「EM普及活動」を「EM等、有用微生物普及による環境保全事業」と改めました。

会では発足以来、年1回の会の便りを発行して、全国の会員さんに会としての活動報告をしてきました。そして、ここまでお話ししてきた内容も「着眼大局　着手小局」という題名で掲載させていただきました。「着眼大局　着手小局」という言葉は、次女の夫である新しい息子から教わったものですが、まさに私たちの会の活動姿勢にぴったりです。私はこの言葉がすっかり気に入りました。

人類全体の命運がかかっている今だからこそ、各人が、着眼大局、着手小局で、大同小異、大同団結することが、自他ひいては全体の平和や幸いにつながる道であるのだと、しみじみ思う昨今です。

第 3 章

パラダイムシフト

20. とりあえず症候群のあなたに

最初に、とりあえず諸君に贈る歌、「とりのうた」を。

『とりあえず症候群のあなたに』P11 より

とりのうた

風見鶏のように　　とりとめもなく
とりあえず　　とりあえず　　生きてきた
ある日　　蚊取り線香の渦が　　灰になるように
取り戻せない　　自分の時を想った
他人に　　取り越し苦労して
取りつくろってはきたものの　　いつも
あとに取り残された　　自分がいた
自分の青い鳥　　取りにがすのも自分
とりあえず　　とりあえずが
いつか　　そのうち　　命取り
自分の足取り　　確かに感じて
鳥のように　　自由に　　色とりどりに
生きていきたい　　生きていきたい

私の４冊目の本の『とりあえず症候群のあなたに』という題名も奇妙ですが、歌の歌詞を見て納得がいったでしょうか。「とりあえず」という言葉は、現代を象徴しているように思えてなりません。

これまでの人類史の中で現代ほど、とりあえず症候群人口が多い時代はないのではないでしょうか。とりあえず症候群とは、とりあえず生きているか、生きざるを得ないうちに、それぞれの因果の段階で、異なった様々な症状に陥ってしまい、そこから抜け出すことがいられずにいる人たちを意味します。現代に生きている人だったら、自分も含めて、多くの人が大小の差はあっても心当たりがあるのではないでしょうか。

しかし、とりあえずというのは一時的という意味でもあり、一時的な徴候でしかないわけなので、そこで諦めて無為の時間を過ごしてしまうのは、あまりにももったいないことです。この世で１回きりしかないオンリーワンの自分の人生なのだし、長いスパンで見れば、それは１つの通過点に過ぎないのです。今の状態以下にはならないと信じて、反対にそれをバネにして、乗り越えていってほしいと願っています。そして、その新しい地点に立てた時こそ、とりあえず症候群からおさらばです。諸君に私がそれを断言できるのは、自分もある時までその症候群にかかっていたからこそなのです。

では、どうしたらそこから抜け出すことができるのか。私の場合は、早朝自然の中を走ったり、家の内外の整理に没頭したり、無になって体を動かしているうちに、以前はわからなかった宮澤賢治の詩の意味を理解できたのです。それは私が長い間求めていた「人間とは」「自分とは」「いかに生きるべきか」といった問いに対する納得のいく答えでした。

その答えに沿っていて、自分に合った行動、実践は何かと考えた末、私はゴミ拾いに行き着きました。ゴミ拾いを実践したところ、元気になっただけでなく、様々な人たちとの交流が生まれ、自分がやるべきことが見えてきたのです。そして、それを続けることで少しずつ世界が広がっていきました。

私が賢治から教えられた「人間とは」の答えは、「人間は仮定された現象」であり「因果交流電燈の一つの青い照明」「有機交流電燈の一つの青い照明」であるということでした。人間が生きているということは、可視的に「仮定された現象」であり、「因果交流電燈の一つの青い照明」とは、どんな人間も、自分の生まれ育った時代、場所、環境の中で自然と影響を受け、限定され、人間形成がなされ、個性が生まれていくということを表していると思います。そして「有機交流電燈の一つの青い照明」とは、誰もが天とつながっている魂を、自分の内に自覚し、それに沿って生き行動することで、自分の光彩を放っていくことができると解釈できます。

因果のほうだけで生きていると「とりあえず」に陥りやすくなるでしょう。思いきって、自分の「因果」の中で自分の長所だと思うところを行動に移してみると、自分が透明になり、魂が顔を出すようになります。それに沿って生きることを続けていけば、この世に生を受けたことに感謝して人生を全うできると思うのです。この意識の変化を私の歌から酌み取ってもらえたら、こんなに嬉しいことはありません。

どこからともなく

1．耳を澄ましてごらん　耳を澄ましてごらん
　嵐の中から　寒さの中から
　どこからともなく　聞こえてくるよ
　埋もれし　埋もれし　かそけき声が
　それを形にするが　自分
　それを光にするが　人間

2．瞳　凝らしてごらん　瞳　凝らしてごらん
　孤独の中から　挫折の中から
　どこからともなく　見えてくるよ
　奥深く　奥深く　隠れしものが
　それを形にするが　自分
　それを力にするが　人間

『とりあえず症候群のあなたに』P54より

とりあえず症候群の人たちへ。

あなたたちは苦しんでいる分だけ、光や救いを求める気持ちが強いのです。賢治の「求道、すでに道である」という言葉のように、問題意識を持たない人より、もうすでに求道の道を歩いているのだから、自分が納得さえすれば180度自分を転換できると信じます。

昔から健康のバロメーターとして「快食、快眠、快便」と言われていますが、そのためにはその前段に「快動、快働」がなければなりません。またそうさせるためには、その更に前段に熱源としての魂の存在が不可欠です。そうなると日常生活にあってこそ、魂に常勤しておいてもらわないと、1人1人、1日1日から成り立っている社会は健全でなくなっていきます。しかし、1人1人が扇の要のように、真ん中に魂を据え活動し続ければ、社会は自然と風通しが良くなり、涼風が吹き渡っていくことでしょう。1人1人が風の又三郎になりましょう。

全ての人が、天の大いなる存在とつながっている魂の持ち主であるという自覚と人間愛を持って交流し、天を仰ぎ、信じて生きていくことができれば、現代の戦争と環境破壊を克服し、その対局にある平和と環境再生も夢ではありません。夢で終わらせないためには、1人1人が「着眼大局　着手小局」で、日々の生活を送ることが大切です。

私は、会で10数年やっていた「EM活性液による米のとぎ汁流さない運動モニター制度」を考案した者です。米のとぎ汁は、そのまま流すと汚泥を増やす汚染源ですが、EMと合わせるといい発酵液になり、色々な生活改善に活用した後に、排水も浄化してくれます。我が家は米のとぎ汁は、EM発酵液にしたり、石鹸を作る時も必要なので絶対そのまま排水には流しません。そのせいか汚泥の引き抜きもこの頃ありませんので、経済的でもあります。

もう1つ、住まい作りの時もEMを活用するといいですよというお話です。まず床下に、炭とEMセラミックスを入れました。それから壁を塗る時にEMも水と混ぜて入れました。生ゴミも、光合成細菌を振りかけて、鶏が食べるものと畑に埋めるものとに選別し、全て活用します。食事作りも、有るものをうまく組み合わせて全て無駄のないように使いきります。

パーキンソン病になって、その上に歩けなくなり車椅子になった今も、できないことは寛容な夫に助けてもらいながら、ほんの少しですが、できることはという思いでやっています。この生活の変化を楽しめるのも夫の優しさのお陰だと、本当に有り難く感じています。

賢治の残した言葉の中で「整理することから、人は二倍の力を得る」というものがありますが、私はこの言葉が大好きで日頃の指針にしています。私が、どん底の精神状態から生還できたのも、無心に体を動かしている間に、自分の内面を整理したことで、埋もれていた魂に光が当たり、霧が晴れたのだと思います。だからこそ、現在とりあえず症候群に陥っている人たちに伝えたいのです。まず、自分の身辺を整理することから始めて下さいと。

無心で身辺を整理する過程で、あなたは、それまでの自分を客観的に見つめられると思います。同時に、体を動かす習慣を作ることで自分の生活が否応なく規定され、規則正しくなります。お腹が自然に空いて食事が美味しく感じられ、お茶の時間も楽しみになります。そして安眠できます。それが全ての規範であり、人間の条件ではないでしょうか。

自分の日々の暮らしを大事に、眼に映るものを整理することで、自分の内側が整理でき、次にやることも自然に見えてきます。何もしないで自分を正当化していると、ますます自分を救いようのない状況に追い込むことになり、無為に時間が過ぎていきます。最初は辛くても、体を動かすことに慣れましょう。そのうち体は自然に動きながら、心も頭も自由に自然に動くようになります。自分の体験から切実にそう思うのです。

無心に路上のゴミ拾いをして体を動かしていると、気持ちがいいのはなぜなんだろうと、長い間不思議に思っていましたが、ある時ようやく自分の魂が悦んでいるからなのだと気付きました。そして、ゴミ拾いから始まった私の第二の生き直しの人生は、予想だにしなかった素晴らしい展開の連続となり、私を「日々是好日なり」の境地に運んでくれています。ゴミ拾いによって魂を透明にし、その時その時自分が直面している課題に真摯に向き合い、魂の望むように行動する。その積み重ねによって自己の実像が明確になり、その一貫性が自分を新たな大きな世界に導いてくれました。

私たちの会の基本理念は「自由、平等、行動、非政治、非営利」です。人間誰でも、天とつながっている自由な魂の持ち主という点で、皆平等なので、自分の自由な魂に沿って行動して下さい。せっかく自由な魂を持って生まれてきたのですから、行動して「天の子」であることを示さないと、あまりにももったいないです。

21. 共生

私たちの会「猿島野の大地を考える会」の活動の積み重ねを通して会独自の結論に辿り着けたのは、普遍的な方向性を示し導いてくれた宮澤賢治の存在と、交流してきた過程で出会ったあらゆる方向からの人々の思いや行動が交錯し、つながり合い、思いもかけない素晴らしい展開に導いてくれたからです。まさに会の基本理念である「自由、平等、行動、非政治、非営利」の賜物でした。

最初に、私が個人的に宮澤賢治の世界観によって救われ、それに沿って再生の道を歩み始めた頃、夫がライフワークとして辿り着いた自然養鶏場がゴルフ場の建設予定地に入ってしまい、賢治の「正しく強く生きるとは銀河系を自らの中に意識してこれに応じて行くことである」という言葉に背中を押され、反対運動に踏み切ったことから、全ては始まりました。反対署名集め、陳情書の提出、議会の傍聴などから始まり、県内初の立木トラスト運動、オオタカの出現による保護活動などの展開を通して、ゴルフ場さんは1年半ほどのレイアウトの変更期間を経て、平成10年に開場しました。

この間、本当に様々な人が会を応援してくれました。まず、夫の卵を食べてくれていた生協の方々、私の自由来の教え子やそのご両親、立木トラストで入会してくれた人たち、オオタカ保護の会の人たち、水質浄化実験でEMの真価を立証してくれた人たち、私たち2人の兄弟姉妹やいとこたち、私たち2人の小中高大全てにわたる友人たち、夫の大学時代に所属していた奉仕会のお仲間の方たち、トラスト地を提供してくれた人たち、新聞やマスコミを通して知り合った方たち、モニターさんたち、その他、思いもかけない人々が協力してくれ、自然な広がりが生まれました。ゴルフ場さんとも対立ではない対話の関係で真摯に向き合ってきたお陰で有り難い共生関係が続き、現在に至っています。

平成19年の春頃、ゴルフ場さんから大型浄化槽から出る悪臭についての相談を受けました。厨房から毎日大量の米のとぎ汁を流していると聞き、その頃、私たちの会が市との委託事業で行っていた「米のとぎ汁流さない運動」方式を、EMの原液と糖蜜で実践してもらうことにしました。1ヶ月後にはアンモニア臭が消え、毎月やっている会の検査でも水質が改善されたことが証明され、ゴルフ場さんが私たちの会の会員になってくれるというおまけまで付きました。

そんな折、夫が大学時代に所属していた奉仕会の後輩で有機農業をライフワークとしているご夫婦が、余剰野菜を中村哲さんのペシャワール会に役立てて下さいと持って来てくれました。そのお気持ちが嬉しく、また丁度その頃、ペシャワール会への毎月の送金が目標額になかなか達せずに悩んでいたこともあり、ゴルフ場さんでお店をやらせてもらおうと思いつきました。ゴルフ場さんも、私たちの会の趣旨を理解し、正面玄関のすぐ前でお店を開くことを快諾してくれました。

4冊目の本の表紙は、ゴルフ場さんの玄関先で「もったいないピース・エコショップ」をやらせていただいているところです。自分で頼んでおきながら、1人でお店をやった経験もなく世間知らずの私は、最初のうちは恥ずかしくてこの先どうしようかと思ったほどでしたが、足を止めて下さるお客さんがこのショップの趣旨を知って協力して下さることに励まされ、次第に慣れていき、反対に楽しくなっていきました。

22. 坂東市を有機の郷に

その2年前の平成17年、私たちが慣れ親しんだ猿島町が、隣市の岩井市と合併して坂東市になりました。何もかもまたゼロからの出発だという思いで気落ちしていた私に、吉報がありました。

それは、市長発案の住民参加型の5つの街作りプロジェクトの市民への呼びかけでした。私は、5つのプロジェクトの中で「後の世代のための農業創造プロジェクト」というのに惹かれ、会に働きかけた結果、チーム10名のうち私たちの会で3名が入りました。役場の職員も、関心のある有志がそれぞれのプロジェクトに、これもボランティアで加わり、月2回、仕事が終わった後、夜の7時から9時まで話し合いを行いました。半年後の12月に、提案の中から選ばれた案をまとめて市長に提出し、議会にかけるというものでした。

皆、自主参加というだけあって出席率もよく熱心で、毎回終わるのは9時過ぎ。私たち3人は、その話し合いの模様を月1回の会の定例会に諮り、会で考えていこうと「有機の郷創り研究会」という部会を発足させました。

私はその頃はEM関係の人たちとも交流するようになっており、その中の1人で、出身大学が同じで親しくなった方からお電話をいただいた時、そのプロジェクトのことを話しましたら、国が推奨している「バイオマスタウン構想」について教えていただきました。それが国に認められれば、県、市町村は公表の義務と半分の助成金がいただけることを知り、これまでの猿島町とのEMでの委託事業の実績もあるし、その堆肥化は有機農業にもつながると思いました。

また、その頃、民主党政権に代わり、有機農業推進法成立の時の議員連盟の事務局長さんだった民主党のツルネン・マルテイさんの事務所と連絡が取れるようになりました。また、坂東市に幸いにもあった農業大学校に有機農業科が出来れば、次世代が生命産業として農に誇りを持って取り組める有機の郷創りの基礎ができると思いました。

これをもって私たちの会の提案とし、12月の最終段階ではいくつかの提案と一緒に選ばれました。けれど、他の案は採用されたのですが、私たちの案は大きすぎて議会を通りませんでした。

ここから、市長さんに向けての私たちの会の署名集めや要望書の提出が始まりました。この活動と並行して、ゴルフ場での「もったいないピース・エコショップ」の1日2時間ほどの店開きが始まっていました。午前中は、そのお店の準備をしたり、午前、午後の空いた時間に卵油を作ったり、EM液体石鹸を作ったり、委託事業の「米のとぎ汁流さない運動」のモニターさんに渡すEM活性液や、川の浄化で流すEM培養液を作ったり、畑もあるしで、やることだらけで、よくやってきたものだと、今の自分の状況と比べると不思議な気持ちになります。

そして、ゴルフ場さんでお店をやるようになると、その売上が世界平和を体現している中村哲さんのペシャワール会に行き、有効に活用されるということを知った会員さんやモニターさんが、規格品外の新鮮な余剰野菜を忙しい中で届けてくれるようになりました。自分たちの日常の小さな行動が遠くの世界平和につながる悦びを共有する連帯感を覚え、有り難い気持ちで満たされました。

最初に「ユニセフショップ」として始まった時は、B卵の余剰卵と鶏糞と僅かな余剰野菜と、旧宅から移し植えたミョウガ、フキ、挿し木から成長して採れるようになった銀杏くらいだけでしたが、様々な人と出会うたびに品目が増えていきました。その中の１つに、最も寄付に貢献してくれて、健康にも貢献してくれる卵油がありました。これを教えてくれたのは、自生農場の卵が安全と聞いて、それで卵油を作りたいとたまたま寄ってくれた方でした。

彼から卵油の効能を聞いて、作り方を教えて下さいと頼んだところ、快く別の日に来て実演して下さり、私は四季の会のメンバーたちと一緒に当日、見学させていただきました。その後、最初の頃は四季の会と自分たちの分を作っていましたが、私は以前、疲れると心臓がこわばるのを感じて不安でしたが、卵油を飲むようになってそれを感じなくなり、これは本物と感じ、「もったいないピース・エコショップ」で販売しようと思いつきました。卵油はこうして生まれ、お陰様で今ではショップのなくてはならない存在になっています。

また、その卵油の作り方を教えてくれた方から、もう１つの大きなつながりをいただきました。その方は「オイスカ」という公益財団法人のメンバーで、農業を通じた人づくり、国づくりを目指し、アジア太平洋地域の国々で「農村開発」「人材育成」「環境保全」「普及啓発」を行っているということでした。私たちは、自分たちと同じ方向性を感じ、私の夫がそれ以後オイスカの会員になりました。また、オイスカで中心になって活動している、元県の職員で知事公室長だった方、ご夫妻が私たちの会に入会して下さり、年に一度会費を納めがてら、夫が生協から預かったという、使わなくなったオルガンやアコーディオン、ハーモニカなどをフィリピンのネグロス島に届けるために、農場に寄って下さいます。そして、その後に思いがけなくも夫妻が私の夢に協力してくれることになりました。

そして、この後も「バイオマスタウン構想」の坂東市での実現を、会の有志と夢見ながら活動は続いていきます。

23. 読書の恩恵

ゴルフ場でお店をやらせてもらうようになって、思いもかけなかった贈り物がありました。それは、店番をしながらの読書です。

それまでの自分は、読書をするだけの時間を取るのはもったいないという貧乏性なところがあり、また、何事もスローモーションなので、読書をするだけの余裕がなかったのですが、今回はお店の前をお客さんが通らない時は、読書をすることができるようになったのです。

最初に私に影響を与えたのは、週1で来る『毎日ウィークリー』でした。そこには、1948年、第二次世界大戦の終戦1945年の3年後、世界中が物不足の中、Oxfamというチャリティーショップがイギリスに1店生まれ、次第に広まり、現在では世界中に1万店以上あるということが書かれていました。Oxfamはその頃の物がない時代の要請に応えて生まれたものですが、現代は反対に物余りの時代。地域紛争が世界のあちこちにあり、困っている人が世界中に沢山います。私たちの「もったいないピース・エコショップ」は、余っているもったいない物を活用して、その売上を困っている人に寄付をするというシステムです。Oxfamという名称は、Oxford大学とfamine即ち飢饉、飢餓という意味の合成語です。食べるのに困っている世界中の人々のために、Oxford大学の研究者が考案したシステムと推測します。

私はこの記事を読んで、私たちの「もったいないピース・エコショップ」の「もったいない」という言葉さえ理解してもらえれば、世界中の人々もこのショップの意味をわかってくれると思いました。初めてアフリカ人女性でノーベル平和賞を授賞した、ケニアのマータイ女史が来日して、日本の「もったいない」の意味に感動して絶賛し、「もったいない」を世界共通語にと言い残しました。私はこの記事から、私たちの会で育んできたこの「もったいないピース・エコショップ」を各地に、そして世界に広げられたら、世界中の人たちが「もったいない」の意味を理解して、平和を望んでいる人だったら、このショップをやってくれるのではと思いました。

私がこのショップを始めた動機は、もったいない精神と生きていく張り合いでしたが、やってみたら元気、安心、希望、連帯感、平和に寄与する悦び、またよく動くことで心身ともに栄養をいただきました。そして、自分の体験、体感、実感を信じて「もったいないピース・エコショップ」を各地に広げる事業を、定例会に諮った上で会の定款に加えました。

私の「もったいないピース・エコショップ」は平成６年に生まれて以来、長い間ショップとしての形はありませんでした。最初にこの自生農場が出来る時に夫が自分で設計し建てた育雛室を、平成26年、即ち「もったいないピース・エコショップ」が生まれて20年後に、会員さんの大工さんが廃材も大いに活用して、独特で温かい感じに「もったいないピース・エコショップ」を形にしてくれました。

厨房もついていて、会の交流行事の時も色々使えて助かります。ショップに置いてある品々は、時々四季の会の人たちが整理、整頓してくれますが、農場の場所が表の道路から引っ込んでいる（閑静でいいのですが）こともあって、なかなか人に気付いてもらえません。そして、部屋の真ん中に、大きな丸いテーブルがあります。これはプロジェクトを一緒にやり、その実現を一緒に夢見てきたＩ会員の手作りで、亡き彼を思い出すよすがになっています。今のところは、時々団欒の場に使われているくらいですが、コロナ禍が通り過ぎる頃には、どなたかがこの「もったいないピース・エコショップ」を蘇らせてくれることを願っています。

今のところ、有り難いことに、私を１号店として５号店まで出来ています。この先ショップをやってくれる人も、私がゴルフ場でやっていたような即席のお店か、フリーマーケットのように特定の時にやるとか自由に考えて、やり続けることをモットーに考えて下されば有り難いです。このショップをやってくれる人が出たら、私は「もったいないピース・エコショップ○号店」という木の看板と、「もったいない精神は知恵と大和魂から」の大和魂という字の下に「ビッグ・ピース・ソウル」とフリガナを付けた木の看板、それに私の歌の入ったCD付きの本『とりあえず症候群のあなたに』を贈らせてもらおうと思っています。できたら私の好きな言葉「整理と活用」という木の看板も。

でも最近の私は、病気で行動力が低下し、心身ともに健全な夫に頼る身なので気が引けますが、優しくてボランティア精神に富んでいる彼は喜んでやってくれるでしょう。2号店から5号店までのご紹介はまたこの後で。

店番の時に読書をしていて影響を受けたもう1つの本は、これまで様々な出会いを通して、目に見えない微生物の存在を教えてもらい、市との委託事業や水質浄化実験につながったEMの開発者である比嘉照夫先生の著書『地球を救う大変革』でした。

少年時代から祖父の厳しい指導の下、農業を叩き込まれて生まれた農業魂で、貧しかった沖縄の農業を豊かにしようと、比嘉先生が大学の専攻科に選んだのが、その頃に近代農業の花形だった農薬の道でした。しかし、彼は在学中に農薬でドクターストップがかかり、近代農業の恐ろしさと自分の方向性の過ちを自覚し、微生物に転向しました。そして、彼が師と仰いだのが、光合成細菌の第一人者だった京都大学の小林達治先生でした。

私は、比嘉先生が数ある微生物の中から光合成細菌を選んだことに感謝しています。そして、彼が他の学者さんと特異な点は、単独で微生物を研究対象にしていたそれまでの常識を破って、有用微生物を混ぜて組み合わせ、より強力な力を導き出したことでした。これは偶然が教えてくれた発見だったそうです。彼は実験中にどうしても出かけなければならない用事があって、その実験中の微生物を混ぜて1箇所に捨てたのですが、その後に、その場所の草の勢いが良いのに気付き、有用微生物群、EMの誕生になったということが書かれていました。嫌気性と好気性を、また、それぞれの長所を組み合わせ、生まれたのがEMなのです。

私は比嘉先生の著書を読んでEMを普及させたいと思い、下手なパンフレットを作ったりしました。丁度その頃、猿島町が「排水対策指定区域」になっている時で、私たちの会の排水浄化実験でEMの浄化力が検証されていました。その際、排水を汚す犯人は米のとぎ汁と合成洗剤であることにも気が付いていたので、排水浄化のための「EM活性液による米のとぎ汁流さない運動モニター制度」を考えつき、町に働きかけた結果、委託事業として採用され、川の浄化と合わせて10数年、坂東市になってからも続きました。

もう1つ、この時に生まれたのが、安全で食器洗いにも洗濯にもシャンプーにも使え、排水浄化にもなる「EM液体石鹸」です。それを作る時、最初はかき回すのも手作業でしたが、途中から中古の洗濯機になり、最後に助成金をいただいて攪拌器になり、石鹸製造回数は268回になりました。その後に私が不自由な体になってしまった時、長い間会員さんで、陰に陽に頼りない私をカバーしてくれ、もったいないピース・エコショップにいつも有機野菜を届けてくれたSさんが、私の石鹸作りの代行を申し出てくれ、やってくれるようになりました。途中で彼女の友人も加わってくれて、本当に有り難い限りです。このEM液体石鹸は市の直売所にも置いてあり、光合成細菌や竹酢液、烏骨鶏の卵と一緒に、その売上金は「もったいないピース・エコショップ」の大事な収入源になっています。

そして、次に紹介する本は、小林達治先生の『光合成細菌で環境保全』と『現代農業』です。元々は理系が苦手な私でしたが、その頃に取り組んでいたのが「バイオマスタウン構想」でした。旧猿島町の時の生ゴミ用のEMぼかしの無料配布制度も良かったのですが、やってみるとちょっと難があり、長続きするか心配していました。そこで、光合成細菌に何か私の知らない隠れた潜在能力があるような気がして、私は小林先生の本を読み始め、微生物の専門的な世界の一端を知りました。そして後に皆さんにわかってもらうために、柄にもなく「光合成細菌物語」を書いた時に、先生の本がとても役に立ちました。

その中で、二酸化炭素が好きで酸素がいらないとなると、すぐ土をかけても大丈夫ではないかと思いつきました。ある日、四季の会の人たちに光合成細菌を渡して、三角コーナーに溜まった生ゴミをバケツに移す時、光合成細菌を10回くらいスプレーして、バケツがいっぱいになったら、畑にあらかじめ一条に畝を掘っておいて端から埋めていくように頼みました。年1回発行の会の便りの中から、光合成細菌について会員さんが書いてくれた内容を、ここに紹介します。

生ゴミと光合成細菌の出会い

小野さんの農場に週1で通い始めて、早や10数年、遅まきながら環境問題にも目を向けるようになりました。中でも生ゴミの重さとその焼却費の莫大なことに驚き、少しでもゴミの減量化に貢献しようと、生ゴミ処理機を使って乾燥させてから捨てていました。そんな折、小野さんから、生ゴミに光合成細菌を吹きかけて試してほしいと提案があり、忙しさを理由に野菜作りもできない私は、ただ生ゴミに光合成細菌をかけては、毎週その蓋付きのバケツをせっせと小野さんの所に持って行きました。

光合成細菌の話は、それ以前からお聞きしていましたが、実際どのような効能があるか想像もつきませんでした。ところが、あの猛暑の中で1週間経っても、生ゴミは腐敗臭を発しなかったのです。光合成細菌そのものは、鼻が曲がりそうな何とも言えない匂いなのに…。また、光合成細菌には、放射性物質を軽減する働きもあるそうで、今まさに注目すべきものなのです。

まだご存知ない方もぜひお試しください。小さなところから少しずつ変えていけたらと思っています。

四季の会　K．H

感謝

猿島野の大地を考える会の部会、四季の会で仲間と活動を始めてから早25年。1人黙々とゴミ拾いをしていた羊子さんに出会い、少しずつお手伝いをするようになり、ご夫婦の生き方に尊敬と憧れを持って接することができたのは、私の人生においてとても貴重な歳月になりました。

次から次へと湧き出るアイデア、それを実現してしまうバイタリティには驚かされるばかりです。4人で始めた四季の会も、段々と仲間が増え、週1回の活動ですが、それぞれ素敵な皆さんに出会えて、本当に良かったと思います。

金婚式を迎えられたご夫妻に、2人の出会いから今日までの歩みを聞く機会があり、全く独自な路を歩んでこられたことを知りました。大地を考える会をこんなに長い間続けてこられたのは、ご夫妻の目標とする考え方が一致していて、2人を慕って大勢の仲間が集まってくる自生農場、イーハトーヴがあるからだと感じ、とても羨ましい人生だと思いました。

最近は、家庭の事情によりなかなか活動に参加できませんが、自分にできること、農場で分けていただくEMの中でも、特に優れものの光合成細菌を使って、生ゴミを処理し、発酵堆肥で安全、安心な作物を作れる喜びを感じている今日この頃です。昨年はこの生ゴミ発酵堆肥で元気なサヤエンドウが沢山できました。

これからも小野夫妻には、まだまだ私たちを引っ張っていってほしいものです。

四季の会　E．E

小林達治先生の本には、光合成細菌が二酸化炭素を吸ってくれるだけでなく、人間にとって困る悪臭や硫化水素、メタン、アンモニアなども吸い、人間にとって助かる核酸、ビタミン、カロチン、アミノ酸などを出してくれて、100度以上の高温でも死なないということが書かれていました。また、夫の自生農場で以前、鶏にEMの活性液を与えるようになったら、鶏の尻つつきがなくなったのには本当に驚きました。これも光合成細菌の出す一種の波動とか。私は光合成細菌がますます人類にとって有り難い存在であり、地球再生のためになくてはならないものであると確信しました。

また、市が呼びかけた農業創造プロジェクトに私と一緒に参加してくれたＩ会員が、会に光合成細菌を最初に教えてくれ、『現代農業』にも載ったことのある、栃木県にお住いの猪熊会員の所に実地見学に行き、ご自分もお米、野菜で光合成細菌の効果を試し立証していました。そして、国が全ての県や市町村に呼びかけている「バイオマスタウン構想」で、光合成細菌を主体とした実現を私たちと夢見ていました。

私が読書と現実の整合性を感得するようになった頃に、県から、地域の課題は地域で解決という「コミュニティ協働事業」の募集がありました。２つ以上の団体という条件でしたので、以前バイオマスタウン構想の趣旨に賛同し、入会してくれた「坂東市くらしの会」の頼りになる会長さんに話し、私たちの会のゴミ関心部会である「四季の会」と協働で、「EMの中の主役、光合成細菌による生ゴミの簡便な自家処理法と安全な社会創り」という題名で応募しました。

この事業のヒントは、四季の会で暑い夏を挟んでやった光合成細菌による生ゴミ処理実験の好結果でした。幸いにもその事業は県で採択され、私は光合成細菌による放射能減少ということも同時に公認されたことを、重く嬉しく受け止めました。市からも支援を受けフォーラムを開催し、市の環境基本計画にも掲載されました。また、市からバイオマス活用推進計画申請に着手する旨の回答もいただきました。不思議なことに、いつの頃からか「バイオマスタウン構想」が「バイオマス活用推進計画」という名称に変わっていましたが、それになんの疑問も抱かず、着手するという返事に喜んでいる私でした。

そして、この県の助成金とＩ会員の資材の無償提供と、彼と夫の労働奉仕で光合成細菌を培養するビニールハウスが立派に完成、良質で量産ができるようになり、安価に提供して普及する体制が整いました。

また、『現代農業』にもとてもお世話になりました。実際に農業で光合成細菌をそれぞれの知恵と経験で活用し、立派に役立てている人たちの事例が取り上げられていて、とても勉強になりました。その中に１人のおじいさんがいて、その方が言うには、早朝毎日生ゴミを貰いに行き、2、３日、光合成細菌液に浸しておいた籾殻と生ゴミをサンドイッチ状に積み上げていって、一定の高さになったら上から順に崩して同様に積み重ね、また同期間そこに静置しておくのだそうです。その間、発酵熱が中でもうもうと上がり次第に生ゴミの形がなくなり堆肥化され、それを肥料として与え、果実を育て、直売所で完売しているというような内容でした。

私は夫に簡単な堆肥作りの木枠を作ってもらい、夫が学生時代に奉仕会のキャンプでお世話になった万蔵院の施設の生ゴミを貰いに通い、おじいさんの真似事を始めました。どのくらいの期間か忘れましたが、確かにいつの間にか生ゴミは消えていました。私が後悔しているのは、その後の一番大事な経過を見なかったことでした。つまり、その堆肥を土に返して、そこで野菜を育ててみることです。きっと、その頃の私は忙しさに追われ、そこまでする持続力がなかったのでしょう。でも、これをやったことは後々のいいヒントにはなり、無駄ではありませんでした。

24. 永久の未完成これ完成である

まさに次の2年間は、この賢治の言葉通りでした。上の見出しは、2015年、平成27年の会の便りの中の私の文の題名です。振り返るに、次第に私の中で葛藤が醸成されつつあり、必死でそれをくいとめようとしている様子が窺えます。紹介させてもらいます。

昨年の会の便りの中の「時は命なり」という題名の私の文を読み返してみて、昨年は会の節目の年で、あと一歩のところと、期待感と緊張感に満ちていたのが感じ取れました。

1つは、もったいないピース・エコショップが、誕生して20年目にしてもったいない廃材、廃物も大いに活用して形になり、同時にそれを最初のモデルとして、同じ名称と同じ仕組みを持ったショップが全国各地に出来れば、約70年間平和憲法を堅持してきた国民性が具現的に開花し、もったいない風が全国に吹き渡るという構想を持ってしまったこと。

もう1つは、坂東市に長きにわたって要望し続けてきた、元気、安心、希望を与え得る住民参加という理念を掲げた「バイオマス活用推進計画」申請に対して、ついに坂東市がやる旨の返事をよこしたことで、具体的構想を持ってしまったこと。

私たちの会は、放射能汚染や地球温暖化という地球的規模の環境悪化に対する根本的、普遍的、総括的解決法として、EMや光合成細菌の効果を検証、確認し、その普及を最大の使命と考え、そのことに努めてきたので、もし先の2つの構想が実現すれば、光合成細菌が放射能を低減させることができ、かつ嫌気性なので地球温暖化防止にも貢献できることを、全国的に知ってもらう機会も同時に生まれると考えたのです。

ところが今年、努力してはみたものの何も進展せず、次第に焦燥感や失望感に変わっていき、意欲が湧かなくなり、精神的悪循環に陥り、突然の腕の痛みも加わり、苦しい日々が続きました。個人的にもこの年度に、岐阜で大家族を支えてきた夫の母と、長く一緒に暮らし、孫、ひ孫も可愛がってくれ、会の良き理解者、協力者でもあった私の母が、100歳近い年齢で天寿を全ういたしました。

私がこの試練を乗り越えられたのは、心配してくれた会の仲間の存在と家族の存在があったからでした。精神的に不安定な私とは対照的に安定している夫は、私にとってなくてはならない存在であったし、3人の娘たちもまさに字の如く、親身になって（親の身になって）各々得意な分野で、私の有形、無形の積年の気がかりを軽減してくれました。また、亡き2人の母の生まれ変わりのように生まれた三女の乳飲み子が、私の曇りかけていた魂を呼び醒ましてくれ、春のような平安な気持ちで、完成の方角に向かって歩き続けることこそが、永久に未完成な人間の生きていく姿勢なのだと教えてくれ、人間の三大栄養素である、元気、安心、希望を取り戻しました。

試行錯誤の1年ではありましたが、後につながるかもしれない2つのことを会員の皆さんにお伝えしておきます。1つは、会の定款の中に「もったいないピース・エコショップを全国に広げる事業」という項目を加えたことです。もう1つは、一昨年に続いて、昨年も「エコーいばらき」から活動助成金をいただけたことです。その応募の際、「ESD」を知り、それに沿って「もったいない教育」を提言し、採用されました。現在、部会「四季の会」でその実現に向けて、学習、準備中です。下に、ESDの説明ともったいない教育の概要を載せます。忌憚のないお知恵やご意見、ご参加、ご助言をお待ちしています。

ESDってなに？

ESD（Education for Sustainable Development）とは、10年前にユネスコの世界会議で日本政府によって提案され、満場一致で可決された未来型教育方針で、今後もずっとユネスコ、文部科学省、環境省で推進、促進することを奨励しています。

今、世界は環境、貧困、人権、平和、開発といった様々な問題があります。ESD とは、これらの現代社会の課題を自らの問題として捉え、身近なところから取り組む（think globally, act locally ）ことにより、それらの課題の解決につながる新たな価値観や行動を生み出すこと、そしてそれによって持続可能な社会を創造していくことを目指す学習や活動です。つまり、ESD は持続可能な社会づくりの担い手を育む教育です。

ESD の実施には、特に 2 つの観点が必要です。

・人格の発達や、自律心、判断力、責任感などの人間性を育むこと。
・他人との関係性、社会との関係性、自然環境との関係性を認識し、「関わり」「つながり」を尊重できる個人を育むこと。

（日本ユネスコ国内委員会から抜粋）

上記の言葉から、私たちの会のこれまでの活動が、世界や国の方針と全く合致していると判断し、私たちが提言する「もったいない教育」を理解していただきたく、次のような資料を作りました。

もったいない教育

幸か不幸か、物質的に豊かな時代に生まれ育ち、自然や生活とも遊離しがちな現代の子供さんたちが、これから厳しい未来が予測される中、それに立ち向かえる生命力や生活力を育てていく教育が求められていると思います。

NPO 法人「猿島野の大地を考える会」の部会である「四季の会」は、ゴミ全般に関心を持ち、国が推奨する「3R」即ち「リサイクル、リデュース（ゴミを減らす）、リユース（再使用）」を「もったいない教育」と銘打って取り組むことで、日本人の精神的宝である「もったいない」を次世代に受け渡していこうと願っています。

今回、具体的なカリキュラムを作りましたので、貴校で検討していただけたら幸いです。

〈カリキュラム〉

①宮澤賢治の世界
「世界がぜんたい幸福にならないうちは個人の幸福はあり得ない」「イワンの馬鹿」を理想郷として、世界のどこでも可能としています。それは即ち、争いがなく、生物が皆つながって、循環している世界を意味します。

②この世の中に生物は、動物、植物、微生物の３つ
この３つのように生命体を持っているのを「有機」といい、反対に生命を持っていない世界を「無機」といいます。現在は、無機である化学物質の氾濫により、特に微生物が少なくなっていて、汚染の進行を止めることができません。そして、微生物は見えないために重要視されていません。しかし、これだけ無機にされ、汚染されてしまった地球は、大昔のようにいい微生物に助けてもらわなければ、絶対元通りにはなりません。例えば、私たち人間が出す生ゴミはほとんどが焼却されていて、とてももったいないです。生ゴミは動物や植物の残りかすで、有機です。ここに有用な微生物が加われば、有機が全部つながって循環し、良い土に変身できます。そうすれば焼却費もいらないし、二酸化炭素も減って地球温暖化を防いでくれます。私たちは、それにぴったりの良い微生物を見つけました。名前を「光合成細菌」といい、私たち人間にとって有り難い特性を持っています。

③顕微鏡でご対面して、光合成細菌の特徴を紹介
パンフレットや会作成の「光合成細菌物語」「もったいないは、二つのエコ」という歌で理解を深め、関心や興味を引き出すようにします。会のホームページ（http://www.peaceecoshop.com）の中のトップページの上の「主な活動内容」の中の「バイオマス活用推進計画」をクリックして下さい。その中に「光合成細菌物語」があります。

もったいないは、二つのエコ

1．もったいないは　二つのエコ　二つのエコ
エコロジー　アンド　エコノミー
ラランラ　ランラン
もったいないで　みんながつながろう
もったいないで　地球をクリーンに
ラランラ　ランラン
もったいないで　みんながつながろう

2．もったいないは　日本の宝　日本の宝
世界に伝えよう　世界に広めよう
ラランラ　ランラン
もったいないで　みんなが幸せに
もったいないで　地球を楽園に
ラランラ　ランラン
もったいないで　みんなが幸せに

④実習の時間

実際に新しい生ゴミを各自持ってきて、バケツに入れ、光合成細菌の入ったペットボトルのキャップに5個くらい穴を開け、それを10回ほど生ゴミにスプレーし、バケツの蓋をします。バケツがいっぱいになったら、あらかじめ掘っておいた畝に端から埋めていき、その溝が全部埋まって一畝できたら、そこに種を蒔いたり、苗を植えたりします。

⑤もう一つの実習

皆さんが毎日いただくお米のとぎ汁は、排水に流すと腐ってヘドロに変わり、排水を汚します。それが、日本中で行われていることを想像して下さい。そこで、反対に濃いとぎ汁をEM（有用微生物群）の餌にして、発酵液を作り色々なところで生活改善に活用します。その米のとぎ汁発酵液が、トイレや台所やお風呂などで使われた後、排水に流れると、そこでも餌があるのでまた働いてくれ、一挙両得です。この2つを、自分たちの生活の場で本当に実践する人が増えれば、地球は少しずつ回復していきます。皆で、お世話になっている地球に恩返しをしていきましょう。

NPO団体　猿島野の大地を考える会

地球温暖化で人類の未来が危ぶまれている現在、廃棄物である生ゴミや米のとぎ汁や廃油が活用できれば立派な資源になるのだと実感できるはずです。そのような「もったいない教育」を通して、どんな時代が来てもこれから未来を担う世代が生き抜く力を身につけていってほしいと願っています。

自分の足元を見つめ、暮らしの中での実践を通して解決の方向に向かっているという自覚と、もったいない生活が正しいという認識が、社会の中の点を面に変えれば、大きな力になります。これこそが住民参加型の真の民主社会ではないでしょうか。そして、ESDの実施の2つの観点にも合致していると思います。

25. 大和魂の新たな解釈

2016年、平成28年の会の便りの中の私の文は、賢治の「新たな時代は世界が一の意識になり生物となる方向にある」をテーマにしています。世界のあちこちで複雑に絡み合った紛争、自然破壊、核の脅威、難民の急増、テロの台頭と人類史上最大の人類存亡の危機に直面している今、この賢治の言葉に時代の転換に関わる大きな示唆を感じます。

私たち日本人の国民性は、大昔大和の時代から「大和魂」という1つの大きなくくりで継承されてきました。広辞苑で「大和魂」を紐解いてみると、次のように書かれています。

①学問上の知識に対して実生活上の知恵、才能。和魂。
②日本民族固有の精神。勇ましく強く潔いのが特性。

この①の実生活上の知恵は、大昔農耕社会で自然への畏敬の念と感謝の念から生まれた「もったいない」が原点で、日本社会を健全に導いてきました。しかし、②の意味が、第二次大戦で戦意高揚のため軍国主義に悪用され汚されてしまい、それ以後大和魂は片隅に追いやられて日陰の身になってしまいました。

賢治の「新たな時代は世界が一の意識になり」というところですが、かつての大和魂に「大きな和の魂：ビッグ・ピース・ソウル」という新しい意味を付与してはどうでしょうか。そしてその新しい意味での「大和魂」を世界の表舞台に出し、日本国民の世界平和を願う強い気持ちを1つにして世界に発信するのです。70年近く平和憲法を堅持し、世界の中で平和憲法を保持している国はコスタリカと日本だけという事実からも、その資格も使命も十分にあると思います。

そして、世界情勢が混沌として全く先の展望が見えない今、せっかく日本が長い歳月をかけて築いてきた平和憲法の実績に対する世界の信頼が一瞬にして水泡に帰する前に、大和魂を「ビッグ・ピース・ソウル」と世界に明示し、目には見えないが世界を変える力を持つ人々の「意識」に訴え続けていく努力をしないと、あまりにもったいないです。

私に「大きな和の魂：ビッグ・ピース・ソウル」という着想を与えてくれたのは、私たちの会がもったいないピース・エコショップ事業で支援の主軸を置いているペシャワール会の中村哲医師でした。彼は、国や宗教の違いを超えて、アフガンとパキスタンの戦地下の難民の人々に水と食料が何より先決と、緑の大地計画の下、現地にある資源や先人の知恵をできるだけ活用し、井戸の掘削や用水路建設に難民と共に果敢に取り組み、これまでに約１万4000ヘクタールの安定灌漑面積を達成させました。

会独自の「PMS方式」という工法も編み出し、水と食料の自給、難民の建設技術の習得による自立、そしてその集大成として、誰も考えない厳しい砂漠を活用し、難民の人たちが安心して暮らせるように用水路を建設し、維持、補修にいつでも駆けつけ、イスラム教の教会であるモスクや学校も備えた自立定着村を作りました。

この自分たちの水と食を得られる状態を、賢治の言葉「生物となる方向にある」が意味していると思います。命より金、権力を優先させた結果、未曽有の難問題に身動きできなくなっている現代社会に、哲医師はその村を平和の象徴として示し、今後更に活動を広域展開して飢餓人口を減らしていく決意を表明していましたが、すでに準備に入っていた段階で、非業の最後を遂げられました。彼のこの生き方は、まさに大和魂の知恵と平和を具現化した「大きな和の魂：ビッグ・ピース・ソウル」を象徴していると考えます。

私なぞ彼の足元にも及びませんが、彼に倣って「もったいないピース・エコショップ」が各地に広がれば、これまで平和憲法を堅持してきた日本人の平和を願う気持ちが多くの人に伝えられ、希望が生まれるのではという夢が生まれてしまったのでした。そして、会の定款変更という面倒な作業も済ませ、夢に向かって歩み出したものの、途中で何度かくじけそうにもなりました。しかし何年か後、私の夢に共鳴してくれたのか、２人の会員さんが２号店、３号店を申し出てくれたのでした。

２号店の方は、沢山の故郷の幼馴染さんに信頼され慕われていて、数年前に皆さんの先立ちになって入会してくれた方です。現在は日本舞踊、着付け、華道の師匠として活躍しておられ、会の交流行事に皆で遠くから参加してくれた彼女と、なんと50数年ぶりに再会しました。彼女は小さい時からリーダー的存在として皆に容認されていた私の記憶そのままで、更に人間性の幅が広がり豊かになった感じで、ショップのやり方についても色々考えてくれました。そしてボランティア活動歴も長い彼女は、当分の間はお店を持つのではなく、1号店を助けようということになりました。即実行の彼女は、後にゴルフ場で人気になった「お刺身こんにゃく」の原料や、彼女のライフワークから出る余剰の高価な着物等を沢山送ってくれました。その上、EM液体石鹸や光合成細菌を向こうで使って普及してくれています。一緒に入会してくれた彼女の友人が、卵油の効果を実感し広めてくれたお陰で、卵油の愛飲者も増えました。

そして、3号店の方は、環境や福祉関係の活動に長く携わってきた大らかな人で、交流行事の時はいつもお仲間と、ビワの木の下で開く恒例の「もったいないピース・エコショップ」のお店番を引き受けてくれます。彼女も3号店について色々試行してくれましたが、可能性が見つかるまで、彼女の可愛い手作りの手芸品等を1号店に送ってくれます。

この1年間、私の大きな夢に共鳴し、実現に向けて取り組んでくれたお二人には本当に感謝します。これからも諦めずにやっていく勇気をいただきました。

そして、平成30年度に入ってすぐに、会員さんの中から4号店、5号店をやって下さるご夫婦が現れました。憶えておいででしょうか。お二人は、長い間オイスカ（人間の生存に不可欠な三要素である「産業、精神、文化」のバランスを大事にした発展を世界規模で推進していくことを目的とした公益財団法人）で活動しておられ、長い間フィリピンのネグロスなどに幼稚園を建設したり楽器を送付するなど、多岐にわたって取り組んでおられます。日本国内でも各々お店を持っておられ、その売上金を楽器や柔道着などを国外に送る輸送費に充てています。まさに、「もったいないピース・エコショップ」を地でいっていて、「もったいないピース・エコショップ」が海外で知ってもらえる機会にもなります。日本国内だけでなく世界に広がってもらえれば、宮澤賢治が言うところのイーハトーヴ（理想郷）の実現は、世界のどこでも可能ということになります。

そして、「猿島野の大地を考える会」の会員さんたちは皆、1人の例外もなく、生活の知恵と大きな和の魂を併せ持っている人ばかりだなあと私はいつも感じ入っています。

高齢をものともしないいつもお元気なそば名人さん。この間沢山の作品を残し、惜しくもお亡くなりになった木の匠さん。長く学校の先生をなさり、今も教え子さんと温かい交流の続いている会員さん。ご高齢にもかかわらず、ずっと光合成細菌を会で購入し、それと生ゴミで育てた元気なお野菜をショップにと届けて下さる会員さん。交流行事の時、自分で栽培したそばを提供して下さる会員さん。光合成細菌で育てたお米を毎年ペシャワール会にと届けてくれる会員さん。毎年会に沢山のハガキや切手を送ってくれ、交流行事に必ず参加してくれる元生協の方。いつも心に残るお便りを下さるお友達。卵油で会を支援してくれるお友達。EMを通してお知り合いになり、長い間交流行事に顔を見せて下さる茨城町の環境グループの方々。毎週火曜日を活動日にもう20年以上、ゴミ問題や川の浄化に取り組んできた四季の会。忙しい中野菜やお米を届けてくれた会員さんやモニターさん。交流行事の時、前準備や片付けを縁の下の力持ちで毎年やってくれる女性陣。毎年記念写真を撮って無償提供してくれる会員さん。会誕生の時から、姉の夫で、ずっと私たちを応援してくれた苦労人の温かい義兄。交流行事に遠くからバスをチャーターして来てくれる故郷の旧友たち。健全な子育ての考え方と行動力を備えている頼もしい「大地っ子」の若いお母さんたち。まだまだここに書ききれません。ごめんなさい。「もったいないピース・エコショップ」が現在まで継続でき、ペシャワール会などへ多額の支援ができたのも、皆さんのお陰です。

賢治の「新たな時代は世界が一の意識になり生物となる方向にある」という言葉は、多くの人が、知恵と大きな和の魂で1つの意識になれば、人類以外のあらゆる生物のように、自然を汚さず平和な方向に向かうという意味ではないでしょうか。この会の有り様も1つの立派なイーハトーヴだなと思い、しみじみ感謝しています。

26. 試練の年

平成28年、29年は、会を四半世紀やってきて、全てに終わりがあると自然に感じるようになってきた年でした。

会が誕生したのが平成4年。それから8年後、NPO促進法が出来た年、その当時張り切っていた私は早速定例会に諮って了承を得て、NPO法人の資格を取得しましたが、これまで約17年間やってきて、年齢を重ねるごとに、NPO法人の維持管理が段々重荷になってきました。更にNPO促進法が改正され、これまで以上に煩雑になると知り、更に年齢を重ねてからでは遅すぎると思うようになってしまいました。

また、私たちの会の活動事業の特殊性により、NPO法人の利点を活かしきれなかったということもありました。即ち、自分たちの活動資金を企業などの寄付を仰いで運営していくことが利点の1つだったかもしれませんが、私たちの会の活動に関わる人全てが無報酬です。保障された生活基盤がなければ後継者は生まれにくいでしょう。その点で、もっと先を見据えてやってこなかったことを反省しています。

しかし、会の活動としての納得すべき最終結論に辿り着けたので、NPO法人の冠を返して、これからはNPOとしてゆっくり自由にと考えていたのですが、思いもかけない難問が待っていました。NPO法人の資格を取得した際の定款を、私があらかじめよく読んでいればこんなことにはならなかったのですが、NPO法人を解散するにあたって、繰越残余財産がある場合は、類似の目的を持ったNPO法人に譲渡しなければならなかったのです。これが1つ目の試練でした。

もう1つは「バイオマスタウン構想」のことです。坂東市になった平成17年に、市が市民に呼びかけた5つのプロジェクトの1つ、農業創造プロジェクトに参加した私たちの会は、国が全国の自治体に呼びかけ、認められれば半分の助成金を出して支援するという「バイオマスタウン構想」を知りました。私たちの活動内容をまとめて応募し、最後に選ばれたものの、大きい課題だけに見送られ、会としてはそれがもったいなく、その後も色々働きかけた結果、市から計画に着手する旨のお返事をいただきました。その前後に、国は「バイオマスタウン構想」から「バイオマス活用推進基本法」の下「バイオマス活用推進計画」と名称が変わりましたが、私たちの会は名称が変わったことになんの疑問も持ちませんでした。

県から「地域の課題は地域で解決」という題名で「コミュニティ協働事業」の募集があった時、「EM の中の主役、光合成細菌による生ゴミの簡便な自家処理法と安全な社会創り」という題名で応募し、採択され、市の後援でフォーラムも開催しました。その助成金とＩ会員の無償の材料提供で立派なビニールハウスが完成し、市からバイオマス活用推進計画に着手する旨のお返事もいただき、未来洋々たる気持ちで活動していました。しかし、それから４年経ってもなんの進展もなかったので、こちらから何か行動を起こさなければと、会の３人で県の地球温暖化防止委員になり、パブリックコメントを提出したりして働きかけました。その結果、県のバイオマス関係課とつながりが出来、坂東市の市長さんや関係課長と話し合える機会が持てました。

私たちにはこれまでの長い経緯があるので、総力を挙げて臨んだのですが、結論から言いますと、現在では国の方針が木質バイオマスと発電に重点が置かれていたのです。森林大国の日本としては、森林の保全と活用は重要な課題で無理からぬことで、山林の多い市町村は「産業都市構想」に応募し、採択されれば国からの助成金が下り、山林の保全につながるということです。残念ながら坂東市はそれには該当しないため、バイオマス活用推進計画の申請も見送られてしまったというのです。

私たちの会がこれにかけた情熱と夢は大きかったので、失望、落胆も大きかったと同時に、自分の愚かさ、甘さも思い知りました。というのは、最後の土壇場になって、バイオマス活用推進基本法を初めて見たのですから。それはなんと日本語としての「バイオマス」という言葉をどう規定するかの法律だったのです。「バイオマスタウン構想」の時は、「動物、植物、微生物」が当たり前だったのですが、突然法律を作ってバイオマスを「動物、植物に由来する有機的資源」だけに規定されたのでした。市も県もそれを知ってはいたものの、私たちに直接言いづらかったのでしょう。

では、なぜ国はそのような法律を作ったのでしょうか。私が思い当たるのは、ほとんど毎年行われるCOP「国連気候変動枠組条約締約国会議」で、地球温暖化を助長する石炭火力発電を使っている主要な国として位置付けられている日本が、その不名誉を少しでも軽減、挽回するための方策であったのではないかと推察します。即ち、カーボンニュートラルが成立する木材で発電する方向にできるだけ持っていって、少しでも石炭火力発電を減らそうとする苦肉の策だったように思います。

長い間追いかけていたのが幻であったという落胆、年齢を重ねるごとの体力、気力、知力の先行きの不安、自分から望んでやってきたNPO法人の後悔のない終わり方、私が元気な頃に言っていた3つのション、即ち、ミッション（使命感）、パッション（情熱）、アクション（行動）の衰えの実感、次第に全てが消極的になっていく日々でした。しかしその中でも、今までやってきた作業は同じようにあり、虚しい気持ちでそれをこなしていかなければならず、何度かうつ状態に陥り、そこからどうにかそのたびに抜け出す毎日でした。

そんな中、千葉の幼馴染さんの中に、「猿島野の大地を考える会」が誕生する前の立木トラストの時からずっと支援してくれている小中高が同じ親友がいました。彼女は現在横浜に住んでいるのですが、生まれ育った千葉の青堀町（現在は富津市）を大事にしていて、同窓会にも横浜からずっと参加するような温かい人です。

数年前に同窓会の通知が来た時、彼女はずっと支援している「猿島野の大地を考える会」で活動している私の拙著を、私にとっても幼馴染である皆に紹介して、できれば本を購入していただいて寄付に協力してもらえたらと思いついたのだそうです。丁度、東日本大震災が東北を襲った年で、私が彼女に自分の著書も含めて、今回の「もったいないピース・エコショップ」の売上の全額を今回は被災地に送りますと彼女への便りに書いたのだそうです。

会の便りに寄せた彼女の文を載せます。

　同窓会の当日、幹事さんの快諾を得て、羊子さんの著書を回し読みしてもらい、羊子さんが茨城の地で環境問題に身を挺して活動されていること、被災地への深い思いを同窓会の席上でお話しさせていただきました。故郷を離れて40数年、小中学校時代の羊子さんしか知らない同級生からは、一瞬驚きの声とともに感動の声が上がりました。私たちの同窓生が本を出版！ 私もそうですが、誇りに思うと言ってくれる方も。賛同してくれる方が続出。そんな時です。同席していたＳ．Ｋさん、Ｔ．Ａさんの２人が、本代をその場で集金、届け先の確認など、取りまとめて下さいました。同窓生との絆が強まった１日でした。同窓会の幹事さんの配慮、Ｓ．Ｋさん、Ｔ．Ａさん、羊子さんのお力に心から感謝し、私にとっても忘れ得ぬ大事な日となりました。その後、羊子さんから驚きと感謝の電話があり、思いきってやってよかったとつくづく思いました。

ところが、それだけではなかったのです。あの後、Ｓ．Ｋさんが、会の存在を広めてくれました。彼女は、現在も指導的な立場にあり、そのお人柄から皆さんに愛され、大変信頼されています。彼女の努力で会員の数も増え「富津班」の誕生と相成りました。交流行事や総会に出席可能な方たちが揃って、チャーターしたバスで自生農場に向かいます。そして有意義な１日を過ごさせていただいています。会長さんはじめ役員の皆様方の活動に心から敬服しております。お世話になっております。改めて御礼申し上げます。

この親友が、ショップで売り始めた頃から卵油を愛飲してくれていて、その上いつも温かい便りをくれ、その中に「ありがとう」の気持ちが全てを有り難い方向へ導いてくれると、彼女の体験も交えて、長い便りをくれました。その頃、自信を失くしていた私も、せめてこれまで一緒にやってきた会のお仲間に対して感謝を込めて自分でもできることをと、「会独自のバイオマス活用推進計画」の作成にトライしてみました。これを作成している間は無になれたことで、その上「バイオマス活用推進計画」が形になったことで元気が出てきて、その気持ちに誘ってくれた彼女に感謝、感謝でした。

27. 会独自のバイオマス活用推進計画

これを作っておいたお陰で、数年後の私が再生する元気と機会を与えられました。また、その時その時を精一杯生きていれば、後につながるということも教えられました。

現在は2021年、私たちの会が、会独自のバイオマス活用推進計画を作成したのは、2018年（平成30年）でした。国が、「バイオマスタウン構想」から「バイオマス活用推進基本法」を付与した「バイオマス活用推進計画」という名称に改め、全ての都道府県、全ての市町村にこの計画に参画することを呼びかけたのが2012年でした。

そのバイオマス活用推進基本法の内容は、バイオマスを「動物、植物に由来する有機物である資源」と規定して、バイオマスの活用を推進しようというものでした。私は「バイオマスタウン構想」が「バイオマス活用推進計画」と名称は変わっても内容は変わらないと思い込み、バイオマスを以前のように「動物、植物、微生物」と規定して、会独自のバイオマス活用推進計画も作成し、市にずっと働きかけてきました。後に「バイオマス活用推進基本法」の内容を知り、国が規定したところではバイオマスとは今のところ、家畜排泄物、下水汚泥、黒液、紙、食品廃棄物、製材工場残材、建設発生木材、農作物非食用部、林地残材などになっています。これらのバイオマスをいかに活用し、環境を汚すのではなく、循環型社会の中に取り込んでいくかが求められています。

私たちの会が、これらのバイオマスの中で関われるのは、家畜排泄物、下水汚泥、食品廃棄物である生ゴミ、農作物非食用部である籾殻や稲わらの4つです。国の「バイオマス活用推進基本計画（H.28）」の中の「2025年（平成37年）における目標」を見ると、ほとんど全ての分野が順調に進んでいるとあります。ただ、食品廃棄物の分野で、消費者の生ゴミの分野だけが、利用率が低く、目標値もそれに応じて低いです。農作物非食用部もやはり低くなっています。また、国はその基本計画の中で、地球温暖化問題の解決や循環型社会の構築を求めています。私たちの会で作った独自のバイオマス活用推進計画は、光合成細菌やEM

などの微生物と先の４つのバイオマスを各々組み合わせ活用することで、地球温暖化問題や放射能問題の解決や善循環社会の構築を可能にします。

生ゴミと排水は、人類有る限り、世界中で永遠の課題です。人類以外の生物は、生ゴミや排水汚泥を出しません。皆自然に返し、自然を汚しません。彼らを見習って、自然に返し循環させましょう。その答えを住民参加で日本から発信すれば、「もったいないの3R」で世界がつながり、日本のもったいないの生活文化に共鳴の輪が広がるでしょう。

現在、COP26（第26回国連気候変動枠組条約締約国会議）が終わって12月です。ネットでCOP26を振り返り、恥ずかしながら基本的なことを知らずにいました。それは、地球温暖化を引き起こすのは、二酸化炭素だけでなく、メタンと一酸化二窒素、フロンなどなどとのこと。それらを総称して温室効果ガスというのだそうです。でも、それを知ったことは、嬉しい発見につながりました。というのは、光合成細菌は、二酸化炭素を吸うだけでなく、メタンも取り込むというかメタンを抑制する効果もあるということで、光合成細菌の必要性が余計に増したことになります。

そして、このCOP26で、2030年までに気温の上昇を1.5度までに抑えることが正式に決められたということでした。国が定めた2020年度（令和２年）のバイオマス活用推進計画が、2025年度（令和７年）の目標として引き継がれるということなので、その時が来てまだ命があるようでしたら、家畜排泄物、下水汚泥、生ゴミ、農作物非食用部の四分野で地球温暖化防止、放射能減少、水の浄化、循環型社会の構築、有機農業の振興、もったいない教育など、平将門の里、坂東市と力を合わせて、バイオマス活用推進計画を作っていきたいと願っています。

28. NPO法人の解散

ここからまた、過去の話に戻ります。「猿島野の大地を考える会」は、任意団体としては８年間、NPO法人としては20年近くやってきました。

この平成の時代に誕生した私たちの会は、平成最後の年にNPO法人の法人格を返し、最初のNPO団体に戻って活動していくことになりました。解散する前に言っていた「残余財産」は他のNPO団体に譲渡するのではなく、全てペシャワール会に寄付させていただきました。また、坂東市との委託事業で10数年やってきた「EM活性液による米のとぎ汁流さない運動モニター制度」とEM川の浄化活動も、十分やってきたので幕を閉じることにしました。

平成4年、お釈迦様の誕生日に誕生し、宮澤賢治的世界観を拠り所に基本理念「自由、平等、行動、非政治、非営利」の下に活動し、平成12年にNPO法人の資格を取得しました。世界平和と環境保全を究極の目標に、もったいないピース・エコショップ事業とそれを広げる事業と、廃物とされていた米のとぎ汁や生ゴミ等を光合成細菌やEMなどの有用微生物で有効活用して環境問題を解決する環境保全事業、この3つを柱に会員全員また有志の人たちで活動して参りました。そして、この3つの事業を、歳月をかけて住民参加で広げていけば、この山積した平成、令和時代の難問に対する解決策の糸口の1つになるのではないかという結論に達しました。

最初の「もったいないピース・エコショップ事業」は、どんな人でも、もったいないと思う物や環境に良い物を売買していただき、世界平和や環境保全を支援することで、世界各地での紛争や難民急増、深刻な環境問題の解決に一役買うことができます。同時にそれを行動に移すことで、自分に元気、安心、希望、連帯の悦びなど、精神的栄養素を与えられます。私たちの会は、有志仲間で実践してきて、それを実感しています。

2つ目の「もったいないピース・エコショップを全国に広げる事業」は、支援金の額は二の次、形も自由で、そのショップをやることで、周辺の人たちに後ろ姿やライフスタイルを見てもらい、そういう生き方があるということを知ってもらい、人的つながりを作っていくことです。これまでに5号店まで生まれました。

3つ目の「環境保全事業」も、地球環境問題の根本的な解決策だと信じて日々実践してもらえれば、自分の周辺の環境改善になり、生きがいになり、人生を最後まで全うできる可能性が強まります。これまでに私たちの会は、住民参加型の環境基本計画を茨城県で最初に作った環境意識の高い旧猿島町と「EM生ゴミぼかしの無料配布制度」を約9年、坂東市になっても「EM活性液による米のとぎ汁流さない運動モニター制度」と西仁連川の浄化活動を10数年、委託事業としてやってきました。

もう1つ、会で普及に努めているのは、環境にも体にも良いEM液体石鹸です。合成洗剤に含まれている界面活性剤が、体にも環境にも良くないことを知って考えつき、はじめは手作業で、次は中古の洗濯機で、最後に助成金をいただけて攪拌器で、製造回数は268回になりました。私が病でできなくなったのですが、いつも困った時に手を差し伸べてくれる有機農業の君が、私にやらせて下さいと申し出て継続してくれるようになり本当に助かりました。そして、最後に辿り着いたのが、地球温暖化防止、放射能減少にも貢献する光合成細菌による生ゴミの簡便な自家処理法で、四季の会や他の会員さんたちもお米づくりなどでも取り組んでいて、安全で美味しいお米や野菜に変身させてくれています。1人の会員さんは光合成細菌を「光ちゃん」と呼んで、愛用してくれています。

平成最後の年、平成31年、同時に令和元年でもある5月の総会で、20年近く続いた「猿島野の大地を考える会」のNPO法人は、「争いのない、環境を汚さない社会の実現」を願って、誰でも、どこでも、いつでもできる、納得できる活動方法に達したので、これからはそれを自由に広げていこうと、みんな笑顔でNPO法人の解散を承認してくれました。次頁の写真は、いつも会の記念写真を撮ってくれる会員さんが、皆があれよあれよと言う間に、屋根に登ってしまってそこから撮ってくれた特別な記念写真です。皆、笑顔で万歳をして、これまで一緒にやってきた足跡を祝福してくれているようで嬉しかったです。

山積する社会の難問題に対して、日々諦めて過ごすのと、自分が納得のいく解決策を実践して過ごすのとでは、雲泥の差があります。1人の力は微小ですが、集まれば強大になります。住民が参加すれば社会を変える力を持ち、社会に活気が生まれます。これこそが民が主役の民主社会の真の姿ではないでしょうか。このような結論を得られ、20年近くNPO法人をやってきた甲斐がありました。これもひとえに会員さんやモニターさん、ゴルフ場さん、関係者の皆様のご協力の賜物で、本当に感謝いたします。そして、法人格のないNPO団体になって、新しい時代に入ります。私は、これを会の中では「清和の時代」と呼びたいのです。環境が清らかで平和な時代。これを会の究極の目標として掲げ、それに少しでも近づけるよう、皆で一歩一歩楽しみながら着実に歩んでいけたらと願っています。

29. 感謝と祈り

大量生産、大量消費、大量廃棄で物余りの現代。グローバルで世界中の情報が錯綜し、変転極まりない中、あちこちで地域紛争が起こり、それが世界戦争の火種になりかねない複雑な様相を呈しています。しかし、人間誰もが天とつながっている自分の魂と対峙して生きていくことが、究極の幸せという境地に達すれば、お互いが天の子、宇宙っ子ということになり、許容し合える関係になっていくのではないでしょうか。古今東西この赦すということができないがゆえに、国と国、また、人と人との間に戦いや争いや亀裂が続いてきました。特に現代はグローバリゼーションの潮流で、問題は深刻であり、危機的要素をはらんでいます。

こんな時だからこそ、日本人独自の精神性を象徴している大和魂の復活を、世界に向けて発信してみてはどうでしょうか。それは、軍国主義時代に利用されたあの大和魂ではなく、全く新しい意味を有した大和魂、即ち「大きな和の魂」です。世界中の人が全ての違いを超えて大きな和の魂を持つことを提案するのです。

それには赦し合うということが大前提ですが、最も難しいことでもあります。それをできる国が、また人こそが、真に進化した国や人と言えるのだと思います。宗教の世界においては「目には目を、歯には歯を」から「左の頬を打たれれば、右の頬を出せ」と変わりました。仏教でも「慈悲の心を持て」と言われます。人間はこのまま行ったら、現象面の文明の進歩とやらに踊らされて、実際は退化、退廃し、元も子もなくなってしまう気がするのです。人類が幸せに生き残っていくためには、新しい意味を有した大和魂に各自が色々なバリエーションを付けて提示し、実際に共鳴の輪を広げていくことが平和への近道である気がします。

その意味で、人類史上これまでにない大問題を抱えてしまった現代社会で、争いのない、環境を汚さないという根源的な問題に対して、世界中で誰でもいつでもどこでもでき、自分たちもそれを実践することで、真の元気、安心、希望、連帯感を手に入れることができたと実感できる、会として独自の3つの事業に辿り着きました。

この度、約20年近くやってきたNPO法人を無事に解散でき、その間に会として独自の事業に辿り着けたことに対して、会員の皆様に深く感謝いたします。様々な人たちの関与、協力、助言、支援なくしては、絶対ここまで辿り着けませんでした。本当にありがとうございました。

2018年は、会にとって明暗のある出来事が起きた年でした。

明の出来事としては、5月の新聞に、地球温暖化問題に対し、たった1人のストライキ、「未来のための金曜日（Fridays For Future）」を通して、最初は150万人、2回目は450万人、3回目は780万人の世界中の若者のデモに発展させ、世界中の人々の関心を喚起させたスウェーデンの16歳の少女、グレタさんの記事が載っていました。

注視すべきは温室効果ガスの削減だが、実際には減っていない。
地球規模の問題に対して、私たちは全員何かをする責任がある。
最も大切なのは、気候変動について学び、それが何を意味するかを理解し、自分ができるのは何かを考えること。

新聞に書かれていた彼女の言葉が、私の心を捉えて離しませんでした。何年も前からこのテーマを追って、自分たちなりの答えに辿り着き、実践、努力していた私たちに一筋の光明を与えてくれました。人類有る限り地球上で永遠に出る生ゴミを、光合成細菌と組み合わせ処理することが地球温暖化防止につながれば、万人が責任を全うすることにもつながります。そして、この原理が正しければ、文明の利器を活用して大規模に処理し堆肥化し、それを大地に還元すれば化学肥料や農薬で微生物が激減している大地を豊かにし、有機農業の道にもつながります。世界中で生ゴミを活用すれば、焼却費用はいらず、大気も汚さないばかりか、二酸化炭素が減少することにもなります。その上、光合成細菌は、二酸化炭素だけでなく、硫化水素やメタン、アンモニアなど人間が困っているものを餌にし、人間にとって助かる核酸やビタミン、カロチン、アミノ酸などを分泌し、放射能も減少させます。大気汚染やメタンガスにも大量の光合成細菌を散布することは、とても有効なことだと思います。

昔、アメリカから夏に帰省した孫たちと畑に光合成細菌を散布した時、美しい虹が出来、皆で感動したのを懐かしく思い出します。

光合成細菌は二酸化炭素を吸って水素を出すと聞きます。大量の光合成細菌から大量の水素が取れるとするならば、それを電気分解して水素自動車に活用することはできないでしょうか。

2018年に起きた暗の出来事はというと、私たちの会がこれまで支援の主軸を置いてきたペシャワール会の中村哲さんが突然亡くなったことでした。彼がアフガン全土の難民のために、緑の大地計画を広げようとしていた矢先でした。長い間、定期的に送られてくるペシャワール会の便りに「アフガンは洪水と干ばつの繰り返しだったが、最近は干ばつがひどくなり、これも地球温暖化のせいだろう」と書かれていたのが思い出され、水利権の問題が頭をよぎり、世界中を覆っている地球温暖化問題の深刻さを思い知らされた衝撃の瞬間でした。

そこで今、待ったなしでこの気候変動への解決が求められています。ゴルフ場での店番をしながらの読書を通して、私は「光合成細菌物語」を作成しました。拙いですが、読んでいただけばわかると思います。壮大な地球史の中で、光合成細菌やシアノバクテリアという微生物の存在という大前提がなければ、動物、植物という存在はあり得なかったということが。

～光合成細菌物語～

おれの名前は、人呼んで光合成細菌。まったくの自然児で、僕という柄でないんで、これから自分のことを、おれと言わせてもらうね。あしからず。

では早速始めるね。おれはどこかの町の小さい池に長い間住んでいたんだよ。ある日突然、どこかのおじさんとおばさんがやってきて、おれはバケツで泥と一緒にくみあげられて、どこかへ連れていかれたんだよ。連れて行かれた先は、以前住んでいたところとはまるきりちがって、昼間はお日さまがさんさんとふりそそぎ、おまけに食べたこともないおいしい食事つきで、おれは夢見心地でどんどん分裂して、仲間がどんどんふえていったんだよ。時々おばさんが見に来て、ふたをあけてうれしそうに「ずいぶん赤くなってきたわ」などと言っているのが聞こえたよ。

ちょっとここで寄り道して、おれたちの一大特徴をみんなに知らせておくね。おれたちは生まれつき酸素がきらいで、植物と同じに二酸化炭素がすきなんだよ。それに、おれたちの名前、おぼえているかい。光合成細菌。光合成っていうのはさあ、植物がお日さまの光を二酸化炭素と一緒に体に入れて、葉緑素をつくることなんだよ。

ここで、今度は国語の勉強です。好き嫌いの「すき」という言葉と「きらい」という言葉は、漢字の訓読みでは何と読みますか。わかる人は手を上げて下さい。はい正解です。好きは「こう」、嫌いは「けん」、だから酸素を好きな性質を好気性、嫌いな性質を嫌気性というんだよ。あなたたち好気性、おれたち嫌気性、というわけ。それとさあ。おれのことを見に、おばさんが連れてきた人が、「くさーい」って言っていたなあ。するとおばさんが「赤いのと、このにおいが、光合成細菌の特徴なのよ、許してやって」と答えていたよ。

別のおばさんの仲間の人もおれたちのことのぞいて「うちもこんくらい赤くなったよ。こんどもってくっから顕微鏡で見てくれっか」って言ってたよ。

おばさんがおれたちのことを、いつもこうふんしながら人に話すのを聞いていたんだけど、おれたちってどうもずいぶん人の役にたっているらしいんだな。悪臭をとったり、ヘドロを少なくしたり、鶏に飲ませるとさあ、お腹の中のサルモネラ菌がいなくなったり、鶏糞もにおわなくなるんだってさ。金魚や熱帯魚の水槽の中の二酸化炭素や糞を食べて、水をきれいにしてくれたりね。

この間、おれたちを自分の責任で家族中で飲んでいるという人が現れたんだけど、家族皆、元気なんだってさ。おれたちは 100 度以上の熱でも死なないから、煮沸して雑菌はなくして、おれたちだけにして、飲むんだって言ってたよ。

それからね、農業でもおれたちがすごく役にたっているって、おばさん、自分の子供のように自慢していたよ。おれ照れるなあ。

おれたちや他の微生物仲間が一緒に、空気中や土の中の炭素や窒素を固定して植物にあげるから、肥料がそんなにいらないんだってさ。

それに、おれたちは人間が困っている硫化水素やメタンガスや二酸化炭素やアンモニアなどが、エサとして必要だから食べているだけなんだけど、人間のほうではそれが大助かりみたいなんだよ。それからさあ、おれたち自分の体から核酸やビタミンB12やカロチン、アミノ酸など出すんだけど、核酸は傷ついた遺伝子を修復するんだって。すごいよね。ビタミン、カロチン、アミノ酸なんかは、野菜やくだもののの色をよくしたり、栄養価を高くするんだってさ。

ところで、みんな連作障害ってきいたことがあるかい。同じはたけに同じ作物を何年もつくっていると、作物が病気になって治らなくなるんだよ。フザリウム菌という菌がその連作障害の犯人で、それをやっつけられるのがおれさまといいたいところなんだけど、そこまでは問屋がおろさないんだな。その正義のウルトラマンは、放線菌といって、ペニシリンなんかの仲間なんだってさ。じゃあおれの役目はなにかというと、驚くなよ。おれが死んだあとの死体さ。それが放線菌の大好物で、おれたちの死体をむしゃむしゃ食べて、じゃんじゃんふえて、フザリウム菌とたたかってやっつけてくれるんだってさ。

おばさんが、来る人来る人におれの話をいろいろするから、自分のこともわかったし、おれが生まれてきたことで役にたっているということがわかってほんとにうれしいよ。おばさんありがとうよ。

おれさ、この夏、突然おじさん、おばさんに大きなお風呂みたいな中に入れられて、ほかの乳酸菌君や酵母菌君やなんかとまぜまぜされて、はたけに水と一緒にまかれて、はたけの中で暮らすようになったのさ。お日さまは当たるし、水があれば自分がすきなところに動けるし、エサはあるし快適に暮らしていたら、またおばさんが誰かと話しているのが聞こえて「3回くらい、EMとこうちゃんまいたんだけど、ねぎもピーンとしてるし、ピーマンもピカピカしてたくさんとれていつもと全然ちがう気がするの」っていってた。いつのまにかおれのこと、こーちゃんなんてなれなれしく呼んでるんだよ。まあいいけどさ。

この間は、おれたちのルーツ、ご先祖さまの話を聞いたよ。人間さまはサルから進化したと言われているけど、いつ頃から地球上に現れたか知っているかな。

人類最古の原人は、160万年前なんだって。今、西暦2010年というね。それは、キリストが生まれた年から2010年目という意味なんだよね。それでは、地球の年齢はいくつかな。46億年前、すなわち46億歳。では、おれたち光合成細菌のご先祖さまは、どのくらい前だと思うかい。なんと30億年前だそうだよ。その頃の地球はどんなだったのか想像したことあるかな。二酸化炭素や有毒ガスや自然放射能で充満していて、生き物なんかなんにもいないちがう惑星みたいだったんだって。そこに初めて登場してきたのが、おれたち微生物というわけよ。おれたちやシアノバクテリアという嫌気性の微生物たちが、有毒ガスや二酸化炭素を吸って酸素を出して、放射能もエネルギーにした上に無害化して、今のような地球のもとができていったというわけなんだって。

おれが一番驚いたのは、今の動物や植物のもとになっている細胞にも、おれたちが関わっているらしいということ。それがもし本当なら、長—い長—い目で見れば、動物や植物のもとのもとはおれたちとつながっているってことだろう。それじゃ、みんな身内、家族ってことだよね。ここまで聞くと、そこのところなぜだか知りたいと思うでしょ。

では、もったいぶって話すね。おれたちもなにしろ30億年前から生きてきているわけだから、生きるか死ぬかというピンチが何度もあったんだよ。そのたびにほかの微生物と合体するという知恵で生き延びてきたんだって。それを人間は進化っていうそうだね。そして21億年前、ついに動物や植物のもとである細胞ができたんだってさ。そのころになると、地球に酸素がふえてきて、二酸化炭素を吸って生きているおれたち、嫌気性の微生物は生きにくくなってきたんだよ。そこで、その苦境から抜け出すために、酸素が好きな好気性の微生物と合体して、動物のもととなる細胞が生まれたんだということだよ。動物が全て好気性なのは、おれたちの祖先と合体したその好気性の微生物が、ミトコンドリアといって細胞のなかの呼吸をつかさどっているからなんだってさ。驚くよね。一方さ、植物のほうはね、シアノバクテリア、日本語だとラン藻類というんだけど、それとおれたちのご先祖さまが合体して、植物のもとの細胞ができたんだって。

この前、おれのいるはたけの近くで、おじさんとおばさんがひなたぼっこしながらお茶飲んでたんだけど、その時おばさんが「地球創生から今まで46億年を460メートルとすると、人類の誕生は20万年前で、ゴール手前のたった2センチにしかあたらないんだって。じゃあ、石油が見つかって使い切るまでを200年としたら0.02ミリというわけ。今の私たちはずっと石油文明の中で生きてきてるから、ずっとあるような錯覚におちいっているのよね」と言うと、おじさんが「恐竜がほろんだように、人類もこのままいくと、自分が作った核や戦争や欲望で自滅しちゃうかもしれないよ。微生物が、長―い長―い時間をかけて合体とか共生という知恵で生き延びてきて、動物や植物につながり、そこからようやく人類にたどりついたのにもったいないことだ。今度のことを教訓にして、人類が生き延びるにはどうすればよいかを考えて、みんなで実行に移していこうとするのが、本当の人類の英知というものだろうにね。その時は今しかないんだよなあ」って話してた。

おじさん、おばさん、おれたち、光合成細菌をどんどんふやして、汚れた地球をきれいにして、動物も植物もなかよく暮らせるようにしておくれ。おれたちもがんばるからさ。

NPO法人 猿島野の大地を考える会　制作

30. パラダイムシフト

パラダイムシフト。聞いたことがあるでしょうか。

時代を変える価値の大転換を意味します。光合成細菌やシアノバクテリアの活用は、地球温暖化問題の解決法として、パラダイムシフトの価値は十分にあると思います。そんな日がいつか来ることを願いながら、光合成細菌と生ゴミの2つの活用法（日常の生ゴミ処理、籾殻を利用した堆肥化実験）に取り組む日々です。

私がパラダイムシフトという言葉を初めて知ったのは、1993年に茨城県の有機農業研究会に参加した時でした。その時のシンポジウムで、私は宮澤賢治の「春と修羅」の序「わたくしといふ現象は仮定された有機交流電燈のひとつの青い照明です」というフレーズに救われたこと、そこから再生の道を歩み出したというようなことをお話しした時でした。

その時の私の話を聴いてくれて、その後ずっと賢治の作品を読んでこられた方が、有機農業の研究と教育が専門の筑波大の橘泰憲という先生で、彼がそこで話されたのが「パラダイムシフト」についてでした。彼は有機農業の研究と教育の仕事に20年取り組んできましたが、その核心は「パラダイムシフト」ということにあり、それを理論付けることと、それを大学生に伝えることをライフワークにしていました。

パラダイムシフトとは、思想の枠組みや科学上の概念などの転換を意味し、天動説から地動説への変化が典型的な例です。橘先生が私に共鳴してくれた点は、「大和魂」の私の新しい解釈の転換でした。

大和魂には「もったいない精神」と「勇敢で潔い心」という意味が含まれています。大昔から自然への畏敬の念と感謝の念から生まれた「もったいない精神」が根底にある知恵が日本の全ての文化の底流であり、これを絶対に残し、私たち現代人はそれを継承し、次の世代に受け渡さなければなりません。大和魂のもう1つの要素である「勇敢で潔い」という部分は、第二次世界大戦の時に軍国主義に悪用され、本来の意味を汚され、日陰の存在になってしまいました。グローバルで紛争や環境破壊が絶えない現代、汚されてしまった「勇敢で潔い心」を「大いなる和の魂：ビッグ・ピース・ソウル」へと大転換して表舞台に出し、新しい時代を創っていく人類共通のシンボルにすれば、日本が長い間平和憲法を堅持してきた甲斐と意義が生まれるのではないかと考えたのです。

昔からの大和魂を、日本の生活文化の源流である知恵と、人類を1つにしてくれる「ビッグ・ピース・ソウル」に。それが、私の願いです。パラダイムシフトを教えてくれた橘先生に大感謝です。

更に、光合成細菌をはじめとするEMのような有用微生物群を表舞台に出して、人類が今最も困っている地球温暖化問題の解決に向けて活躍してもらうのは、もっと大きなパラダイムシフトではないでしょうか。

スウェーデンの少女、グレタさんです。私は新聞のスウェーデンの少女、グレタさんのスピーチに共感し、感動し、愛読者サービスセンターを通して、彼女に長い手紙を出しました。下に英文と日本文両方を載せます。私は留学や海外体験ゼロなので、英語が拙くてごめんなさい。

To Miss Greta,

I am writing to you for the first time.

Do you remember you had an interview with one of the three major Japanese newspapers, Mainichi Shinbun, this past May? I have been a big fan of that newspaper for many years and saw the article about your interview that morning. That article became a very crucial turning point, not only for me but also for the environmental NPO organization my husband and I run.

I would like to introduce myself and our NPO organization. My name is Yoko Ono (just like the famous one), and our NPO group is called "Sashimanono daichio kangaerukai" (Supporting the Land of Sashima). The group was created over 20 years ago, and our goal has always been to create a peaceful and environmentally friendly society worldwide, starting in the land of Sashima, where my husband and I have been living for the last 50 years. After 20 years of hard work since we received the NPO qualification, we believe we were finally able to find a concrete solution for many issues the world is facing right now, such as wars, global warming, radioactive pollution, etc. And we have realized anyone can contribute from any place they are standing and anytime, for as much or as little time as possible.

Next, please let me introduce our society. We are an NPO organization that wishes to realize a society that doesn't struggle and doesn't stain the environment. Why? We think we have established a concrete way to solve essentially world-scale problems like war, global warming, radioactive pollution, etc.

During your newspaper interview, it was your following speech that resonated with me the most.

"It is a big cut of greenhouse gas that we should observe. However, it isn't decreasing. We have the responsibility to do anything for this world-scale problem. The most important thing is to learn about climate waves, to understand what that means, and to think about what I can do."

Also, the fact you opened up about having Asperger syndrome and called having the syndrome a "gift" gave me courage.

When I read that article, I was in a depressive state for the fourth time in my life. Before that, by the grace of a poet, Kenji Miyazawa (I will tell you about him later), I was very active and lively for more than twenty years. I have published four books for people who haven't yet found how to live truly. I made a CD with original songs. And I had worked towards making my ideas come to life by supporting our organization. However, gradually, I lost my will to keep going and became a different person. And the thoughts of not fulfilling my life and my philosophy and making the contents of my books and my songs a lie gave me pain. I am grateful for encountering your article. It gave me hope—a chance to rediscover myself and to move on. At last, I was able to face the pain and call it a "gift," just like you did with your condition.

It also helped me to face and reflect on my past and, at last, find the spirit to continue my life. You, Greta, a sixteen-year-old, saved this 77-year-old woman. Thank You!!!

Have you heard of the Kenyan lady Wangari Maathai? She is the first African woman to be awarded the Nobel Peace Prize. She contributed widely to the preservation of forests, which has a large impact on global warming. When she visited Japan, she praised the idea of MOTTAINAI, whose word comes from Yamato damashii, a Japanese traditional spirit. She also proposed to make MOTTAINAI a universal word! Since then, the MOTTAINAI campaign has been growing worldwide, spreading the lifestyle of building a world of minimal impact and a long-lasting earth.

Ms. Maathai explained MOTTAINAI in the following numerical formula so that everyone can understand it easily: **MOTTAINAI = 3R (Recycle, Reuse, Reduce) + Respect.**

I thought it would be a wonderful idea to add **"Appreciation for Nature" because that would help people worldwide further understand the traditional Japanese agricultural society, which is to respect and appreciate nature.**

The three most important works of our organization are at the heart of this MOTTAINAI philosophy. The first one is the MOTTAINAI Peace Eco Shop (MPES) project. The second one is the project of spreading MPES. And the third one is the project of environmental preservation by effective microorganisms. Connecting these three projects makes it possible to have a peaceful and environmentally low-impact society anywhere in the world.

MOTTAINAI Peace Eco Shop (MPES) sells reusable or ecological items and donates the profits to the people who need peace the most. I first came up with the idea of MPES in 1994 when I was working with my husband at our small free-range egg farm, which is his life's work. Since then, many people have supported the project, and we have been able to donate primarily to Peshawar-kai, UNICEF, and several regions in Japan that have suffered from natural disasters. Peshawar-kai is an organization established by Dr. Tetsu Nakamura that embodies world peace by helping refugees gain independence by constructing flumes or wells, mainly in Afghanistan.

When I was writing this letter to you, horrifying news came in. Unfortunately, Dr. Nakamura was murdered during his mission in Afghanistan. I was truly shocked, and I swore to myself that our organization would keep supporting Peshawar-kai as long as we could. And I also promised myself to tackle the problem of global warming.

If there is a way to connect world peace and environmental preservation and utilize MOTTAINAI, it will give us the will to live, safety, hope, and a sense of solidarity. It is a win-win situation. We, as an organization, believe MPES is the way. If MPES spreads worldwide, MOTTAINAI will become a universal word, and various wisdoms will be exercised at various places.

As mentioned above, our group's third project is environmental preservation by Effective Microorganisms. This project utilizes all the 3Rs—recycle, reuse, and reduce—from the MOTTAINAI formula of Ms. Maathai. Effective microorganisms can also prevent global warming and reduce radioactive substances.

Within this microorganism project, we have three areas we have been working on. One of those 3 areas is to utilize the rice bran water (from washed rice), which dirties drains and eventually the ocean. When you mix that rice bran water with Effective Microorganisms, microbes eat it and change it into a fermented liquid. That fermented liquid can be used in many different ways, including cleaning everywhere in your house and drains. Our organization has worked with our city on a project called "The campaign not to pour rice bran water into the drain" for more than ten years.

The second area is to make and sell safe liquid soaps made of waste oil, rice, rice bran water, and Effective Microorganisms (EM). This soap can wash dishes, clothes, bodies, hair, etc. We have made the soap for more than ten years and are selling it at a low price.

The third one is to use kitchen waste, which is discharged every day everywhere in the world. Photosynthetic bacteria, one of EM's main components, work magic in this area. This bacteria dislikes oxygen and likes carbon dioxide. This characteristic of photosynthetic bacteria plays a big role in helping prevent global warming. These bacteria do photosynthesis, breathe carbon dioxide, and exhaust hydrogen. They are red in color and have a unique smell. They have so many more useful characteristics. They can survive more than 100°C, and they don't like oxygen; putting these two characteristics together makes it possible to compost without mixing, leading to labor-saving and a virtuous cycle of agriculture.

The second advantage is that it eliminates bad odors from livestock, toilets, pet odors, wastewater, garbage, etc. Based on these two characteristics, we devised a combination of food waste and photosynthetic bacteria. After experimenting with our members, we concluded that this method is the simplest and longest-lasting, produces safe and delicious vegetables, and allows us to be grateful for the blessings of nature.

Currently, most of the food waste generated worldwide is incinerated, which is costly and contributes to global warming. People worldwide should realize that they are global citizens, that every place is a garden of the earth, and that they should acquire a lifestyle of utilizing everything with their own wisdom, and that everyone can transcend national differences. If we can share these values, we will all become friends, there will be fewer conflicts, and the environment will naturally move in a positive direction.

I would like as many people as possible to put this into practice, so I would like to tell you about the further advantages of photosynthetic bacteria. One is that they prefer to feed on hydrogen sulfide and ammonia, which are troublesome to humans, and they also have the effect of suppressing methane. Second, they secrete nucleic acids, vitamins, carotene, amino acids, etc., that help humans. Nucleic acids correspond to the NA of DNA, which corrects genes. Thirdly, it can potentially reduce radioactivity, and we tested it twice with the city's measuring equipment and almost verified it.

And finally, I will tell you how to use it. Pour the photosynthetic bacteria solution into a spray container, transfer the food waste that has accumulated in a bucket with a lid, and spray from the top about 10 times. When the bucket is full, dig a slightly deep trench in the field and clean the edges. Fill in the trench with photosynthetic-treated garbage from a backet, then sow seeds or plant seedlings on top of the ridges.

Also, simply adding a small amount of photosynthetic bacteria to the aquarium of goldfish and other fish will keep the aquarium clean and decompose goldfish feces. In addition, it can be used in agriculture and livestock farming to produce high-quality, nutritious products and is useful for problems caused by continuous cropping.

The power of one person is small, but when we come together, we become a great power. Your one-person strike evolved into demonstrations by 4 million people around the world. So, if you can promote , “A simple home-based method for disposing of food waste using photosynthetic bacteria as a fundamental solution to combating global warming that anyone can do, anywhere, anytime, starting from their own feet” by us putting it into practice together, it would spread to so many people and that would bring the earth brighter future. The United Nations will no longer be able to ignore it, and things will change for the better.

In the Mainichi Shimbun in May, 22 global warming experts who supported Greta's protest, with the support of more than 6,000 scientists around the world, published an article in the American scientific journal Science that said, “To achieve these tough targets, it is essential to make a major shift in energy policy and to fundamentally reconsider individual lifestyles, including energy conservation in food, clothing, and shelter.” I think the three projects of our association fit into this category.

Lastly, I would like to say that our organization reached this point because of the presence of a poet named Kenji Miyazawa. When I was around 48, I still could not find a satisfactory answer to the fundamental question, “What is a human being? What am I?” And my life became stuck due to my relationship with my eldest daughter. When I was suffering at the bottom and desperately trying to climb back up by running early in the morning and immersing myself in organizing my house, I found an answer in the poems of Kenji Miyazawa that I had never understood before, and I relied on it to this day. I have been walking the path of rebirth. The association has also built three businesses in line with its basic philosophy of "free soul, equality, action, non-politics, non-profit" based on Kenji Miyazawa's worldview. Kenji named his utopia "Ihatov" in the universal language Esperanto, expressing his feeling that a utopia is possible anywhere in the world. We hope that our farm in Sashima, where our organization is based on and where we all work together, will become one Ihatov.

Please forgive me for such a long letter. I wrote this letter, half looking forward to it, half giving up, and encouraging myself by saying that writing this letter in English would be a learning experience. If you are reading this and want to know more about photosynthetic bacteria, here is a short story I wrote called "The Story of Photosynthetic Bacteria." If I get a response that you would like to read it, I will ask my granddaughter in America to help me translate it into English. When she comes to Japan during summer vacation, she helps out at the MOTTAINAI Peace Eco Shop, and learning about photosynthetic bacteria will have a positive influence on her future.

I will be looking forward to hearing from you.

P.S.

As I was about to send this letter to you, a young member told me that you had published a book. So I quickly ordered it, and when I read it, I discovered it was co-authored by your mom, you, and your sister. I was surprised to hear that your mother was an opera singer. In the book, she said that she loves singing any genre of music. So, I thought if your mother liked it, I would like her to sing my song. My fourth book is a CD containing 15 of my own songs. Unfortunately, only one song is in English, and the title is "Family." Family is the foundation of the world. If we could only see the world and all the living things as one big family and if we could tackle all the issues such as global warming as a unit, I believe there should be a bright future ahead to come. I want your mom to sing my other songs too. But I don't know your address, so I can't send it to you. If you email me your address, I will send you the CD book right away. (My email address is listed above.) For now, I'll attach the song and lyrics below.

Greta, MOTTAINAI life is fun. I enjoy it every day. Please give it a try. Sincerely, Yoko Ono

Yoko Ono（小野羊子）
The meaning of chinese character of my name is 小 , small, 野 , field, 羊 , sheep, 子 child.
Email address: onofarm42 @ gmail.com
SashimanonoDaichioKangaerukai homepage address:
http//www.peaceecoshop.com

グレタさんへのお便り

初めてお便りします。

グレタさんは今年の５月頃に、日本の三大新聞の１つ、毎日新聞から取材を受けたことを憶えておられますか。私は長い間その新聞を愛読していて、グレタさんを大きく取り上げた記事に出会いました。その出会いは私にとって、まさに私と私たちの会の運命を決定付けるような大きな出来事でした。

ここで自己紹介をさせていただきますと、私たちの会は 20 数年にわたって、争いのない環境を汚さない社会の実現を願って活動してきた NPO 法人でした。「でした」という過去形は、昨年の８月にその法人格を返しました。と言いますのは、戦争、地球温暖化、放射能汚染など世界的な規模の問題に対しても、誰でも、どこでも、いつでも、自分の足元から根本的に解決する路があることを具体的に確立できたと思えたからです。

その新聞の中で特に私を奮い立たせてくれたのは、グレタさんのこの言葉でした。「注視すべきは温室効果ガスの削減だが、実際には減っていない」「地球規模の問題に対して、私たちは全員何かをする責任がある」「最も大切なのは、気候変動について学び、それが何を意味するかを理解し、自分ができるのは何かを考えること」。また、グレタさんが、ご自分が発達障害のアスペルガー症候群であることを公表し、それを「贈り物」と受け止めていることでした。

その新聞に出会った頃、私は4度目のうつ状態の中にいました。宮澤賢治という詩人（彼については最後に話します）のお陰で、20年以上の長い間、活き活きと活動できていました。その元気が死ぬまで持続すると信じていたので、まだ生き方が確立していない人に元気になってほしいと、これまで4冊の本を出版し、元気な時に自然に自分の中から生まれた歌をCDにしたり、自分の魂が望むことを積極的に形にして会の事業にしていました。しかし別人のように元気がなくなり、このままいくと自分の人生を全うできないという思いと、これまでの本も歌も嘘になるという思いが自分を苦しめていた時に、グレタさんを知ったことが、私を以前の元気な自分に戻してくれる契機を与えてくれました。そして、グレタさんのように、この苦しかった時期を「贈り物」と受け止め、これまでの自分を反省し、一生持続する元気を手に入れることができました。77歳のおばあちゃんが16歳のグレタさんに救われました。本当にありがとう。ありがとう！

ところでグレタさんは、アフリカ人女性で最初のノーベル平和賞を受賞したケニアのマータイ女史をご存知ですか。地球温暖化問題にも関係する山林の保全に尽力した人です。彼女は来日した時、日本の伝統的精神である大和魂に由来する「MOTTAINAI」を絶賛し、「MOTTAINAI」を世界共通語にしましょうと提案しました。今日「MOTTAINAI運動」は、地球環境に負担をかけず永続的な循環型社会を構築するライフスタイルを広げるため、世界的な活動として展開しつつあります。そして、彼女は世界中の人々が理解しやすいように、「MOTTAINAI」を数式でMOTTAINAI=3R (Recycle, Reuse, Reduce) + Respect と表しました。私は、この後にAppreciation

For Natureを加えたら、大昔から農耕社会で生きてきた日本国民の自然に対する畏敬の念と感謝の念が更に世界の人々に理解してもらえるのではと感じました。

この「MOTTAINAI」を核に、私たちの会の３つの事業は成り立っています。１つ目は「MOTTAINAI Peace Eco Shop 事業」、２つ目は「MOTTAINAI Peace Eco Shop を各地に広げる事業」、３つ目は「EM等、有用微生物普及による環境保全事業」です。これらの３つが有機的につながることで、争いのない、環境を汚さない社会が、世界中のどこでも自分たちの行動で可能になると考えます。

MOTTAINAI Peace Eco Shop は、まだ使える品やエコ的な品を販売し、その売上金を、平和に関わる最も必要としている所に寄付するという仕組みです。1994年に会の代表である夫のライフワークである自然養鶏を手伝っていた時、私のMOTTAINAIの発想で生まれ、周囲の人たちの温かい協力に支えられて、今までに多くの寄付金を、主にアフガニスタンで中村哲医師を中心に用水路建設などで難民の自立を通して平和を体現しているペシャワール会、ユニセフ、日本国内の被災地などに送ることができました。協力していただいた全ての皆様に、心からお礼を申し上げます。

私がこの便りを書いていた時、中村哲氏が何者かによって銃撃され、お亡くなりになったことを知りました。私は本当に衝撃を受けましたが、その後、この真実を重く受け止め、私たちの会はこれまでと同様にペシャワール会を支援していこうと心に誓いました。そして地球温暖化問題にも、より積極的に取り組んでいこうと心に決めました。

生活や仕事で出るMOTTAINAI 物や環境にいい物が、全て活用され、世界平和や環境保全に直結する仕組みは、私たちに元気、安心、希望、連帯感を与えてくれ、自分たちの周囲も整理され、両者にウィンウィンの関係が成り立ちます。このショップが世界中に広がれば、MOTTAINAIが世界共通語になり、各々の地で様々な知恵が発揮されるでしょう。

そして、３つ目の有用微生物による環境保全事業は、MOTTAINAIの3Rが全て活用されます。その上に、地球温暖化の防止や放射能の減少につながります。私たちの会は、環境保全事業で、３つのことに取り組んでいます。１つは、そのまま流すと排水を汚す米のとぎ汁です。それを、EM（有用微生物群）と一緒にして発酵液に変え、様々な生活改善に活用し、排水浄化にもつなげます。会では、市と10数年間、「米のとぎ汁流さない運動モニター制度」という委託事業をやってきました。２つ目は、廃油、米、米のとぎ汁、EMを活用した食器洗いも洗濯も身体も洗髪も可能な安全な液体石鹸を10数年間製造し、安価に販売し、好評を得ています。３つ目は、世界中で日々出る生ゴミの活用です。ここで、EMの中の主役である光合成細菌の出番です。光合成細菌は酸素を嫌い、二酸化炭素を好みます。この点が地球温暖化防止に役立ちます。そして、光合成は二酸化炭素を吸って水素を出します。色は赤色で独特な匂いがします。また、この特徴以外に沢山の利点を持っています。まず100度以上でも死にませんので、嫌気性と合わせると、切り返し不要な堆肥化を可能にし、省力化と善循環農業の道を開きます。２つ目の利点は、畜産、トイレ、ペット臭、排水、生ゴミなどの悪臭を消します。この２つの特徴から、生ゴミと光合成細菌の組み合わせを思いつきました。そして、会の仲間で実験した結果、この方法が最も簡便で長続きし、安全で美味しい野菜が育ち、自然の恵みに感謝できるという結論に達しました。

現在、世界中で出る生ゴミは、大部分が経費をかけて焼却され、地球温暖化を促進させています。世界中の人々が、自分は地球市民の１人という自覚を持ち、どの場所も地球の庭という意識を持ち、なんでも自分の知恵で活用するというライフスタイルを身につけ、国の違いを超えて誰でもこの価値観を共有できれば、皆仲間ということになり、争いも減り、環境も自然と良い方向に向かうのではないでしょうか。

できるだけ多くの人たちに実践してもらいたいので、光合成細菌の更なる長所をお伝えしておきます。１つは、人間が困る硫化水素やアンモニアなどを餌として好み、メタンの抑制効果もあります。２つ目は、人間が助かる核酸やビタミン、カロチン、アミノ酸などを分泌します。核酸は、遺伝子を修正してくれるDNAのNAに相当します。３つ目は、放射能を減少させる可能性があり、市の測定器で２回調べ、ほぼ検証しました。
　そして、最後に活用法をお伝えします。光合成細菌液をスプレー容器に入れ、三角コーナーに溜まった生ゴミを蓋のあるバケツに移し、上から10回ほどスプレーし、バケツがいっぱいになったら、畑にやや深い溝を掘っておき、端から生ゴミを埋めていき、その畝の上に種を蒔いたり苗を植えていきます。また、金魚などの水槽に、光合成細菌を少し入れるだけで、水槽は綺麗に保たれ、金魚の糞も分解されます。また、農業や畜産で、栄養価の高い品質の良いものが出来、連作障害などにも役立ちます。
　1人の力は小さいですが、集まれば大きな力になります。グレタさんのたった1人のストライキから世界中の400万人のデモに発展したのですから、グレタさんが「自分の足元から、誰でもどこでもいつでもできる地球温暖化防止の根本的な解決法として、光合成細菌による簡便な生ゴミ自家処理法」として皆さんに伝達し、一緒に実践してくれれば、明るい未来が開け、国連も無視できなく、良い方向に変わっていくはずです。
　5月の毎日新聞に、グレタさんたちの抗議を支持する地球温暖化の専門家22名が世界の6000人以上の科学者の賛同を得て、米科学誌『サイエンス』で「この厳しい目標を達成するには、エネルギー政策の大幅な転換や、衣食住の省エネなど個人の生活スタイルの根本的な見直しが不可欠」と発表したとありました。私たちの会の3つの事業は、まさにこの範疇に当てはまるのではないでしょうか。
　最後に、私たちの会がここまで辿り着くことができたのは、宮澤賢治という詩人の存在があったということをお伝えしておきます。私は48歳の頃に、「人間ってなんだろう、自分ってなんだろう」という根本的な問いに、まだ納得のいく答えが見つからずにいました。そして、長女との関係から生き詰まってしまいました。どん底で苦しんで、早朝走ったり、家の整理に没頭したりして必死に這い上がろうとしていた時、それまでわからなかった宮澤賢治の詩の中に答えを見つけ、それを拠り所に今日まで再生の道を歩いてきました。
　そして、会としても宮澤賢治的世界観による基本理念「自由、平等、行動、非政治、非営利」に沿って、３つの事業を構築してきました。賢治は、世界のどこでも理想郷は可能という気持ちを込めて、理想郷を世界共通語のエスペラント語で「イーハトーヴ」と名付けました。私たちは、会の代表である夫のライフワークの地、自生農場と、その中で皆で活動している「猿島野の大地を考える会」が、１つのイーハトーヴになることを願っています。

こんなに長い便りを、もしグレタさんが読んでくれたなら本当に感謝します。半分期待しながら、半分諦めながら、この便りを英語で書くのは自分の勉強になるからと励ましながら書きました。もしグレタさんがこの便りを読んで、光合成細菌についてもっと知りたいと思ったなら、下手ですが私が書いた「光合成細菌物語」という短いお話があります。読んでみたいというお返事がいただければ、アメリカにいる９歳の孫や娘にも手伝ってもらって英語にしてもらいます。彼女は、夏休みに日本に来ると、MOTTAINAI Peace Eco Shop を手伝ってくれ、光合成細菌について知ることは、将来の彼女にいい影響を与えるでしょう。お返事をお待ちしています。

羊子 小野　Youko　Ono

私の名前の Chinese Character（漢字）の意味は、Sheep child Small field です。

私共のメールアドレス onofarm42@gmail.com

私たちの会のホームページアドレス http//www.peaceecoshop.com

追伸

この便りを出そうとしていたら、若い会員さんが、グレタさんが本を出版したと教えてくれました。そこで、急いで取り寄せ読んでみたら、お母さんとグレタさんと妹さんの共著でした。そして、お母さんがオペラ歌手と聞いて驚きました。歌を愛していて、ジャンルは問わないとあったので、もし彼女が気に入ってくれたら私の歌を歌ってほしいと思いました。私の４冊目の本は、自作の歌を 15 曲入れた CD 本です。残念ながら英語にしてあるのは１曲だけで、題名は「Family」

です。でも、このテーマは、グレタさんの家族も私の家族も含めて、世界中の最も大切な核の部分ですし、人類も含めて命あるもの皆家族という視点で地球温暖化問題に取り組めば、明るく優しい未来社会が近づいてくるように思います。

私は、お母さんに私の他の歌も歌ってもらいたいです。けれども私はグレタさんの住所を知らないので、あなたに送ることができません。あなたがメールであなたの住所を教えてくれれば、すぐその CD 本を送ります（私のメールアドレスは上に載せてあります）。とりあえず、曲と歌詞を下に添付します。

グレタさん、MOTTAINAI 生活は楽しいですよ。私は毎日それを楽しんでいます。試してみて下さい。

期待を込めて一生懸命に書いたグレタさんへの便りでしたが、本人の手元に届かなかったようでした。

第4章

活動法人の解散

31. NPO法人解散後の私

約20年近くやってきたNPO法人を無事に解散して、日常が戻ってきました。世間全般でコロナの問題が広がる頃には、次第にどこでも自粛ムードになっていき、私のゴルフ場でのお店開きも自然と遠慮するようになっていきました。お店に立つことを10年以上もやらせてもらっていて、これまで大事な生活の一部になっていたので、それがなくなった生活は、日を追うごとに私を虚脱状態に、そして消極的に、悲観的にさせていきました。

NPO法人を解散した時は、これまでの縛りが取れてこれからは自由に楽しくと思っていましたが、思い描いたようなわけにはいきませんでした。目的遂行の後の悦びではない苦痛。それは、若い頃に親から借金をして、初めての自分の土地を持ってマイホームを建て、自分で思い描いたような庭を作り、夫と2人で力を合わせて一生懸命働いて、その借金も返せた後の悦びではない虚脱感を、私に思い起こさせました。そうかと言って、年々歳を取っていく自分が、お店に立つのはもはや限界と認めている自分が自分の中にいたのも確かでした。

私がゴルフ場でお店をやらせていただいた約10年間は、本当に貴重な有り難い歳月でした。ゴルフ場さん側も私たちの会の活動目的をよく理解して下さり、お客さんも一風変わったこのお店に好感を持って下さり、協力的だったので対応も楽しくでき、また、ペシャワール会にも多くの支援ができました。そして、ゴルフ場から戻った後の夫と飲むお茶の時間も至福の時でした。その上、店番をしながらの読書は、会の環境保全事業の分野を画期的に躍進させてくれました。

「時は命の燃焼なり」この言葉は、「時は金なり」に対抗して私が作った言葉ですが、まさにこの10年間は命を燃焼させてもらう場を提供していただき、ありがとうございました。同時に、いつも忙しい時間を割いて、新鮮な余剰野菜を届けて下さった会員さんや農家の方々にも、この場をお借りして厚く御礼申し上げます。皆さんと平和を願う気持ちを共有できて、嬉しく心強かった10年間でした。

そして、この充実した約10年間の生活を、これからは同じように継続できないという思いが、次第に自分の中で強くなり、夫と自分のやれる範囲で細々とやっていくしかないという心境になっていきました。60代でまだ元気だった頃は、このまま元気に人生を全うできると思っていましたので、4冊目の本に『とりあえず症候群のあなたに』という変わった題名を付けました。自分もとりあえず生きていた1人であり、その苦しさや虚しさもわかっているので、彼らにそこから抜け出してほしいという願いも込めて書いたつもりでしたが、その当人がまたとりあえずのるつぼにはまりそうなのですから皮肉なものです。

私のこの不安定さに比べると、夫は正反対の安定感たっぷりの人間で、私はこれまでにどれほど彼の人間性や優しさに支えられ、救われたかしれません。不安定というのは、生まれ育った過程に形成される基盤が弱いということで、私の故郷の幼馴染の友達のように安定感がある人たちは、兄妹が多いとか、家庭環境、家の経済的理由などで鍛えられ否応なく基盤が形成され、生命力、生活力、人格形成が自然となされるのだと思います。私は、子供の頃にそういう友達を自然に尊敬するような価値観が、私の中に形成されていったのを自覚しています。自分は不安定で今から直しようがありませんが、その心身ともに鍛えられた強い人を尊敬する価値観を持てたがゆえに、会の3つの事業も生まれたのだと思い、感謝しています。

そういう中で、案の定、グレタさんからお返事はもらえませんでした。がっかりはしましたが、この地球的規模の問題に対する思いはグレタさんと同じで、それを形に残せたという点では、一方的かもしれませんが、彼女とつながりを創れたと自分を許容でき、後悔はありませんでした。

それから月日が経ち、日を追うごとに、気力、知力、体力が弱まり、次第に自分の先行きに陰りが見えてきました。この時点で、自分たちが辿ってきた最初の頃からを振り返ると、旧猿島町時代の平成17年以前は、個人的なゴミ拾いの始まり、ゴルフ場建設の反対運動、県内初の立木トラスト運動、オオタカの保護活動、ゴルフ場の社長さんとの本音の交信などがありました。この活動の背後には、宮澤賢治の存在があったればこそでした。そして会の皆で、あれこれ魂に沿って動いてきたお陰で、最終的には大局的、普遍的、根本的課題に対する自分たちなりの納得できる答えに到達できたと感謝しています。しかし、ここに至っても昔のような元気が出てこなくなり、皆さんにご心配やご迷惑をかけてしまっているのも事実です。本当に申し訳ありません。

そして、NPO 法人を解散した翌年、2020 年の 1 月、恒例の餅つき交流行事が行われ、いつものように琵琶の木の下で、もったいないピース・エコショップを開店しました。千葉の富津班の会員さんが、手作りのカステラや煮物などを沢山持参して並べてくれました。他の会員さんが持って来てくれた野菜などと一緒に、ずっとこれまで店番を引き受けてくれていた仲良し 3 人組の人と一緒に、ほとんど売り切って下さり、会の皆でこのショップに貢献してくれました。また、この日は「大地っ子」の人たちが、お父さんも一緒に家族で参加してくれ、子供用の臼と杵でお餅つきをしている姿も見られ、和やかな光景でした。

しかし、この後の 5 月の交流行事は、コロナの広がりもあって見送られました。そして、会のもったいないピース・エコショップの活動も、これまで市の直売所に出している烏骨鶏の卵、EM 液体石鹸、光合成細菌、竹酢液と、今も愛飲者が多い卵油が毎月の収入になりました。

卵油は途中まで私が作っていましたが、段々重荷になり、夫が代わってくれるようになりました。EM 液体石鹸も製造回数 268 回までが限界でしたが、その後に救世主が現れ、引き継いでくれるようになり感謝です。そして先に述べた烏骨鶏の卵は、夫の東京農大時代の後輩で、その農大の元学部長、元大学教授の方が、退職後に烏骨鶏の純粋種を残そうとして、私たちが最初に住んでいた旧宅を研究所として借りて下さり、研究の成果を大学に送った後、卵と孵卵器を私たちに残していってくれました。お陰で、烏骨鶏卵の収入は夫が全部ショップに入れてくれるので、先生に感謝です。竹酢液も、炭焼きを熱心にやっていた会員さんが持って来てくれます。彼は、最初に社協に貼ってあった「茶はなし」を読んで、訪ねて来られて会員になってくれ、それからずっと陰に陽に会を支えてくれる頼りになる存在です。

このように、会に協力的な信頼できる会員さんに支えられて、会もここまで続けてこられました。そして 2021 年、79 歳になった夫と 78 歳になった私がいました。私は段々体調が悪くなってきており、パーキンソンの病が少しずつ陰で進行していたのかもしれません。そして、また５月、年に１回全国の会員さんに便りを出す月が巡って来ました。しかし、その前からこれ以上会を続けられる自信が、私たち２人、特に私になく、NPO 解散後、これからは自由に楽しくと思っておられた会員さんに対して、一方的で悪いと知りつつも、急遽４月の中頃に定例会を開き、協議した結果、猿島野の大地を考える会という名称は残し、会員制をなくして自由な会にすることになりました。

そして、それが決まって数日後に、四季の会に集まってもらい、その旨を告げました。丁度四季の会が生まれて四半世紀が経っていました。突然伝えられた皆さんの胸中はいかばかりだったでしょう。本当に四季の会の皆さんとは、大事な時間を共有してくることができました。私の不徳の致すところで、本当に申し訳ありませんでした。

会の代表である夫が、会の便りの中に最後に書いたものです。

猿島野の大地

会員の皆さん、いつも会に温かいご支援を頂戴して心から感謝を申し上げます。

さて、会も 30 数年の歳月を重ねて参りました。その間には皆さんと共に色々な意味で新しい発見や貴重な経験ができましたことは、本当に有り難く思っています。また、昨年の当初から新型コロナの感染が拡大して、年２回の交流行事も開催できずに終わりました。残念至極であります。考えてみれば一昨年前に、NPO 法人の解散を無事に終えることができて本当によかったと思います。

ここで皆さんにもう１つお伝えしなければならなくなりました。それは団体組織としての「猿島野の大地を考える会」を閉じることにさせていただくことになりました。それは前にも書きましたがコロナの拡大により活動が停止したことと、歳を重ねて体力的な不安や智力、気力が低下してきて皆さんにご迷惑をおかけするので、ここが潮時かと思いました。毎月の定例会も開催できず休みがちでしたが、臨時に開催して協議の結果、皆さんの総意で決することができました。休むことなく大地を見つめて35年の長期間でしたが、皆さんの温かいご支援があったから成し得られたものと深く感謝する次第です。ユニセフ、ペシャワール会、そして自然災害地で困難を極めておられる方々への支援もでき、いくらかでもお役に立てることができましたことをご報告しておきます。

今後は、今までの会員制をなくして、何の決め事もない自由な会にいたします。とは言いましても全ての事業活動をやめるわけではなく、会の大黒柱である「もったいないピース・エコショップ」や「光合成細菌やEMの普及」などは継続し、これからも必要に応じて皆さんに伝えていければと思っています。もちろん会の名称は残して、活動内容を次世代に伝えることができればこの上ない喜びです。どうか皆様のご理解とご支援をいただけますよう心からお願い申し上げます。

新型コロナの終息後はどのような社会的変化が生まれてくるのかわかりませんが、我々が推進してきた環境汚染や二酸化炭素を削減する実践的な活動内容に変化はないと思われます。

地球温暖化による様々な影響が深まり生物の生存を脅かすことになってきて、このままでは地球の生物が大きな危機を迎えてしまいます。このところ国連で採択された持続可能な開発目標は、未来の形を実現するためのものであります。

これを機に、時間がかかろうとも何としても成し得なければなりません。私たちの会で培った小さな1歩を踏み出す勇気と継続する力が大きな遺産ではないかと思っています。

私は4年間の東京生活から離れる時に、古本の日焼けした『宮澤賢治全集』を知り合いであった古本屋の店主から戴き、大切に保存しておりました。ある時、賢治の羅須地人協会時代の『農民芸術概論綱要』の中で「新たな時代は世界が一の意識になり生物となる方向にある」という詩を見つけました。まさしくこれからの時代は賢治の哲学的な生き方に尽きると思います。食糧や人口問題を含めて課題は山積していますが、居住地に適した歴史や文化を守り、大地からの恵みの中で永劫回帰の暮らしを立てることではないでしょうか。

この考えに基づき、仕事や活動に賢治から大きな力を得ることができました。その１つが、５年ほど前に若い子育て中の会員さんから希望のあった農場での育児の会でした。そして、皆さんからの応援の声を受け「大地っ子」が誕生しました。次世代につながる活動ができればと思い、続けております。皆さんと共に築いてきた会の基本的な理念を理解していただき、若い方々に引き継いでもらえたら有り難いことだと願う次第です。感謝とお礼の言葉を言わなければならないことが山ほどありますが、書ききれません。お察しいただきお許し下さい。

これからも何かお気付きのことがありましたら、忌憚なくお話しいただき皆さんと共に歩んでいきたいものです。長期間にわたりご協力とご支援を下さった多くの皆様に厚くお礼申し上げますと共に、皆様方のご健康を心からお祈りしております。本当にありがとうございました。

小野 賢二

この最後となる会の便りに諸々の思いを載せてくれた皆様、様々な視点から会に対する熱い想いをお寄せいただき、また、こちら側の突然の一方的な申し出であったにもかかわらず、ご配慮とご理解を示して下さり、感謝の言葉もありませんでした。

この頃の私は、今までの自分が停止してしまったような光の見えない状態の中にいて、皆さんの書いて下さった文章が眩しく思えました。その時文章を寄せて下さった中の１人が自然育児の会「大地っ子」の創設者の方でした。

次の世代を担う会「大地っ子」は「猿島野の大地を考える会」の部会の１つとして始まりました。その会は自然の中で子供をのびのび遊ばせ手作りで安全な食や日本の四季、伝統行事を大事にしているお母さんたちの集いで、今の時代にまた、これからの時代になくてはならない貴重な希少な存在です。

この「大地っ子」は自然農場を活動の拠点の１つとして現在もしっかり受け継がれています。次に彼女の文章を掲載します。

小野さんと出会って

小野さんと出会ったのは７年前。始まりは「卵」でした。

安全で美味しい卵を求めていたら、友人が「卵も美味しいけれど、慎ましく暮らすご夫婦がとても素敵だから、ぜひ訪問するとよい」と小野さんを紹介してくれました。

卵を購入しに行ったその日に、奥さんが農場を案内して下さり、会の活動や、想いを熱く語って下さったことが、今でもつい先日の出来事のように思い出されます。

そのままの流れで大地の会の部会「四季の会」に参加させてもらうようになり、毎週火曜日は自生農場の日になりました。当時、私は坂東市に越して来たばかりで知り合いがなく、温かく迎え入れて下さった小野さんご夫婦、四季の会の存在はとても心強く、人生の少し先輩方と過ごす時間は刺激にもなりました。

５年前、子供を野外で遊ばせ、自然の中で色々な体験ができるような外遊びの会を作りたいと小野さんに相談したところ、活動場所に自生農場を提供していただき、会には「大地っ子」という素晴らしい名前を付けて下さいました。

落ち葉で遊んだり、焚き火をしたり、鶏に餌をあげたり、ドラム缶でピザを焼いたり、時には四季の会の方々との交流を通し、子供も大人も緑に囲まれた豊かで安全な環境の中、かけがえのない一時を過ごすことができました。小野さんご夫妻は背中を押して下さっただけでなく、いつも縁の下の力持ちでサポートして下さり、物理的にも精神的にもとても助けていただきました。

今は、自生農場から常総市のあすなろの里に場所を移し、代表も私から、大地を考える会の会員でもあるＴさんに代わり、自然の中で食育を中心とした活動をしています。

こうして、場所を変えても、人が代わっても、想いを引き継いで会が継続することに感謝と悦びを感じると共に、改めて、小野さんご夫婦が大地を考える会を継続されてきたことの凄さを感じます。想いを形にし、実践し、そして継続する。それは、にわかにできることではなく、強い意志によるコツコツと小さな（時には大きな）行動の積み重ねでしかできません。

多くの方が自生農場を訪れ、小野さんご夫婦の人柄や想い、生き方に刺激を受けたのではないかと思います。私もその１人です。環境問題や社会問題といった大きな事柄だけでなく、自然と身近な人への感謝を忘れず、当たり前の日常を過ごす大切さを言葉ではなく、小野さんとの交流を通して学ばせていただきました。

先日、小野さんから「大地を考える会を閉会しようと思う」と伺った時、まず頭に浮かんだ言葉は「今までありがとうございました」という一言でした。

今まで小野さんご夫妻が大切にしてこられた会を閉会することを決断するのは簡単なことではなかったと思いますが、会が閉会しても小野さんご夫婦が、出会った人々の心に蒔いた「想いの種」は、それぞれの心の中で成長し、形になっています。「会」という物理的な集合体がなくなっても、こうして「想い」が引き継がれ、続いていくのではないかと思いますし、そうあるべきだと感じています。そして、それをまた次の世代に示し、引き継いでいくのも私たち世代の役目であると思っています。

小野さんご夫婦と坂東の地で出会えたことは、私の人生の大きな宝物です。自生農場でお二人の笑顔に会えるのを毎回楽しみにしています。どうぞ、これからもお元気でいて下さい。

Y．T

32. 病がわかってから

5月末に皆さんに頼んだ原稿が集まり、会の便りとなって発行されました。5月の下旬から病院通いをするようになっていた私は、会の便りを発行する３日前にパーキンソン病と診断されました。

茫然自失となってしまった私は、何の役にも立たず、会の便りの封筒詰めの作業にも加わりませんでした。

6月は病院通いや往診に明け暮れ、ますます痩せ細っていく自分には、もう僅かな時間しか残されていないと感じるようになりました。このまま逝っては会の皆でこれまでやってきたことが無になってしまい、もったいないという思いが強く頭をもたげてきました。私の行動力の源泉はいつも「もったいない」だなと思い、私は心の中で苦笑しました。それから、5冊目の本を残すという私のささやかな挑戦が始まりました。

ここ10年くらいは、5冊目を書いておこうという精神的な余裕がなく過ぎてきてしまったのは確かですが、苦しみながらもどうにか会の結論が導き出された歳月でもありました。しかし、会の最後の便りを書く頃には、私はすっかり消極的になっていて、これからの希望を見出せずにいました。その後に自分の病を知り、更に絶望的になり、どん底から這い上がる過程でようやく、5冊目を残すことが私の最後の使命だと思えるようになりました。

そして、これまで書いてきた4冊の本を読み直しているうちに、本当に本当に書いておいてよかったと思いました。過去の自分が皆に支えられながら一緒に辿ってきた思いや悦びは、書いておいたからこそ振り返ることができるのであり、改めて会の皆さんに感謝する次第です。

もう1つ、残しておいてよかったと思えたのは、会が独自にやった水質浄化実験でした。その頃は、月1回の定例会、月1回の水質検査を会の有志でしっかりやっていて、私が役場の係長さんに町民の苦情が多い用水路について相談を受けた時、会の定例会に諮って皆で色々協議した結果、3ヶ月間、週1回、EM液500リットルをヘドロに灌注する作業をやり、月1回の水質検査で調べようということになったのでした。その時の詳細は忘れていたので、今回読み返してみて光合成細菌やEMの別の新たな実力を知って、これからの根本的な水質浄化に活用できると確信しました。一緒に活動してくれた会の仲間に感謝、感謝です。

33. 日本のグレタさん登場

このように４冊の本に助けられながら、私の５冊目の本作りは少しずつ進んでいきました。

そして、10月10日。この日は、私にとって忘れられない日になりました。毎日新聞の１面と３面にかけて、グレタさんが始めた地球温暖化問題に対する活動に共鳴する２人の若者が取り上げられていたのです。その若者は20歳の男女で、１人は中村涼夏さん、もう１人は酒井功雄さんという方でした。２人はこの活動で知り合い、意気投合したとのことでした。

中村さんは、グレタさんが作った会「Fridays For Future」が日本の色々な県で分散して存在しているのを「フライデー・フォー・フューチャー・ジャパン」として１つにまとめ、それで集めた署名約４万筆を政府に提出したところ、小泉進次郎環境相との面会や国会での発言が実現したと書かれていました。環境NGO「気候ネットワーク」は「これまで顕在化していなかった活動を組織化して発信することで、色々な人に気付きを与える」と、評価しています。

中村さんは「温暖化対策が選挙の争点になる欧州の熱気に比べ、日本では選挙の争点になる兆しが見えない。しかし、気候危機には終わりはないから、多くの人に気付いてもらう場をずっと提供しないと」と語っています。彼女が自作したプラカードには「気候危機 見て見ぬ振りはもうできない」と書かれてあり、地球温暖化対策の必要性を川柳風に訴えています。

私はこの記事を知って、私たちに対する贈り物のように感じてしまいました。実は、この日は私たちの結婚記念日だったのです。早速、私の中の「お便り虫」が目を覚まし動き出しました。

中村涼夏さんへ

初めまして。この10月10日に長い間愛読している毎日新聞で、涼夏さんが出ている記事に出会いました。10月10日は、私たち夫婦の53回目の結婚記念日で、あなたとの出会いは私たちにとって記念日の贈り物となりました。

と言いますのは、私たちは宮澤賢治的世界観を拠り所に20年ほどNPO法人をやりながら、世界平和と環境保全を追い求めてきました。そして、会独自の結論に辿り着いたので、私たちの高齢化もあり2年ほど前にNPO法人を無事に解散し、その後はNPO団体として自由に活動しています。

2年ほど前、グレタさんの記事が毎日新聞と毎日ウィークリーに載り、私は自分たちと同じ方向性に感動し長いお手紙を書きました。しかし、彼女にそれが届いたかわからぬまま現在に到っています。そこにあなたの登場です。日本にもそういう若者がついに現れたかと悦んでいたら、その上に中村さんに強力な共鳴者、酒井功雄さんが現れたことに二重の嬉しさを感じました。私も、夫という強力な人生の道連れがいなかったら、個人的にも会としても現在のような独自の結論に到達できなかったのは確か中の確かです。

その上に、中村さんたちがFridays For Future Japanを作ったことは、前進の第一歩です。有り難いことに、私にとってもグレタさんがより近くなりました。そこで、お願いがあります。私がグレタさんに出した最初の便りと今度の便りを、グレタさんに送っていただけないでしょうか。

グレタさんへの最初の便りの日本語版と今度の便りの英語版を、グレタさんへの便りとは別に、中村さんと酒井さんに送りますので読んでいただいて、私の本音を理解してもらえれば嬉しいですし、有り難いです。

このグローバルで情報が錯綜し、混迷深き時代にどう生きるべきか、とりあえず生きている人が多い中、若い人も含めて全ての世代に、これからの時代を大局的、普遍的、根本的視点でどう生きるべきかを示すことは、とても重要なことだと思います。

宮澤賢治は「新たな時代は世界が一の意識になり生物となる方向にある」という言葉を残しています。この言葉は、人類の辿るべきこれからの未来を示唆しているように思えてなりません。即ち「新たな時代は」は、人類がこのままの状態を続ければ、未来に光はないということを暗示しているように感じます。「世界が一の意識になる」「生物となる方向にある」は、経済と権力が優先され、争いが絶えない現代社会を、人類が一体となって永続的な平和と環境が最優先されるような社会を構築していくことを勧め、それは即ち人間は元々は生物であり、自然を汚さず自然に抱かれて生きている生物を見習った生き方を目指す社会への方向性を示唆しているように思えてなりません。

その点で、私たちの会が辿り着いた独自の答えは、賢治のこの予言とも思える言葉に合致しているのではないでしょうか。特に、大量の生ゴミと大量の排水という廃棄物は、人類以外の生物は絶対に出しません。現代社会はこの両者を、生ゴミは高額な焼却費と排気ガスを出すという不自然な方法で処理し、排水も不完全な処理方法で赤潮やアオコの海洋汚染を招いています。3冊目のP98の「水質浄化実験」のところを読んで下さい（できればP11～30、P69～89、P126～187も目を通していただけたらと思います）。

私たちの会が辿り着いた答えは、この両者にマイナスをもたらさず、むしろプラスをもたらす方法で処理しています。即ち、現代の化学肥料や農薬で無機的になった大地に、生ゴミや排水汚泥を堆肥化してくれた、嫌気性の光合成細菌をはじめとした有用微生物を投入することで、地球温暖化を防止し放射能を低減させ、大地や海、川を豊かにしていってくれ、有機農業や健全な海洋漁業の路につながります。こういうふうになれば、微生物が地球上に増えていった大昔の状態に少しずつ近づいていくのではないでしょうか。

できるだけ多くの現代人がそれを自覚し、自分の生活の中で実践することで未来に希望を持ってくれれば、それこそが「世界が一の意識になる」ことだと思います。

ところで今回、あなたと酒井さん、可能であればグレタさんに、私の拙い本（3冊目と4冊目）を贈らせてもらいます。4冊目は『とりあえず症候群のあなたに』という題名で、表紙に写っている私の写真もまだ余裕のある元気な表情をしています。この本は今から10年ほど前に書きました。この頃は、自分は一生元気でいられるという自信があったので、こんな題名になったのでしょう。この本を出した後の10年間は、苦しい歳月が私を待っていましたが、会の結論としての答えが導き出されたのもこの10年間でした。しかし、その頃は、本にしてそれをまとめるだけの余裕も気力も持ち合わせていなかったのも事実でした。

その上、今年に入って自分がパーキンソン病と診断され、その後に片足の痛みで歩けなくなり、最後に自分の不注意で後ろ向きにバターンと転倒し、寝たきりに近い状態になってしまいました。そして、パーキンソン病とわかった時点で、一時はどん底に落とされましたが、ようやくこれも神からの試練かと思えるようになり、生きている間に5冊目の本を書いておこうという気になり、書いている途中に10月10日の中村さんの記事に出会いました。そして、私たちの会の集大成としての5冊目の本に、グレタさんやあなたたちとの出会いや交流のプロセスを載せられれば、私たちの会が会員の総力をかけ、20年という歳月をかけた3つの事業が日の目を見るかもしれないと思えるようになりました。

そこで、グレタさんへの2回の便りとあなたや酒井さん（とても短いですが）への便りや、これからいただけるようでしたら3人のお返事も載せたいと思っていますので、よろしくお願いいたします。皆さんがやっておられるデモも、こういう具体的で、MOTTAINAIの3Rが伴って、誰でもいつでもどこでもできるということを強調すれば、人々もマスコミも関心を持ってくれると思うのですが、どのように思われますか。3人のお気持ちを聞かせて下さい。

私たちの会の基本理念は、宮澤賢治の世界観に則って「自由、平等、行動、非政治、非営利」で、この理念に沿って活動してきて本当に良かったと感謝しています。

酒井さんの住所はわかりませんでしたので、あなたの鹿児島大学の国際食料資源学科に別便で送らせてもらいます。中村さんの選んだ専門学科は将来のあなたのライフワークの役に立ちそうで楽しみです。この便りを酒井さんにも読んでもらって、お二人で色々話し合って下さい。また、貴方のところに私からの一便が届きましたら、電話でもメールでもいいですので、お手数でもお知らせ下さい。よろしくお願いいたします。

自生農場にて

上の便りを読んで、「いい年をして、非現実的な夢のようなことを考えている」とか「相手のことも考えず、押し付けがましい」とか「現実はそう甘くない」とか、様々なご批判がどこからか聞こえるようです。確かに、そういうところがあるかもしれません。

賢治の言葉に「永久の未完成これ完成である」という言葉があり、人間はどこまでいっても未完成です。特に私は、他の方たちと比べて欠点が多いし、大きな欠点があると自覚しています。でも、因果交流電燈で培われた性格は、どうしようもありません。どうかお許し下さい。私が皆さんの立場も考えず、軽率だったのかもしれません。

でも今、世の中は人類始まって以来の危機、人類存続の危機に直面しています。これから未来を生きる若い世代が、人類の存続に危機感を抱き、その根本的、永続的な解決法を求めるのは当然のことです。しかし、地球上に人類始まって以来の人口を抱え、少子高齢化、その上、機械文明の発達で大量生産、大量消費、大量廃棄が当たり前の時代、その悪循環の末路が現在の地球です。

ペシャワール会の中村哲医師が、平和は水と食料の自給にありと、国や宗教の違いを超えて、先人の知恵、その地の自然の資源を活用して、長い時間をかけて、難民の人たちと共に、井戸、用水路、誰も見向きもしない砂漠に自立定着村を作り、平和の具体的な形を示してくれました。そして、アフガン全土に、この工法を広げようとしていた矢先に銃弾に倒れられました。私たちの会は「もったいないピース・エコショップ」によるペシャワール会への支援を通して、哲医師から平和の形と意味を学び、自分たちの日々の生活に元気、安心、希望、連帯感などの人間的栄養素をいただいてきました。

現在、アフガンは不安定で、難民が溢れ、食糧危機に陥っています。この哲医師の死を無駄にせず、現代社会の悪循環の末路である食と水の大量廃棄の分野に光を当て、先人の知恵や微生物の力、その地の自然の資源を最大限に活用して、地球の資源に大変換することができれば、そこに未来への希望が生まれるのではないでしょうか。下に、グレタさんへの２回目の便りを、英文と日本文で載せます。

Dear Miss Greta,

Two and half years ago, I read your interview on Mainichi Shinbun, where I learned about your mission. Your search for a real solution to global warming resonated with me very much. My husband and I run the environmental NPO group, Sashimanono Daichio Kangaerukai (Supporting the Land of Sashima), at Ibaraki, Japan. We, as a group, have been researching solutions for global warming as well. And we have found a solution anyone can do anywhere or anytime. One of those things is incorporating amazing ancient good bacteria and the Mottainai's 3R (Recycle, Reduce, Reuse) in everyday life.

So, I wanted to let you know about it and immediately started to write you a long letter. However, I never received your reply.

By the way, on October 10th this year, incidentally our marriage anniversary, there was an article about Miss Suzuka Nakamura in the same newspaper. She had worked tirelessly and created a small group named "Fridays For Future Japan," influenced by your actions.

After I read that article, I came up with the idea of asking Miss Nakamura to deliver my last letter and this letter to you. My hope is for you and Miss Nakamura to realize that our Mottainai method helps solve global warming and show it to the world.

The Mottainai method does not cost much. Since the method is based on utilizing Effective Microorganisms, it also has multiple benefits on better soil by adding good microbes, which should lead to more organic ways of farming in the future.

This year's COP26 was no different from previous years. On top of that, we were given a prestigious award again this year. Every year it seems they come up with something just because they have to.

I believe it is time to take concrete action towards solving global warming. Mottainai's 3R (Recycle, Reduce, Reuse) should help you solidify that action. If you don't act now, your message of Fridays For Future will be forgotten in modern society, and the hope for young people will be less bright.

Please read about the method of food waste treatment by the photosynthetic bacteria in my last letter (in the middle section of the letter). If you decide to try putting this practice into action, I believe you will find support from other scientists with the same opinion.

I will write a letter to Miss Nakamura and ask her to send you my letters in English. Hopefully, they will get to you. If you read them and have some questions or requests, please let me know by email. My email address is onofarm42@gmail.com. And please discuss this in detail with Miss Nakamura. I will also write it in the letter to her. I will be waiting for your reply.

P.S.

I would also use this opportunity to explain to you about EM-1 and EM-3 used in this experiment. EM stands for Effective Microorganisms, which consist of lactic acid bacteria, yeast, and photosynthetic bacteria (PSB). And EM-3 is made of only PSB.

We sell EM-1 and EM-3 at MOTTAINAI Peace Eco Shop (MPES) and donate all the profit. My husband cultures EM-3 and grows them. That is also sold at a meager price in MPE to help spread the word about PSB.

You can also find ways to grow PSBs through the internet.

If you have any questions or requests about EM-3, please let me know. My youngest daughter, Yuri, worked at EMRO headquarters in Okinawa (EMRO is in charge of EM products). She also studied abroad in Sweden for half a year while studying at North Carolina State University, and she now lives in California. If you want to talk to her about EM, I will tell her so. I'm not good at English conversation.

I am attaching a short story I wrote, "The Story of Photoshyncetic Bacteria."

Since I still have space on my paper here, I would like to use this space to tell you about the worldly well-known, loved, and respected poet Kenji Miyazawa. He left the world with many philosophical words. One of them is "In the new era, the world will become one consciousness and the direction of living things." I believe that these words show people in modern society the direction we should take for the future of humankind. He believes that in modern society, money and power take priority, and never-ending conflicts and wars take place. Mr. Miyazawa suggested creating a new world where peace is kept and the environment is protected instead. I believe the answer to creating this new world is in those living organisms that kept this earth alive from ancient times.

Please send my regards to your mother.

Sincerely, Yoko Ono

グレタさんへ

２年半前、あなたの記事が毎日新聞に載りました。私はそれを読んだ時、あなたが地球温暖化を解決する本当の方法を知りたがっているのを感じ、とても感動しました。というのは、私たちの会は、地球上の誰でも、どこでも、いつでも実践できる独自の方法を、もうすでに見つけていたからです。

すぐに私はあなたに長い便りを書きましたが、私はあなたの返事を受け取りませんでした。あなたは私の便りを受け取りましたか。

ところで、今年の10月10日、たまたま私たちの結婚記念日だったのですが、中村涼夏さんが毎日新聞に載りました。彼女は活発に行動し、小さいグループをまとめて「フライデー・フォー・フューチャー・ジャパン」にしました。私は彼女に私のこの前の便りと今度の便りを届けてもらうことを頼もうと決めました。

もし、あなたと彼女が地球温暖化を解決する私たちの方法を理解し、スウェーデンと日本で実践するならば、世界の人々はその独自の方法に注目し、それに関心を持つでしょう。そして、その人たちが彼らの日常生活の中で実践し、それが正しいと判断すれば、その方法は広がって、政府もそれを採用するかもしれません。もし政府が大量の生ゴミを良い堆肥に変えたいならば、私たちはもったいない方式のやり方をもうすでに持っています。

地球温暖化を解決する私たちのやり方はもったいない方式に基づいているので、多くのお金を必要としません。その上、沢山の有用微生物が畑に住むようになるので、将来、有機農業への路につながります。

今年のCOP26は、例年と変わりませんでした。その上、今年も不名誉な賞を与えられました。毎年、それは、実際の動機ではなくて形式的な動機で始まって終わります。

これからはあなたたちが地球温暖化を解決するための具体的な行動を取ったほうがよいと思います。あなたたちはこの行動、活動によってもったいないの3R（再循環、再使用、減らす）を実現できます。今、あなたたちが行動しないならば、「Friday For Future」の存在感が、現代社会の中で弱まり、若い人たちに対する希望も世界の人々の間で弱まっていくでしょう。

もう一度、私の最初の便りの4ページの29行目から5ページの2行目まで読んで下さい。あなたたちがこの実験をやってみるならば、同じ意見を持った科学者たちがあなたを支持してくれるでしょう。
　これから私は中村さんへの便りを書き、あなたに宛てた私の最初と今の便りを送ってくれるように頼みます。もし、あなたが幸運にも私の便りを受け取り、この活動についてどんな質問でも要望でもあれば、どうぞメールでご連絡下さい。
　私のメールアドレスは onofarm42@gmail.com です。そしてこの計画について中村さんとよく話し合って下さい。私は彼女への便りの中にそのことを書いておきました。私はあなたのメールを待っています。

　追伸
　この実験で使われる EM-1 と EM-3 について説明しましょう。
　最初に EM-1 は乳酸菌や酵母菌などを含む有用微生物群の短縮形です。そして、その主役は光合成細菌です。そして、EM-3 は全て光合成細菌です。
　私たちはもったいないピース・エコショップで EM-1 と EM-3 を販売し、その利益を寄付しています。また、私の夫は EM-3 を培養して、光合成細菌を増やし、もったいないピース・エコショップでそれを普及するために、安い値段で売っています。また、あなたはインターネットで光合成細菌の増やし方を見つけることができます。
　もし、EM-3 について質問やリクエストがあれば私に知らせて下さい。私の 3 番目の娘の夕里が、結婚前に EM 研究機構で働いていました。そして、彼女はノースカロライナ州立大学に在学中、半年間スウェーデンに留学したことがあり、今はカリフォルニアに住んでいます。もしあなたが EM について彼女と話したいなら、彼女にそう伝えます。私は英会話が得意ではありませんので、彼女に直接連絡してみて下さい。彼女のメールアドレスは yterris@gmail.com です。あなたが光合成細菌について理解することができるように、私が作った拙い「光合成細菌物語」を英語に翻訳してくれるように夕里に頼みました。彼女はすぐにそれを送ってくれました。それも一緒に送りますね。

ところで、紙のスペースがまだ残っていてもったいないので、私はそれを活用してあなたに、世界的に知られ、愛され、尊敬されている詩人、宮澤賢治についてお話ししたいのです。

彼は私たちにいくつかの哲学的な言葉を残していきました。そのうちの１つが、「新たな時代は世界が一の意識になり生物となる方向にある」というものです。私はこの言葉が、未来の人間として採るべき方向を私たち現代社会の人々に示していると感じます。

彼は、現代社会、即ち、お金と権力が最優先され、紛争や戦争が終わらない社会に、平和と環境が保全されている１つの新しい世界を勧めています。それは即ち、生き物は元来環境や自然を汚さないということです。特に現代人は大量の生ゴミと廃液で地球を汚しています。

私たちの会はそれを解決できる答えに達しています。

お母さんにどうぞよろしく。

34. 光合成細菌物語の英語版

私が地球を救ってくれるかもしれない微生物と信じている光合成細菌を、できるだけ多くの方に知っていただきたい一心で作った拙い「光合成細菌物語」を、三女に英語にしてもらいました。

グレタさんはじめ、多くの英語圏の人たちに読んでいただければ、共鳴の輪が広がる可能性が生まれます。日本語版「光合成細菌物語」は、会のホームページ http://www.peaceecoshop.com の中の最後の「会独自のバイオマス活用推進計画」の中にあります。

ぜひ読んで下さい。

〜光合成細菌物語〜

おれの名前は、人呼んで光合成細菌。まったくの自然児で、僕という柄でないんで、これから自分のことを、おれと言わせてもらうね。

あしからず。
　では早速始めるね。おれはどこかの町の小さい池に長い間住んでいたんだよ。ある日突然、どこかのおじさんとおばさんがやってきて、おれはバケツで泥と一緒にくみあげられて、どこかへ連れていかれたんだよ。連れて行かれた先は、以前住んでいたところとはまるきりちがって、昼間はお日さまがさんさんとふりそそぎ、おまけに食べたこともないおいしい食事つきで、おれは夢見心地でどんどん分裂して、仲間がどんどんふえていったんだよ。時々おばさんが見に来て、ふたをあけてうれしそうに「ずいぶん赤くなってきたわ」などと言っているのが聞こえたよ。
　ちょっとここで寄り道して、おれたちの一大特徴をみんなに知らせておくね。おれたちは生まれつき酸素がきらいで、植物と同じに二酸化炭素がすきなんだよ。それに、おれたちの名前、おぼえているかい。光合成細菌。光合成っていうのはさあ、植物がお日さまの光を二酸化炭素と一緒に体に入れて、葉緑素をつくることなんだよ。
　ここで、今度は国語の勉強です。好き嫌いの「すき」という言葉と「きらい」という言葉は、漢字の訓読みでは何と読みますか。わかる人は手を上げて下さい。はい正解です。好きは「こう」、嫌いは「けん」、だから酸素を好きな性質を好気性、嫌いな性質を嫌気性というんだよ。あなたたち好気性、おれたち嫌気性、というわけ。それとさあ。おれのことを見に、おばさんが連れてきた人が、「くさーい」って言っていたなあ。するとおばさんが「赤いのと、このにおいが、光合成細菌の特徴なのよ、許してやって」と答えていたよ。
　別のおばさんの仲間の人もおれたちのことのぞいて「うちもこんくらい赤くなったよ。こんどもってくっから顕微鏡で見てくれっか」って言ってたよ。
　おばさんがおれたちのことを、いつもこうふんしながら人に話すのを聞いていたんだけど、おれたちってどうもずいぶん人の役にたっているらしいんだな。悪臭をとったり、ヘドロを少なくしたり、鶏に飲ませるとさあ、お腹の中のサルモネラ菌がいなくなったり、鶏糞もにおわなくなるんだってさ。金魚や熱帯魚の水槽の中の二酸化炭素や糞を食べて、水をきれいにしてくれたりね。

この間、おれたちを自分の責任で家族中で飲んでいるという人が現れたんだけど、家族皆、元気なんだってさ。おれたちは100度以上の熱でも死なないから、煮沸して雑菌はなくして、おれたちだけにして、飲むんだって言ってたよ。

それからね、農業でもおれたちがすごく役にたっているって、おばさん、自分の子供のように自慢していたよ。おれ照れるなあ。

おれたちや他の微生物仲間が一緒に、空気中や土の中の炭素や窒素を固定して植物にあげるから、肥料がそんなにいらないんだってさ。それに、おれたちは人間が困っている硫化水素やメタンガスや二酸化炭素やアンモニアなどが、エサとして必要だから食べているだけなんだけど、人間のほうではそれが大助かりみたいなんだよ。それからさあ、おれたち自分の体から核酸やビタミンB12やカロチン、アミノ酸など出すんだけど、核酸は傷ついた遺伝子を修復するんだって。すごいよね。ビタミン、カロチン、アミノ酸なんかは、野菜やくだものの色をよくしたり、栄養価を高くするんだってさ。

ところで、みんな連作障害ってきいたことがあるかい。同じはたけに同じ作物を何年もつくっていると、作物が病気になって治らなくなるんだよ。フザリウム菌という菌がその連作障害の犯人で、それをやっつけられるのがおれさまといいたいところなんだけど、そこまでは問屋がおろさないんだな。その正義のウルトラマンは、放線菌といって、ペニシリンなんかの仲間なんだってさ。じゃあおれの役目はなにかというと、驚くなよ。おれが死んだあとの死体さ。それが放線菌の大好物で、おれたちの死体をむしゃむしゃ食べて、じゃんじゃんふえて、フザリウム菌とたたかってやっつけてくれるんだってさ。

おばさんが、来る人来る人におれの話をいろいろするから、自分のこともわかったし、おれが生まれてきたことで役にたっているということがわかってほんとにうれしいよ。おばさんありがとうよ。

おれさ、この夏、突然おじさん、おばさんに大きなお風呂みたいな中に入れられて、ほかの乳酸菌君や酵母菌君やなんかとまぜまぜされて、はたけに水と一緒にまかれて、はたけの中で暮らすようになったのさ。お日さまは当たるし、水があれば自分がすきなところに動けるし、エサはあるし快適に暮らしていたら、またおばさんが誰かと話しているのが聞こえて「3回くらい、EMとこうちゃんまいたんだけど、ねぎもピーンとしてるし、ピーマンもピカピカしてたくさんとれていつもと全然ちがう気がするの」っていってた。いつのまにかおれのこと、こーちゃんなんてなれなれしく呼んでるんだよ。まあいいけどさ。

この間は、おれたちのルーツ、ご先祖さまの話を聞いたよ。人間さまはサルから進化したと言われているけど、いつ頃から地球上に現れたか知っているかな。

人類最古の原人は、160万年前なんだって。今、西暦2010年というね。それは、キリストが生まれた年から2010年目という意味なんだよね。それでは、地球の年齢はいくつかな。46億年前、すなわち46億歳。では、おれたち光合成細菌のご先祖さまは、どのくらい前だと思うかい。なんと30億年前だそうだよ。その頃の地球はどんなだったのか想像したことあるかな。二酸化炭素や有毒ガスや自然放射能で充満していて、生き物なんかなんにもいないちがう惑星みたいだったんだって。そこに初めて登場してきたのが、おれたち微生物というわけよ。おれたちやシアノバクテリアという嫌気性の微生物たちが、有毒ガスや二酸化炭素を吸って酸素を出して、放射能もエネルギーにした上に無害化して、今のような地球のもとができていったというわけなんだって。

おれが一番驚いたのは、今の動物や植物のもとになっている細胞にも、おれたちが関わっているらしいということ。それがもし本当なら、長ーい長ーい目で見れば、動物や植物のもとのもとはおれたちとつながっているってことだろう。それじゃ、みんな身内、家族ってことだよね。ここまで聞くと、そこのところなぜだか知りたいと思うでしょ。

では、もったいぶって話すね。おれたちもなにしろ30億年前から生きてきているわけだから、生きるか死ぬかというピンチが何度もあったんだよ。そのたびにほかの微生物と合体するという知恵で生き延びてきたんだって。それを人間は進化っていうそうだね。そして21億年前、ついに動物や植物のもとである細胞ができたんだってさ。そのころになると、地球に酸素がふえてきて、二酸化炭素を吸って生きているおれたち、嫌気性の微生物は生きにくくなってきたんだよ。そこで、その苦境から抜け出すために、酸素が好きな好気性の微生物と合体して、動物のもととなる細胞が生まれたんだということだよ。動物が全て好気性なのは、おれたちの祖先と合体したその好気性の微生物が、ミトコンドリアといって細胞のなかの呼吸をつかさどっているからなんだってさ。驚くよね。一方さ、植物のほうはね、シアノバクテリア、日本語だとラン藻類というんだけど、それとおれたちのご先祖さまが合体して、植物のもとの細胞ができたんだって。

この前、おれのいるはたけの近くで、おじさんとおばさんがひなたぼっこしながらお茶飲んでたんだけど、その時おばさんが「地球創生から今まで 46 億年を 460 メートルとすると、人類の誕生は 20 万年前で、ゴール手前のたった 2 センチにしかあたらないんだって。じゃあ、石油が見つかって使い切るまでを 200 年としたら 0.02 ミリというわけ。今の私たちはずっと石油文明の中で生きてきてるから、ずっとあるような錯覚におちいっているのよね」と言うと、おじさんが「恐竜がほろんだように、人類もこのままいくと、自分が作った核や戦争や欲望で自滅しちゃうかもしれないよ。微生物が、長―い長―い時間をかけて合体とか共生という知恵で生き延びてきて、動物や植物につながり、そこからようやく人類にたどりついたのにもったいないことだ。今度のことを教訓にして、人類が生き延びるにはどうすればよいかを考えて、みんなで実行に移していこうとするのが、本当の人類の英知というものだろうにね。その時は今しかないんだよなあ」って話してた。

おじさん、おばさん、おれたち、光合成細菌をどんどんふやして、汚れた地球をきれいにして、動物も植物もなかよく暮らせるようにしておくれ。おれたちもがんばるからさ。

NPO 法人 猿島野の大地を考える会　制作

Story of photosynthetic bacteria

My name is photosynthetic bacteria. I am a total nature boy.

For a very long time, I lived in a small pond in a small town. Suddenly one day, an old man and lady scooped me up with mud in a bucket and took me away!

The place they took me was very different than where I was previously living. During the day, the sun shined brightly, and I was fed delicious meals that I had never tasted before. It was paradise! I multiplied like crazy, and we all became friends. Occasionally the old lady came to check on us, opening the lid and happily saying, "Wow! You are getting so red!"

So first, let me tell you my most important characteristic – I do not like oxygen. But I love carbon dioxide, just like plants do. And do you remember my name? It is a photosynthetic bacteria. Photosynthesis is the process by which plants use sunlight to synthesize chlorophyll from carbon dioxide. And do you know about "aerobic" and "anaerobic" bacteria? Aerobic is like you, any living thing that likes oxygen. Anaerobic is like us; we don't like oxygen. Some people who came to check us out would say, "What is this strange smell?!" but I heard the old lady explain that this weird smell and the red color are the characteristics of photosynthetic bacteria.

I also heard one of the old lady's friends say: "My batch is getting pretty red like yours. Can you check it under your microscope?"

Whenever the old lady talked about us, she got very excited. It seems that we have been very beneficial to people's lives?! We help eliminate foul odor and reduce sludge. When we are fed to chickens, we help eliminate salmonella in their gut, and their manure will not smell! We can also clean fish tank water by eating carbon dioxide and fish poop!

The other day, I learned that there is a family who drinks us at their own risk. The whole family is healthy and doing well. Before they drink us, though, they must boil the liquid to kill all possible contaminates. Since we can survive in very high heat (even over 100° Celsius), they can isolate the liquid to have only photosynthetic bacteria this way.
I'm not trying to brag, but the old lady also said that we are so beneficial to the agriculture industry. Together with other microbes, we can fix carbon and nitrogen in the air and soil. This means those nutrients are more available to plants, resulting in a reduction in the amount of fertilizer necessary. We also love eating things like hydrogen sulfide, methane gas, carbon dioxide, and ammonia, which help the agricultural process. We also produce things such as nucleic acid, vitamin B12, carotene, and amino acids. Nucleic acid can repair damaged genes, and vitamin B12, carotene, and amino acids can improve the color of fruits and vegetables, which may increase their nutritional value.

By the way, have you heard of continuous cropping systems and the damage they cause? When you grow the same type of crops on the same field for years and years, the plants are susceptible to diseases that cannot be cured. The bacteria that is responsible for this damage is called Fusarium. I wish I could say that I solved this problem, but what can save this problem is actinomycete. It is in the same family as penicillin. So how am I involved? Don't be surprised! It is my dead body! Actinomycetes love to eat my dead body and multiply like crazy, and they can fight Fusarium.

The old lady tells these things to anybody who visits, and that's how I learned about myself. Thanks to this old lady, now I know I'm super beneficial!

This summer, though, the old man and lady came and suddenly put me in a huge bath with other beneficial microbes like lactic acid bacteria and yeast. They mixed us all together with water and sprayed us into a vegetable field. That's how I came to live in a vegetable field for a while. I was living so comfortably in the field, with nice sunlight and an abundant food source. I could freely move around as long as I had water. Then, one day, I heard the old lady telling someone that she sprayed EM (Effective Microorganisms) and Ko-chan mix into the field (she sometimes calls me "Ko-chan"), and that has helped her vegetables grow much better, producing healthier crops overall.

Just the other day, I heard them talking about my ancestors. Humans were said to have evolved from monkeys, but do you know how many years ago they first appeared on Earth? It was about 1.6 million years ago. It is 2010 right now, meaning it is only the 2010th year after Jesus Christ was said to be born. Do you know how old the Earth is? It is said to be about 4.6 billion years old. And do you know how far back my ancestors go? About 3 billion years! Have you ever imagined what the Earth was like back then? It was filled with carbon dioxide, toxic gases, and natural radiation that no living matter could survive. But then, we microorganisms appeared, and together with other anaerobic bacteria like cyanobacteria, we began to process harmful gases, release oxygen, detoxify radiation into energy, and eventually transform Earth into a livable environment.

What surprised me the most is that we, the microorganisms, are somewhat related to the origin of cells that make up animals and humans. If that's correct, the origin of animals and humans are related to us microorganisms. This makes all living things one big family. Why close like a family? Let me explain. During the 3 billion years that we have been around, we have encountered many life-or-death situations. Each time this happened, we were able to survive by having the ability to integrate with other organisms. I think humans call this evolution. This eventually led to the creation of cells that make up animals and humans about 2.1 billion years ago. Around that time, more oxygen became available on Earth, which made an uncomfortable environment for anaerobic bacteria. This is when we decided to team up with aerobic bacteria to survive, which in the end, created the cells that eventually became animals. The reason all animals are aerobic today is because our ancestors mixed with aerobic microbes called mitochondria, which are responsible for the breathing function in living cells. As for the origin of plant cells, our ancestors mixed with cyanobacteria.

The other day, the old man and lady drank tea while relaxing in the field. The old lady said, “If the history of Earth, consisting of 4.6 billion years, was 460 meters of land, then mankind has been around for the equivalent of just 2 centimeters. If the oil supply on earth lasts only about 200 years, that is the equivalent of 0.02 centimeters. Humans are so dependent on oil and have the misperception that they have an endless supply”. Then the old man responded, “At this rate, humans may lead to their own self-destruction with nuclear weapons, wars, and desires, kind of like the dinosaurs that went extinct. It would be such a shame to see all the years of hard work those microorganisms put into this earth go to waste. We all have to think very hard about what we can do to sustain the environment and take action towards a common goal. That would be the ultimate wisdom of mankind. We need to act now.”

To the old man and lady, please continue to grow us photosynthetic bacteria, so we can keep cleaning the polluted land. I would love to contribute to all humans and animals living happily ever after. The End
Written by NPO Sashimanono daichio kangaerukai

35. フライデー・フォー・フューチャー・ジャパンへの働きかけ

次は、中村さんと一緒に活動している酒井功雄さんへ宛てた私の便りです。

酒井さんへ

初めまして。新聞を拝読させてもらって、中村さんに共鳴できる方が現れたのは、地球や人類の未来のために本当に幸運だったと、本当に心強く思いました。お二人で、また他のお仲間とも頑張って下さい。

あなたの住所がわかれば、私の拙著や資料を送りたいと思って「学生気候危機サミット」を開けましたら、共鳴者が寄付を寄せてくれているのを知って、これも酒井さんの人柄や情熱が通じたのかなあと感じました。文章も読ませてもらいましたが、文明と文化の狭間で揺れ動く若者の気持ちを感じ、私たちは文化の恩恵と真価の下で生きてきた世代なので、文化を主軸に文明は文化を広げる手段に活用できたら有り難いと思っています。

結局、あなたの住所はわかりませんでしたので、中村さん経由で送ります。中村さんから私の手紙が届く前に、大体のことは彼女が伝えて下さると思いますが、今回の私どもの提案についてあなたのお気持ちをお知らせいただければ有り難いです。よろしくお願いいたします。

自生農場にて

この後に何のお返事もなかったので、もう一度中村さんに手紙を出させてもらいました。

前略　中村さんへ

先日お便りを差し上げた小野と申します。その節は、突然お便りを差し上げて、色々大変なことをお願いして、本当にごめんなさい。鹿児島大学のほうでは、私の包みは渡して下さったとお聞きしましたので、読んではいただけたと判断いたしました。

あれから、５冊目の本作りに取り組んでいたのですが、いい年をして世間知らずの私ですので、反省して道草をして色々なところに首を突っ込んでいましたら、恥ずかしいことに、誰でもが知っていることを自分は知らなかったと気が付きました。あなたはもちろんご存知だと思いますが、温暖化ガスは二酸化炭素だけでなく、メタンとあと６種類の気体を指すことと、メタンが最も強く作用していることを知りました。それと相前後して、酒井さんが毎日新聞に取り上げられていて、メタンのことについてわかりやすく書いてありました。

それで思い出したのでした。私は光合成細菌について、主に光合成細菌の第一人者と言われる小林達治先生や比嘉照夫先生の著書や『現代農業』から色々教えてもらったのですが、そのどこかに、光合成細菌がメタンを取り込むようなことが書かれていたことを。それからパソコンで検索しましたら、別の所で光合成細菌がメタンを抑制する力があるという研究成果が載っていたので安心し、光合成細菌が生ゴミだけでなく、環境全体に及ぼす影響を知りました。また、COP26で2030年度までに気温を1.5度の上昇に抑えるというパリ協定が公認されたと知って、ますます光合成細菌とFridays For Futureの出番ではないかと思った次第です。

そして、今日SDGsをテレビで見ていて、ちょっと気になったので調べていたら、国連でやっている大きな事業で、日本でも企業や団体が積極的に取り組んでいて、安倍首相の時に彼は国連のその担当の本部長になり、推進するために賞の設定や資金支援などの制度を作ったそうです。それから、2015年の国連サミットにおいて、全ての加盟国が合意した2030年を達成年限とし、17の目標と169のターゲットから構成されている「持続可能な開発のための2030アジェンダ」が作られました。

後で調べてもらえばわかりますが、17の目標のうち、もしFridays For Futureのグレタさんはじめあなたたちが、私たちの会の３つの事業（「もったいないピース・エコショップ事業」「もったいないピース・エコショップを全国に広げる事業」「EM 等、有用微生物普及による環境保全事業」）のうちの３番目の環境保全事業の分野に手を挙げてもらえれば、目標 13 の気候変動（気候変動及びその影響を軽減するための緊急対策を講じる）はもちろんですが、生ゴミや汚泥が光合成細菌によっていい堆肥になり、安全な野菜が有機農業の道につながれば、目標 12 の持続可能な生産と消費（持続可能な消費生産形態を確保する）になり、水質浄化は目標６の水・衛生（すべての人々の水と衛生の利用可能性と持続可能な管理を確保する）と目標 14 の海洋資源（持続可能な開発のために海洋・海洋資源を保全し、持続可能な形で保全する）ことになるのではないでしょうか。

私たちの会がやった EM による水質浄化実験（私の３冊目の本を読んでくれたかな）は、有用微生物による水質浄化力の正しさを私たちに教えてくれ、下水処理場の現在のやり方では海洋汚染が進行する恐ろしさを教えてくれました。生ゴミと下水の処理問題は、人類が持続可能な社会にするための最優先課題だと確信しています。

そして、2018 年から「SDG の取り組みを提案する都市、地域を選定し、その中で特に先導的な取り組みを行っている企業、団体を〝自治体 SDG のモデル事業〟として選定し、資金面での支援を行っています」とあります。

私は、これからの地球規模の環境問題は、微生物のお世話にならない限り解決できないと思っていますし、その微生物が大地、大気、海川に常駐してもらわないと、人類を含む生物の空気、食、水も保全してもらえないと考えています。

酒井さんとすぐにメールで相談できるようでしたら、相談していただいて、酒井さんは留学の経験がおありのようですので、私の文章全体を短く英語に要約していただいて、グレタさんに送っていただけないでしょうか。生ゴミと光合成細菌による簡便な自家処理法は、私たちのような小さな会だと永遠に広がらないと思いますが、Fridays For Future ならば、世界の人たちが関心を持って見守り、その結果が良ければ住民に波及し、政府や行政も無視できなくなり、今度は大量の生ゴミ処理も、その方式になれば大きなプロジェクトになるでしょう。ノーベル平和賞を授賞したマータイ女史が絶賛した日本の伝統的精神 MOTTAINAI の 3R「Recycle, Reduce, Reuse」がバックボーンについていますので、日本人の国民性も高く評価されるでしょう。

なにしろ 2030 年を達成年限とした、国連サミットにおいて全ての加盟国が同意した「持続可能な開発のための 2030 アジェンダ」ですので、世界全土に光合成細菌による簡便な生ゴミ処理法が広がる可能性は高くなるでしょう。なお、放射能減少実験結果は、ホームページの「会独自のバイオマス活用推進計画」に記載しています。

この前、中村さんにお願いした、グレタさんへの２回のお便りと「光合成細菌物語」はまだ送ってもらってないですよね。そこで、今度酒井さんが英語にしてくれた便りと私の前の便り（光合成細菌物語も）を一緒に送っていただければ、グレタさんが具体的に行動を起こす構想、プランが湧いてくるのではないでしょうか。できましたら２冊の本と資料も（向こうに日本人がいるかもしれませんので）お願いできたら、有り難いです。いつもお願いばかりでごめんなさい。

一応郵送料として１万円を同封しますので、足りなかったら後でお支払いします。もし余るようでしたら、酒井さんと EM-3 を購入して実際に試してみてもいいかもしれません。そして、これをきっかけにスウェーデンと日本がつながれば、こんなに嬉しいことはありません。私もパーキンソン病になったお陰で、残り少ない時間を本の中であなたたちとつながることができました。ありがとう！

（中村さんだったら、すぐに伝えてくれると思って酒井さん宛ての手紙も書かせていただきました。お許し下さい）

酒井さんへ

この間、新聞を読ませていただきました。現在、米国のアーラム大学で環境文学を学んでいるとのこと。高校時代、アメリカの留学先の高校で受けた環境科学の授業と、環境に関心があるという点に共感を覚えました。また、メタンの温室効果の力が二酸化炭素の 20 倍というのも驚きでした。光合成細菌の大量培養が必要ということですね。

私たち夫婦はもう高齢となり、若い人たちにバトンタッチするしかありません。まだお若くて未来がある酒井さんに光合成細菌のスペシャリストになっていただければ、中村さんとグレタさんにもそれが伝わり、日本とスウェーデンに橋が架かると思います。光合成細菌の培養に関しては農文協から出版された『光合成細菌』という『現代農業』の特別号があります。一応参考までに。

また、新聞に「気候時計」100 台設置を目指す計画とありますが、その計画に賛同してくれた人たちに、光合成細菌の培養液をお渡しして生ゴミ処理に協力してもらうという案はいかがでしょうか。その結果が良ければ、デモをやる時に地球温暖化防止策の 1 つを提示できると思うのですが。それにはまず、グレタさんと日本のお二人に試していただくことが求められます。お二人でご検討下さい。グレタさんに今回の内容をお知らせいただければ、私が前回お願いしたものも、より納得してもらえるのではと思います。また、彼女が中村さんやあなたの新聞のことをも知れば、心強くなるでしょう。

今回も色々お願いしてごめんなさい。でも酒井さんだったらと思ってしまいました。よろしくお願いいたします。

私が中村さんと酒井さんに宛てて書いた便りを読んでもらえればわかっていただけると思いますが、同じ願いや思いを持った若者が交流し合って、そこに何らかの共鳴の輪が広がれば、私たちの会の結論がそのまま埋もれることなく実際に試され、広がる可能性が生まれるという夢が私の中に生まれてしまったのでした。

でも、夢のままでは何もしないのと同じことです。私にはあまり時間がありません。この５冊目の本も段々終わりに近づいてきました。中村涼夏さんに２回目のお便りを出したのは、令和４年の１月３日でした。それを中村さんが受け取ってくれて、酒井さんも読んでくれたかどうかわかりませんが、止むに止まれぬ気持ちが募り、またまた２人に手紙を書いてしまいました。

中村さんと酒井さんへ

こんにちは。今日はお二人宛で書くことにしました。
先日のお便り、読んでいただけましたか。酒井さんには、気候時計設置計画の途中で、面倒なことをお願いして申し訳ありませんでした。でも、気候危機に向けて何か具体的な「気候正義」を示さないと、日本はこれからも石炭火力をやめない不名誉な国のレッテルを貼られたままになるかもしれません。
2018年、国連によって提唱された「持続可能な開発目標」即ち、SDGsを2030年までに達成する旨を参加国全てが承認したとありました。そこに17の目標が定めてあり、もちろん地球温暖化問題も、17の目標に入っています。そして、私はこの「持続可能な開発目標」という言葉を噛み締めていて、私たちの会が辿り着いた環境保全事業は、まさに「持続可能な開発目標」そのものだと気が付いたのです。
なぜなら、人類はこれまで地球を汚し、地球温暖化や放射能汚染の問題を引き起こしてしまいましたが、現代の様々な重要な問題も同時に解決でき、地球環境を最も元の状態に近い次元に持っていけて、同時にそれが持続力を備えていなければならないということを意味していると気が付いたからです。
人類だけが永遠に出すのは、生ゴミと汚水です。それを、光合成細菌やEMなどの有用微生物によって、堆肥や清水に変え、大地や大海に返すことによって、安全な野菜や魚介類につながり、地球温暖化防止にも貢献します。
また、メタンガスは二酸化炭素の20倍の温室効果ガスを出すとか。そのメタンガスも光合成細菌は取り込むと聞きます。「光合成細菌物語」を読んで下さればわかりますが、光合成細菌は他にも環境や人間にとって沢山の有益な働きをします。
生ゴミと光合成細菌による簡便な自家処理法をまず個人的に体験、実感してみて下さい。個人で処理できる量は僅かですが、その原理が正しければ、今度は大量に行える方法を考え、それが前記のように循環すれば、次第に地球全体が持続可能な以前の状態に移行していくのではないでしょうか。

お二人は、日本政府が都道府県や市町村に呼びかけている「バイオマス活用推進計画」というのをご存知ですか。私たちの会は「バイオマスタウン構想」という名称の頃から追いかけていて、「バイオマス活用推進計画」という名称になぜ変わったのかにも疑問を持たず、私たちの市、坂東市に私たちの会で作った「バイオマス活用推進計画」を国に提出して認めてもらい、助成金をいただいて実現するように働きかけてきました。

しかし、結局、今回は国が木質バイオマスと発電に重点を置いていることがわかり、森林が少ない坂東市は見送られてしまいました。私たちの会は、長年の夢が破れ一時はがっかりしましたが、あまりにもったいないので平成30年に「会独自のバイオマス活用推進計画」を作成し、いつの日か陽の目を見るかもしれないと願って、会のホームページに載せました。

その後に、この同じ「バイオマス活用推進計画」の計画期間が令和7年度に延びたことを知りました。国が規定したバイオマス「動物、植物に由来する有機物資源」は8種類あり、私たちの会が活用できるのは、家畜排泄物、下水汚泥、食品廃棄物、農作物非食用部の4つで、他の4つは木材系です。これで、国が石炭火力を少しでも木質バイオマスに変えようとした苦渋の措置だったことがわかりますね。

でも、残された食品廃棄物や農作物非食用部、下水汚泥、家畜排泄物は、光合成細菌やEMと組み合わせると、重要な資源に変わり、地球温暖化防止や放射能減少にも役立ちます。以前、『現代農業』という雑誌にこんな話が載っていました。1人のおじいちゃんが生ゴミを貰ってきて、光合成細菌入りの水に2、3日浸けておいた農作物非食用部の籾殻と組み合わせていい堆肥を作り、その堆肥で作った果物は好評で、直売所で即売り切れという内容でした。

それから私はお知り合いの施設から毎日貰ってきた生ゴミと、光合成細菌入りの水に浸けておいた籾殻を、サンドイッチ状に積み重ねて、一定の高さになったら、上から均等に反転し、そのまま静置しておきました。途中、発酵熱が出て湯気がもうもうと上がり、2ヶ月後くらいには生ゴミの形がすっかりなくなり、均等ないい堆肥が出来ました。

この体験から得られた原理が正しければ、大量の生ゴミを堆肥化する時にも通用するのではないかと思いました。そして、実際に使ってみて、いい効果が出れば、今度は文明の利器を大いに活用して、日々大量の堆肥作りの体制を作っていけば、これまで生ゴミにかかった高額な焼却費も不要になり、悪いガスも減り、反対に大地は少しずつ豊かになり、安全な食につながり、地球温暖化防止も促進されます。これを恒久的に続ければ、国連が提唱している「持続可能な開発目標」SDGsに重なります。

2018年から「SDGs未来都市」を選定しています。これは優れたSDGsの取り組みを提案する都市や地域を選定するものです。その中で特に先導的な取り組みを行っている企業・団体を「自治体SDGsモデル事業」として選定し、資金面での支援を行っています。

私たちの会が目指しているものは、このSDGs未来都市と自治体SDGsモデル事業につながらないでしょうか。グレタさんと3人で、光合成細菌などの有用微生物で、大量廃棄物を地球の資源に再活用する循環の輪を創る試みに挑戦してもらえないでしょうか。世界でこのSDGsのランキングは、スウェーデンが1位、2位どちらかの上位にあるようです。グレタさんにこの便りの内容も含めて、これまでの私の便りを送っていただけないでしょうか。そして、もしグレタさんが光合成細菌を試してみたいならば、すぐそちらにお送りしますので、言って下さい。送料も一緒に送ります。

もし酒井さんに私のお願いした英訳、今回のも含めてですが、無理なようでしたら、私が英訳しますので、できるだけ早くお返事をいただけないでしょうか。本当はやっていただければ有り難いのですが。お返事お待ちしています。よろしくお願いいたします。

追伸

この考え方の真髄は、宮澤賢治哲学に由来します。特に「新たな時代は世界が一の意識になり生物となる方向にある」という言葉は、まるで文明のなれの果てには、人類にこういう状態が待ち受けているのを知っているかのようです。宮澤賢治は世界的にも知られ、高く評価されている国際的詩人です。また「自我の意識は個人から集団社会宇宙と次第に進化する」という彼の言葉は、地球をこんな状態にしてしまった現代人が自分たちで意識の変革に努めなければならないと暗示しているようです。

私たちが昔、この保守的な土地柄の中でも、ゴルフ場建設に反対することができたのは、「正しく強く生きるとは銀河系を自らの中に意識してこれに応じて行くことである」という賢治の言葉に背中を押されたからです。そして茨城県初の立木トラスト運動やオオタカ保護活動、ゴルフ場の社長さんへの便りなどを通して、対立ではない対話の姿勢を貫き、いい共生関係を保持できたことで、私たちの会の「もったいないピース・エコショップ」もゴルフ場の玄関先でやることを快諾してくれ、ペシャワール会をそれまで以上に支援できるようになりました。

酒井さんが、環境文学という私はこれまで知らなかったジャンルを学んでいるのを知って、意識の重要性をわかってもらえると思い、このようなお手紙を書いてしまいました。そういうジャンルがあるということは、時代の必要性から生まれたと判断して、宮澤賢治の今日的意義も、グレタさんも含めてフライデー・フォー・フューチャー・ジャパンの活動の中にこれから取り入れてもらえれば、嬉しい限りです。

では、お返事をお待ちしております。お二人ともごきげんよう。大変でしょうけれど、やりがいのある使命です。天から選ばれたと思って頑張って下さい。

この後、今度はこの酒井さんが、毎日新聞の「ひと」というコーナーで、「温暖化の危機訴え『気候時計』設置目指す」という題名で紹介されました。彼は、中村さんと「フライデー・フォー・フューチャー・ジャパン」を起ち上げた中心メンバーの１人で、今年のCOP26にも参加しました。

彼は高校時代に留学先のアメリカの高校で受けた授業で、永久凍土が溶けると凍土に閉じ込められていたメタンが放出され、メタンには二酸化炭素の20倍以上の温室効果があるので、更に温暖化が進み、永久凍土の融解に拍車がかかるという悪循環を学び、衝撃を受けたといいます。

酒井さんと中村さんへ

昨日、酒井さんがラジオに出ると夫が教えてくれ、初めて酒井さんの爽やかな声を聞きました。酒井さんのことを記者さんがオーガナイザーと紹介していたのが印象的でした。オーガナイズという言葉は、組み立てる、結束する、まとめる、有機化すると、良い意味がありますね。私の「Family」という歌の「Organically connected, Ever present the family」という歌詞を思い出しました。

また、クラウドファンデングで1千万円とは、凄いですね。酒井さんの熱意と誠実さが伝わったんですね。このお金で「気候時計」を100台設置するのですね。意識が変わっていくことが、全ての土台ですものね。頑張って下さい。

ところで、この間の便りで触れた、私たちの「会独自のバイオマス活用推進計画」は、会のホームページに載っているのですけど、見ていただけましたか。トップページの上にある「主な活動内容」の一番下をクリックして下さい。

それは、地球温暖化問題に対して、光合成細菌などの有用微生物を活用するという点で、全くこれまでと違った解決法で、同時に他の重要な問題の解決にもつながり、その上、持続することで地球全体の循環型社会の構築につながります。これは、「日本政府によるSDGsの取り組み」の中の1つ「SDGs未来都市」の典型的な姿ではないでしょうか。はじめは小さな取り組みでしょうが、その原理が正しければ、その時は文明の利器を大いに活用して大量の堆肥化を実現させ、全てを大地に返し、安全な有機農産物につながります。これが、最終的に国家的事業になれば、それまでの焼却は過去の話になり、二酸化炭素や悪いガスの量は減り、放射能も減少します。そして、これから食糧危機が予測される中、微生物の増えた大地から取れる有機農産物は歓迎されるでしょう。

この取り組みを誰もまだ始めていない中で、フライデー・フォー・フューチャー・ジャパンが試行して納得した上で、この「SDGs 未来都市」の姿として応募してみてはどうでしょうか。それには実験空間が必要です。私たちの会のある自生農場を活用してはいかがでしょうか。お仲間も得意分野は様々でしょうから、切磋琢磨して皆で挑戦するのも面白いでしょう。そういう中から思いがけない発見やつながりが生まれることを、私たちは長い間の活動を通して実感してきました。

中村さんも酒井さんも、まだ 20 代になったばかり。未来洋々ですから、将来世界中の生ゴミや汚泥水を資源化することを最初に手がけた先導者になれば、世界に広く安全な食と水が行き渡り、地球温暖化を防止する立派なパイオニアになるでしょう。中村さんが専門とする国際食糧資源学にぴったりで、しかも誰もまだ手をつけていない、可能性に満ちた分野ですね。

私たちの農場の近くに、私たちの市、坂東市の立派なリサイクルセンターがあります。旧猿島町の時、茨城県で住民参加型という冠を付けた環境基本計画を最初に作った意識の高い町で、私たちの会が提案した「EM 生ゴミぼかしの無料配布制度」が合併直前の 9 年間続いた頃は活気もありましたが、今は当時の面影もなく、あまり活用されていません。市に話して、ここで実験させてもらえたら、じっくり実験観察できるのではないでしょうか。そして、傍に市民農園がありますので、その堆肥効果を見るのに使わせてもらうというのはどうでしょうか。もちろん自生農場でもできますが。

再び、SDGs 未来都市の話に戻りますが、現在のまま全国の焼却場で生ゴミが可燃ゴミとして燃やされるならば、そこから出る生ゴミ分の二酸化炭素は大変な量だと思います。それが世界中だったら更に大変な量です。

これから先、この制度がずっと続くとすれば、具体的に換算してみる必要を感じます。2030 年まで、あと 8 年です。8 年後に 1.5 度の気温上昇に抑えるとすれば、温室効果ガスの量は地球全体で、また日本ではどのくらいまでなのでしょうか。また、この制度から私たちの提唱する光合成細菌方式にすれば、プラスマイナス換算してトータルでどのくらい二酸化炭素が減るか、調べ方を知りたいものです。そこらへんのところを、ぜひ教えて下さい。

そして、生ゴミを除いた可燃ゴミを燃やして出る二酸化炭素の量を調べておいて、1つの実験をしてみたいです。光合成細菌は100度以上の高熱でも死なないと言われているので、その焼却炉の中に光合成細菌を散布して、炎の中で二酸化炭素を吸ってくれるか調べてみたいのです。一度、夫が光合成細菌をストーブの上で熱して試していたら、焦がしてしまいました。そして、その焦げたものを削って、水に浸してから顕微鏡で見たら、元気に泳いでいました。その記憶が、その実験を思いつかせてくれました。ここでも、光合成細菌が実力を発揮してくれれば、また光合成細菌は二酸化炭素以外にも悪いガスが好きなので、そういう減少結果が出れば、光合成細菌様様です。その上、メタンにも抑制効果があるということなので、とにかく大量に作れる生産体制を、将来考えておかなければなりませんね。

私たちが、こういう環境活動を始めたのは、あなたたちの年齢の倍以上の年齢からでしたので、2人とももう80歳近い高齢で、ご存知でしょうが、おまけに私が一生治ることがないパーキンソン病になってしまい、まだ寝たきりではありませんが、夫に頼る日々です。それでも、これまで会としてようやく辿り着けた究極の結論が無に帰するのはあまりにもったいなく、今回あなたたちのような意識の高い若者に出会えたことは青天の霹靂のようで、私にとって大変有り難いことでした。

そこで、この「猿島野の大地を考える会」の活動場所である自生農場を、この遠大な構想を実現させるための「フライデー・フォー・フューチャー・ジャパン」との共生の場にしませんか。最終的に私たちの会の結論に対して、あなたたちが実験も含めて納得した上で、応募し「SDG 未来都市」に認定されるまで、ここでじっくり腰を据えて、みんなで頑張ってみるのはどうでしょうか。

その間に私たち双方の理解も進み、もしそれが成功すれば、今度はこの間お伝えしておいた国の「バイオマス活用推進計画」に一緒に市に働きかけていきましょう。その前に国連で認められていれば、日本政府も木質バイオマスでなくても、生ゴミや汚泥など、余っているバイオマスですし、地球温暖化防止にプラスの効果があるわけですので、今度は通るのではないでしょうか。

そうすれば坂東市はこれまでそれほどの特性はなかったのですが、環境問題に取り組む先進的な市として、また「宮澤賢治ともったいないの里」である「猿島野の大地を考える会」と「フライデー・フォー・フューチャー・ジャパン」のオーガナイズド・パーティーのある場として、注目や関心を集め、人々が訪れてくれるならば、これまでの日本の世界での立ち位置も違ってくるでしょう。

そして、日本政府が生ゴミと汚泥の処理を 3R の MOTTAINAI 方式で全国を通してやってくれるようになれば、環境問題に取り組む先導的な国として、また、平和憲法を保持している国としても希少国であり、これからの世界の方向を決める上での重要な国になるでしょう。

現代は物質文明社会で、可視的な事象や貨幣が重視されていますが、これからは見えない事象、例えば、魂や意識や微生物などが重視される社会に移行していくことが求められます。それを言葉で残しているのが、宮澤賢治です。彼は小学校の教科書に載るくらい国民的、そして国際的詩人です。人類の存続が危ぶまれている現代、彼の言葉は予言的であり適中しています。

私は不惑の年と言われる 40 歳を過ぎても、納得のいく生き方が持てずどん底に落ち、這い上がる過程で賢治の言葉に救われ、再生の路を歩むことができました。そこで会が誕生した時、賢治的世界観を拠り所に会の基本理念を「自由、平等、行動、非政治、非営利」とさせてもらいました。そして、20 年近くやった NPO 法人を解散する時に辿り着いた 3 つの事業の共通点は、日本の大和魂の 1 つ、知恵の根源である「もったいない精神」でした。宮澤賢治と MOTTAINAI とビッグ・ピース・ソウルの大和魂は、世界平和と環境保全を両立させるのに、なくてはならない要素です。

将来、私たち、老若二世代の試みが、時代の要請に受け入れられ、若い世代に順調に受け継がれた暁には、NPO法人になるもよし、ライフワークにするもよし、私たち老の世代は心おきなくあなたたち若い世代に全権を委ねます。ただ、反省から言いますと、私たちの会は、全ての会員に他に経済的基盤があったので、活動は全て無報酬でした。若い世代は、これから結婚、家族を持つという人生の大事が待っているので、組織の人誰もが適切な生活費を貰う権利があり、それをどのように捻出するのか考えておく必要があります。

世界中の生ゴミと汚水、汚泥を堆肥化したり清水に変えていく仕事は、やりがいのあるライフワークです。理解ある企業や行政の協力も不可欠でしょう。この大願を成就するには、長い歳月と信頼関係が欠かせません。しかし皆さんの若さで踏み出した以上、得るものも大きいでしょう。将来、この自生農場で人類の未来のために、気持ちよく働いているお二人やお仲間の人たちを想像しながら書いています。

今回の私の提案を、どう思われましたでしょうか。ちゃんと伝わっているか心配です。お二人で一度、この農場にいらっしゃいませんか。だるまストーブに当たりながら、膝を交えてお話ししましょう。私のこの現在の痩せ細った哀れな状態をお見せするのは恥ずかしいですけど、それにも慣れてもらわないと、お付き合い長く続くのですものね。

では、グレタさんの件、よろしくお願いいたします。ごきげんよう。

追伸

それから、宿泊の件ですけど、ちょっと離れた所に2、3人は泊まれるスペースはありますから、ご心配なく。ただし、来る前にお電話を下さいね。

ここからは私の独り言です。

地球温暖化や放射能汚染やバイオマス系の活用に光合成細菌をはじめとする有用微生物に働いてもらうというこの世界的規模の課題に、若者が真摯に向き合い、それぞれ得意の分野に責任と情熱を持って取り組み、それらを総括して長く広く続けていけて、それに関わる人全てがそれによって生活していけるような組織を作れば、そこで働く人たちは自分たちが自然や人類を含む生物のために循環型社会を目指し、構築しているという自負を持つことができます。

私たちはNPO法人をやっている時、皆が無報酬で、反対にもったいない物を売って、そのお金を寄付するという仕組みでした。関わっている人は年配者が多く、生活基盤がある人だったので、それで事欠かなかったのですが、これから若い人たちが、先述のように社会変革のために先を見据えてずっと働く場合には、きちんとそれに見合った収入を関係者同士で話し合って決めてスタートすることをお勧めします。

これから結婚して家庭を持ち、長期戦で取り組むのですから、とにかく組織を作って、その組織の基本理念でお互いに結び付き、社会をパラダイムシフト風に変えていく礎を作っていって下さい。それには、賢治の「自我の意識は個人から集団社会宇宙と次第に進化する」という言葉のように、自我の意識の進化に目覚めた若者が先頭になって、これからの社会に向けての好例を示していけば、周囲の人たちの意識もいつの間にか進化していき、それが当たり前の社会になるでしょう。

しかし、自我の意識といっても、意識は目に見えず、それをわかりやすく具体的に生活の中で示し、個人から集団、社会、宇宙へと進化させていった意識のありようが、私はもったいない精神だと思います。そして、私たちが到達した3つの事業は、このもったいない精神さえあれば、世界平和、環境保全という宇宙的次元の高い目標であっても、誰でもが、どこでも、いつでもできるということを示しています。

このもったいない精神が根っこにある意識が、世界中で市民権を得て動き出せば、国や宗教の違いを超えてお互いが助け合う共生社会が生まれると思います。また、地球温暖化防止や放射能減少にも働いてくれる光合成細菌やEMが、人類だけが出して地球を汚している生ゴミ、汚水をも良質な堆肥、水に変え、有機の大地、大気、大海に変え、安全な食につながり、循環型社会に自然に導いてくれるでしょう。そして、これをライフワークとして取り組む世代が、自分たちの子供である世代に「もったいない教育」として実践し、つないでいけば、次の世代にも自然と地球市民としての自覚、自意識が生まれてくるでしょう。

人類は現在、世界中で問題山積の真っ只中にあります。グローバリゼーションで情報は溢れ、移ろい、それを知ったとてどうなるものではないという個人の無力感を覚えるだけで、時は過ぎていきます。その間に、コロナや地球温暖化の問題や、多国間同士の関係悪化や問題点が指摘されるも、根本的な解決策はなく、時は推移していきます。政府も様々な思惑に囲まれて、決定打は出せません。この中途半端な状態が常態化して、国民も長い間にはそれに慣れ、期待しなくなり、無関心層が広がっていきます。国民が政府と関わるのは選挙の時だけで、後はお任せ。国や宗教の違いを超えて、全てに共通しているのは、神と全ての人に内在している「魂がつながっている」という真実です。そこを許容すれば、対立は生まれず共生できます。

ペシャワール会の代表、中村哲医師は、自分はキリスト教徒でありながら、アフガン難民の人たちのために、誰もが見向きもしない砂漠を活用して、そこに用水路を引き、イスラム教の教会であるモスクと学校を建て、難民の人たちが安心して暮らせる自立定着村をこしらえました。私は、これを知った時、まさに世界平和を体現していると感じ入りました。目に見える現象の違いで対立するのではなく、目には見えない魂の存在を認め合って仲良く共存するところにこそ、世界平和が訪れるのではないでしょうか。

賢治は、理想郷を世界共通語のエスペラント語で「イーハトーヴ」と呼びました。賢治は、世界がその地々々々の自由な価値観で、イーハトーヴが生まれるのを願っていたのでしょう。私は、世界のあちこちで「もったいないピース・エコショップ」が、世界平和を希求するお店として、イーハトーヴになることを願っています。

36. 会としての「SDGs 未来都市構想」を坂東市に提出

結局のところ、中村さんと酒井さんからは、なんのお返事も貰えませんでした。SDGs 未来都市構想を市から国へ出す提案提出期限が、その時迫っていたため、その頃、段々私の体調も思わしくなく急がなければという危機感にも迫られ、若い２人のことは諦めました。

元々提案を書くのは言い出しっぺの私の使命なので、痛みを抱えながらも、本当にやりたいことを持っていることに幸せを感じながら、入院10日ほど前に書き終わりました。そして、月1回の定例会にも欠かさず出席し、今回石鹸作りも自ら申し出てくれた、有機農業何十年の彼女に同席してもらい、役場の職員に農場まで出向いてもらい、その提案書を手渡しました。下に載せます。

坂東市　木村敏文市長殿へ

猿島野の大地を考える会独自の「SDGs 未来都市構想」
(資料1と2)

私たちの会の「SDGs 未来都市構想」の提案を提出させていただきます。これからの時代の長期的、大局的視点から、坂東市の提案としてお認めいただき、提出していただけることを願っております。ご検討いただければ幸いです。

最初に、私たちの会の「SDGs 持続可能な開発目標」について、述べさせてもらいます。私たちは、現在日本中で余っているバイオマスの中で、生ゴミや汚泥水や畜産廃棄物、農業非食用部などを、地球温暖化防止に役立つ光合成細菌という微生物と組み合わせることで、有効活用して一切環境に負担をかけないという持続可能な目標を目指しています。

これまで、プラスマイナスゼロのカーボンニュートラルが最高の地球温暖化対策の答えでしたが、私たちの答えはどこまでいってもプラスです。なぜならば、光合成細菌は二酸化炭素を好む嫌気性で、酸素を嫌います。その上、温室効果ガスは7種類あって、その中のメタンガスは二酸化炭素の20倍の効果があるとのことですが、光合成細菌はそのメタンガスの抑制効果も有しているとのことです。

そこで、坂東市としての私たちの会の SDGs 未来構想は、日本中、世界中の生ゴミを焼却するのではなく、全て有効活用して未来につなげるというものです。そうしたら、どれほどの二酸化炭素や有害なガスが減少し、焼却費用が不要になり、その上、生ゴミなどのバイオマスが全て堆肥化され大地に還元され安全な有機農産物につながります。そして、昔から農業で知られていた坂東市が、更に一段高い「有機の郷」に生まれ変わるでしょう。

カーボンニュートラルよりも温暖化防止に貢献できる新たな方法があることを、国が坂東市の未来都市構想の提案で知れば、7月の選定の時に「自治体SDGsモデル事業」に選ばれ、もしかしたら更に「環境未来都市、地方創生SDGs」にまで進むかもしれません。

旧猿島町時代の伝統的「住民参加型」方式で（資料3）

この長期的な大きな目標を達成するには、最初の段階は「地球温暖化防止に貢献してくれる光合成細菌で、生ゴミを簡便に自家処理して、安全な野菜や美しい花に変身させませんか」などと呼びかけて、坂東市の住民にモニターさんになってもらって、その感想を聞いた上で、希望者に光合成細菌の全戸無料配布制度を実施することです。

これは、旧猿島町時代、茨城県で「住民参加型」という冠を付けた環境基本計画を最初に作った環境意識の高い町だったという点に遡ります。その頃環境審議委員だった私は、EM生ゴミぼかしのモニターさんを募集し、その感想を聞いた上で無料配布制度を提案しました。感想が好評で、この制度は合併直前の9年間続きました。

もう1つの「住民参加型」の具体例は、やはり猿島町の時、米のとぎ汁が環境を汚すという事実を知って、私が考案した「米のとぎ汁流さない運動モニター制度」でした。それは、悪玉である米のとぎ汁を反対にEMと組み合わせることで善玉の発酵液に変え、色々な生活改善に活用したり、排水浄化にも役立てるというものでした。これは私たちの会が町との委託事業で、10数年合併後も続きました。

この「住民参加型」という制度は、住民が環境浄化のために社会に参加して、これまでのライフスタイルを改善していく上で、とてもいい制度だと思います。この猿島町時代の伝統を引き継いで、今回も先に述べたように、住民に参加してもらうことから始めるのがいいと思います。

官民協働で有機の郷に

そして、その間に市のほうでは次にやる段階を考え実行していき、いつか坂東市の生ゴミが全て有効活用され「有機の郷」になるよう、その実現に向けて取り組んでいくのが最良の方法と思います。旧猿島町の時、私たちの会は役場の職員と協力し合い、信頼関係の下に様々な活動をしてきました。今回も、未来に明るい可能性を持っている大きな構想の実現に向けて、官民協働で取り組めることを願っています。

私たちの会独自の水質浄化実験（資料 8、9）

旧猿島町時代に役場の職員から、町民からの苦情の多い用水路について相談を受けました。彼が本当にひどい状態の用水路に私を案内してくれた時、「3 年前に 100 万円近くかけてここのヘドロを取り除いたんだけど、また同じことの繰り返しですよね」という彼の言葉が私の心に刻まれました。私は月 1 回一度も休まずやってきた会の定例会に諮ったところ、3 ヶ月間、週 1 回につき 500 リットルの EM 活性液をヘドロに灌注し、その頃やはり月 1 回一度も休まずやっていた水質検査で結果を見ることになりました。

その水質浄化実験の結果は、想像していた以上の好結果でした。そして、その実験でかかった経費は約 10 万円。乏しい会の費用を削ってやって困っていた私に、彼が教えてくれたのが「大好きいばらき県民会議」の助成金制度でした。そして、それに応募して幸いにも同額くらいをいただけ、その後もその制度を活用し色々助かりました。そして、ヘドロを取り除くだけに税金を使い、また元の木阿弥になってしまう従来の方法に比べて、約 20 分の 1 の費用で広範囲に浄化されることを実証できたということは、この方法を現在の全国の下水処理場に応用すれば、低価格で海などに放水された後も浄化効果は持続するということを示しています。

その頃やっていたNHKの「ためしてガッテン」という番組で、4合の米のとぎ汁を流した場合、魚の住める環境、BOD（生物化学的酸素要求量）5に戻るのに、10リットルのバケツの水がなんと216杯も必要と言っていました。それが日本中の各々の家庭から日々流されているのかと思うと、想像を絶します。また、下水全体の汚れの中で、家庭の雑排水の占める割合が98%というのも驚きでした。そして、下水道から処理場に行った水は、大きく曝気されながら、好気性の微生物によって分解され、水と汚泥に分けられ、汚泥は産業廃棄物として他に移され、水はそのまま海や川、湖などに放水されるのだといいます。そこで唖然としたことは、放流される処理水の中に窒素、リンが除去されずにそのまま含まれており、それらが富栄養となって、海では赤潮、湖ではアオコの原因となっているということでした。なんとお寒い現状なのでしょう。

これに比して、私たちの会で行った水質浄化実験の結果は素晴らしいものでした。EMは有用微生物群という好気性の微生物と嫌気性の微生物の集まりで、それぞれの特性を活かしながら相乗効果を発揮しています。現在の下水場での好気性の微生物での曝気は、分解は早いが汚泥を増やすと聞きます。私たちの会の水質検査の結果は、ヘドロと汚泥をその場で減らし、窒素やリン、COD（化学的酸素要求量を意味し、水中に含まれる有機物汚濁を測る指標）も激減しました。

その上、測定値が3箇所（①実験地の中の定点、②実験地の最先端で行政側がEM液を24時間点滴している排水の流入地点、③実験地から約50メートル下流の地点）で、③のように実験地から離れた下流でも、似たような数値が得られたことから、EM菌は移動して波及効果があることが証明されました。また、EM菌で減ったヘドロは、産業廃棄物ではなくて、光合成細菌で堆肥化されれば立派に活用できると思います。

宮澤賢治の言葉から発想（資料7と9）

私たちの会が活動の精神的拠り所にしている宮澤賢治の言葉に「新

たな時代は世界が一の意識になり生物の方向となる」という現代人にとって考えさせられる言葉があります。人間も生物ですが、他の生物と違う点は、生ゴミと水質汚泥を出し、お金を使う点です。お金はともかく、生ゴミと水質汚泥は、微生物で解決できることが、私たちの会の実験によって証明されたので、最初に坂東市の下水処理場で EM 使用によって実験して改善が証明されたら、全国へ普及できると思います。費用はさほどかかりません。とにかく生ゴミと水質汚泥を活用できて、大地、海川、湖が豊かになれば、これ以上の環境保全はないでしょう。

このように、生ゴミと水質汚泥は、光合成細菌をはじめとする有用微生物で、地球温暖化問題を解決し、放射能も減少させ、全て堆肥化し有効活用するという構想は、地球のどこでも持続可能で、環境保全度満点ということになります。

私たちの会の核は、日本の宝、MOTTAINAI（資料 4 と 5）

アフリカ人女性で初めてノーベル平和賞を授賞したケニアのマータイ女史が、日本のもったいない文化を絶賛し、もったいないを世界共通語にと言い残し、MOTTAINAI：3R（Recycle 再循環、Reuse 再使用、Reduce 減少）+ Respect（自然に対する畏敬の念）と 表現しました。私はここにもう 1 つ、Appreciation（自然に対する感謝の念）を付け加えたいと思います。そして、私たちのこれまでの活動は、全てこの MOTTAINAI に基づいています。

私たちの会は、宮澤賢治的世界観を拠り所に、「争いのない環境を汚さない社会の実現」を究極の目標に活動してきました。そして、会独自の 3 つの事業に辿り着きました。

1 つは「もったいないピース・エコショップ事業」です。発端は、私が夫の仕事を手伝っていて、規格外の卵が活用されないのがもったいなく、また、自分の働きがいも欲しくて、これを売って子供の命につなげようとユニセフを発想し、平成 6 年「ユニセフショップ」が誕生しました。その後、読書家の次女を通して中村哲医師のことを知りました。現地のアフガニスタンで難民の自立のために、井戸、用水路を難民とともに身を呈して建設している、これこそ世界平和を体現している姿と感銘し、それ以後ペシャワール会に支援の主軸を移し、お店の名称も「もったいないピース・エコショップ」と改めました。その後も、趣旨に共鳴してくれる会員さんたちやゴルフ場さんの協力もあって、有り難いことに順調に推移し、令和3年度までに、ユニセフ、ペシャワール会、日本赤十字、福島県南相馬市、茨城県常総市、そして福岡市に多くの寄付金を送ることができました。本当に有り難うございました。これにより、自分たちも自分の足元からできることで日常的に世界平和に関与でき、元気、安心、希望、連帯感などの栄養素をいただいています。

2つ目は「もったいないピース・エコショップを全国に広げる事業」です。これまでに5店になりました。これは、1948年、終戦3年後に、Oxford大学とfamine（飢え、飢饉）の合成語の「Oxfam」というチャリティーショップがイギリスで生まれ、今では世界中に1万店以上あるということを知り、物余りの現代、「もったいないピース・エコショップ」という名称は、その趣旨をよく表していると思い、それを各地に広げる事業を思いつきました。お店の形態は自由です。1号店の私でさえ、ゴルフ場さんのご厚意でゴルフ場さんの玄関前で即席のお店を開かせてもらっているのですから。これからやって下さる人には、「何号店」という看板と、「大和魂」の下にビッグ・ピース・ソウル（もったいないから生まれる知恵と大いなる和の魂という意味）とフリガナを付けた看板と、私が活動の過程で自然に生まれた自作の歌を吹き込んだCDの付いた4冊目の拙著『とりあえず症候群のあなたに』を贈らせていただきます。

3つ目は環境保全事業です。光合成細菌による生ゴミの簡便な自家処理法は、私たちの会のゴミ関心部会「四季の会」が一緒に考案したものです。その頃、県で「地域の課題は地域で解決」という募集があり、四季の会と坂東市くらしの会で「EMの中の主役、光合成細菌による生ゴミの簡便な自家処理法と安全な社会創り」という題名で応募して受かり、いただいた助成金と一会員の資材の無償提供で、光合成細菌を培養するビニールハウスが完成し、坂東市の後援でフォーラムも開催できました。もう1つは、EM液体石鹸です。水質浄化実験の時、主に排水を汚すのは、米のとぎ汁と合成洗剤と廃油だと気が付き、米のとぎ汁も廃油も活用したEM液体石鹸を考案しました。製造回数は270回に達しました。安全なので食器洗いにも洗濯にもシャンプーにも使え、市の直売所に、光合成細菌や、会員が提供してくれた竹酢液、夫が提供してくれた烏骨鶏（うこっけい）の卵などと一緒に置いてあります。もちろん、これらの収益は全てペシャワール会に行きます。

「私の宮澤賢治かん」他等など（資料6）

私たちの会の活動は、全て国際的詩人、国民的詩人である宮澤賢治的世界観に立脚しています。私が個人的に生き詰まってしまった時に、極限状況から這い上がる過程で、それまでちんぷんかんぷんだった賢治の詩の中に、真に納得する答えを見つけ、再生を期して『私の宮澤賢治』という本にしました。その後、賢治を生きる具現的方法として、自然と社会につながっている道路のゴミ拾いを始めたことで自分を社会化でき、「四季の会」が生まれ、真の元気も身につけることができました。

そして、ゴミ拾いの過程で、ニュージーランドからカボチャを輸入する際の大きな木枠の箱に出会い、使命が終われば焼却されると聞き、もったいないので社長さんにお話しに行くと、いただけることになり、それからは、午前中はゴミ拾い、午後はその箱を解体する作業が続きました。そして、それは、ライフワークとしての自然養鶏に辿り着き、鶏舎もほとんど自力で建ててしまったような夫によって、3年間、彼の仕事の合間を活用し、また、私が解体した木枠の板を活用し、私がゴミ拾いの過程で出会った昔の日本文化の香りのする品々を展示する「私の宮澤賢治かん」が出来上がりました。

これ以外にも農場内には、もったいないピース・エコショップで最も貢献してくれている卵油とEM液体石鹸を作る工房や、会員の大工さんと一緒に作ったピザ窯のある作業場も、廃物、廃材を大いに活用した夫の作品です。そして昔、夫が手作りした育雛室が、今度は会員の大工さんによって、20年形がなかった「もったいないピース・エコショップ」として初めて形になり、素敵に生まれ変わりました。

猿島町まるごと博物館の活用（資料6）

また、お話変わって昔、現在の郷土館「ミューズ」の建設準備委員に選ばれた私は、そこでエコミュージアムのコンセプトを知り、その頃、箱物主義が横行していたことに疑問を感じ、エコミュージアムを会の皆で「猿島町まるごと博物館」という形にし、会の交流行事の時などにそのマップを持って回っています。「私の宮澤賢治かん」も、その1つです。

また、旧猿島町時代に、住民参加型の環境基本計画を作った課長さんが、ゴミ減量化を推進していくシンボルとして作った「リサイクルセンター」もその1つで、旧猿島町時代は随分活躍しましたが、現在はあまり使われていない状況なので、これから生ゴミと光合成細菌の堆肥化実験の場として活用し、また、市民農園が隣地にあり、これも現在は活用されていない状況なので、この堆肥の有効比較実験などに活用すれば、「SDGs未来都市」構想の実験地として市内外の関心を呼ぶかもしれません。

SDGS未来都市の17の目標

SDGs未来都市構想の17の目標に、私たちの会の構想がどの程度適合しているかについてですが、私たちの会の現在の3つの事業と照らし合わせると、大局的に見て、また、直接的、間接的に見て、目標5と7と9を除く全ての目標に適っていると思われます。

私たちの会、猿島野の大地を考える会が、20数年の歳月をかけて、宮澤賢治的世界観を拠り所に辿り着いた「SDGs未来都市構想」を市の提案として受け入れてもらうことを切望いたします。

そして、全国から提出された提案の中から「自治体SDGSモデル事業」として選定されるのが7月。その前の5月には「バイオマス活用推進計画」の応募が始まります。毎年、最近は木質バイオマスと発電に重点が置かれていますが、こちらはカーボンニュートラルのプラスマイナスゼロよりもプラス一辺倒ですから、今度は認められるかもしれません。そして、この私たちの会の提案の主旨は、国が活用の低くて困っている「生ゴミ、畜産廃棄物、水質汚泥、農業非食用部のわら、籾殻」ですから、全て光合成細菌やEMと組み合わせれば、いい堆肥に生まれ変わります。

そこで、2月に提案提出した後に、5月までリサイクルセンターなどを活用して官民協働で色々実験を繰り返し、全ていい堆肥化できる答えを手に入れ、それを坂東方式として普及できるまでに持っていけたら、坂東市バイオマス活用推進計画も今度こそ国で認められると思います。この未来都市構想とバイオマス活用推進計画、2つを考慮に入れながらやって、どちらも成立するように持っていくことが賢明ではないでしょうか。

宮澤賢治は、理想郷は世界のどこでも可能という意味で、理想郷を世界共通語のエスペラント語で「イーハトーヴ」と表現しました。私たちの会が20年近くNPO法人をやってきて辿り着いた3つの事業は、世界の誰でもどこでもいつでもできるイーハトーヴ、理想郷の1つと言えないでしょうか。

私たちの会のこの熱い思いをご理解いただいて、自分のお住いの地域も「イーハトーヴの1つ」にしようと思って帰っていただけるよう、坂東市の一隅で、坂東市より「宮澤賢治とMOTTAINAIと微生物の世界にようこそ」とお迎えして、「光を観る」という意味の「観光地」として、将来沢山の方々が訪れ、世界各地に「イーハトーヴ」が増え、争いのない環境豊かな社会が実現することを願ってやみません。

参考資料

1．NPO法人 猿島野の大地を考える会による「会独自のバイオマ

ス活用推進計画」平成30年4月作成
2．光合成細菌（表）と放射能減少実験の結果（裏面）
3．「米のとぎ汁流さない運動モニター制度」のパンフ
4．もったいないピース・エコショップの目玉商品、卵油の紹介パンフ
5．同じくEM液体石鹸のパンフ
6．猿島町まるごと博物館、住民手作りマップ
7．CD付き「とりあえず症候群のあなたに」副題「宮澤賢治的世界観より」
8．私たちの会による水質浄化実験の結果表
9．新聞掲載資料

以上、私たちの会の真意をお察しください。よろしくお願いいたします。会のホームページ（http//www.peaceecoshop.com）のトップページの上段にある「主な活動内容」というところに「有用微生物の普及」があり、そこに参考資料２と８の結果が載っています。また、「会独自のバイオマス活用推進計画」の中に「光合成細菌物語」がありますので、ぜひ目を通してみて下さい。また、トップページの下段で、私の拙い歌が流れます。

この提案書を提出してから数日後に、お電話でこのお返事を聞いたのですが、議会を通さなくてはいけないし、SDGsの締切前にそれは無理だし、今回は見送らせてほしいとの回答でした。大体このような大がかりな変革を求める内容は、簡単に受け入れられるはずがないということはわかっていたので、それほど失望はしませんでした。

37．会員さんへの報告

そして、この前に一応この提案書を出した旨を、特にこの実験に協力してくれた四季の会の人たちや心配してくれている人たちに、お手紙と

提案書を添えて送らせていただきました。本来だったら全ての会員さんに送るべきでしたが、入院を目前にしてそのゆとりもなく申し訳ありませんでした。

会の皆様へ

ずっとご無沙汰していて申し訳ございませんでした。ご存知の方もおられると思いますが、私は昨年、78 歳の時にパーキンソン病と診断され、不自由な体になってしまいました。一時は絶望状態になりましたが、気持ちを取り直し、この状態で自分のできることは何かと考えた時、会として一番大事な最後の総括の時期を書いていなかったことに気付きました。

その頃は日々忙しく、苦しい時もあったりして、5 冊目の本を書く余裕もなく、思いつきもしませんでした。しかし、これまでどの会員さんにもお世話になってこそやってこられたので、こんな状態の体で書けるか心配でしたが、少しずつ始められるようになりました。

そんな時、2 年半ほど前になりますが、新聞にスウェーデンのグレタさんが大きく掲載され、彼女が「学校ストライキは 1 つの手段に過ぎない」「地球規模の問題に対して、私たちは全員何かをする責任がある」「最も大切なのは、気候変動について学び、それが何を意味するかを理解し、自分ができるのは何かを考えること」と言っていたのが、私の心を捉えて離しませんでした。その頃、私たちの会は、私たち独自の地球温暖化問題に対する解決法、光合成細菌による生ゴミの簡便な自家処理法に辿り着いていたので、それを知ってもらいたくて私は彼女に拙い英語で長い手紙を書きました。愛読者センターを通して出したのですが、住所がわからないのですから無理というもの。結局、そのままになりました。

そして昨年の 10 月 10 日、私たちの 53 回目の結婚記念日に、新聞に「日本のグレタさん誕生」という記事が大きく載りました。中村涼夏さんという鹿児島大学の 2 年生と、酒井功雄さんというアメリカのアーラム大学の 2 年生の 2 人のことが紹介されていました。

　中村さんは、日本に散在している地球温暖化問題に関わっている人たちをまとめて「フライデー・フォー・フューチャー・ジャパン」を設立し、酒井さんは気候危機を訴える「気候時計」100 台を東京に設置するためにクラウドファンデングをやり、それが成功したと報じられました。私は、お二人との間接的な出会いでしたが、私たちの記念日の贈り物と勝手に悦びました。

　私は、私たちの会が考案した光合成細菌による生ゴミの簡便な自家処理法が坂東市に行き渡ることを願っています。猿島町時代、9 年間続いた「EM 生ゴミぼかしの無料配布制度」では焼却費が周辺の自治体で最低を記録したので、今度も同様にやれば焼却費が減ると同時に、光合成細菌が二酸化炭素を吸って減らしてくれ、生ゴミも大地に還元され、有機農産物に近づいていき一挙四得くらいになります。そして、猿島町時代にやった「米のとぎ汁流さない運動モニター制度」と川の浄化活動も坂東市になっても続き、計 10 数年、排水浄化に貢献しました。

　環境意識の高い旧猿島町時代に「住民参加型」という冠の付いた環境基本計画が茨城県で最初に作られ、上記の 3 つは私たちの会が提案し、官民協働で具現化されました。

　昨年も国連の COP26 が行われ、日本はまたもや不名誉な化石賞を貰いました。私たちの会が長い間その実現を要望し続けていたバイオマス活用推進計画も、市は「国が木質バイオマスと発電に重点を置いているから」ということで、結局、私たちの要望は見送られてしまいました。私はそれがもったいなく、いつか陽の目を見ることを信じて、平成 30 年、まだ NPO 法人の時、「会独自のバイオマス活用推進計画」を作成しました。会のホームページに載せてあります。

　ところで、皆さんは SDGs という言葉をご存知ですか。Sustainable Development Goals、日本語にすると「持続可能な発展目標」といい、国連が提案しています。その中に国連が世界に呼びかけ、日本政府も呼びかけている「SDGs 未来都市」構想があります。国内の全ての自治体が、自分の構想案を提出し、よかったら選ばれ、その構想を広げるよう助成金も出るということです。

私は「フライデー・フォー・フューチャー・ジャパン」の存在を知ってから、せっかくこれまでみんなで一緒に培ってきた私たちの会を存続するためには、若者たちと一緒に活動し、理解し合って将来は会を継承してもらいたいと思うようになり、今も２人に熱い声援を送り続けていますが、今のところ一方通行です。

ところで、この未来都市構想は毎年期限があり、市が市の提案としての提案提出期限は、２月 14 日から 28 日とのことです。私たちのような市民団体や企業も提案して受け入れられれば、市の提案の中に入れてもらえるとのことです。しかし、市議会にかけての上ということです。そして全国で提出された中から、７月に国によって「自治体 SDGs モデル事業」として選ばれ、その構想は広げてほしいということです。こんなに切羽詰まって、来年に延ばせばいいかもしれませんが、私の体がいつまで持つかわかりません。申し訳ありませんが、どうしても今年、皆さんのご理解をいただいてトライしたいのです。そこで、市への提案書も同封いたします。どういうことになるかわかりせんが、よろしくご協力のほどお願いいたします。

この後、私は入院しました。それ以前から座っていても立っていても、段々痛みがひどくなり、ついには歩けなくなり、ようやくその原因を調べることになり、調べた結果、随分前に足を滑らせて後ろ向きに倒れた時の背骨の損傷が原因でした。自分の体にあったコルセットが出来る前の 10 日間はベッドの上の生活でした。

38. 娘たちへの最後の便り

これまで３人が三様に、自分ができることで私を助けてくれてほんとにありがとう。あなたたちの家族もみんな協力してくれ、どんなに心強かったかしれません。その協力がなかったら、今の自分はなかったというのが本当のところでしょう。これからも、やる気だけはあるけど頼りない母を助けて下さい。

いつか私があの世に旅立った後も、あなたたち三家族に覚えていてほしいことがあります。それは、私が令和４年に加筆した「会独自のバイオマス活用推進計画」と、国連が世界に2030年までを提出期限に呼びかけた「SDGs未来構想」、もう１つはユネスコの「ESD」の制度です。

この３つは、これまでの私たちの会の活動の結論と結び付けて、認めてもらえれば世界に発信できる機会を与えられると思って、これまで頑張ってきました。それを私の遺言と思って、忘れずにいてほしいのです。それをあなたたち家族の誰かがトライしてみようと思ってくれたら、家族で協力してあげてください。私の作った拙い歌「家族」のように、こういう時こそ家族の絆は強くなると思います。お願いしておきます。

この入院生活も無駄ではありませんでした。パーキンソン病で手が段々と強張り、その上、神経伝達物質が少なくなって字に個性がなくなり、下手この上ない字しか書けなくなりましたが、３人の娘に宛てて遺言とも言える手紙書きを思いつきました。そして、以前どこかで貰った沢山のノートを半分にした我が家独特のノートを夫に届けてもらって、私の便り書きが始まりました。というのは、前にも書いたと思いますが、どの娘もEMや環境に関係した生活面を持っていたので、EMの中の主役である光合成細菌がこれからの地球温暖化問題や放射能減少に大きな役割を果たすということを、最も身近な彼女たちに最後に伝えたかったのです。

以前から「時は金なり」という諺が大嫌いで「時は命の燃焼なり」という自己流の諺に置き換えてきた私は、もうそんなに残されていないであろう自分の命を「今、最優先にすることをする」という信念で、お陰様で命を燃焼させることができました。その上、それまでほとんど入院生活を体験したことのない私は、そこで働く人たちに接したこともなかったので、その人たちが活き々々と明るく優しい気持ちで、使命感を持って働いている姿に感動しました。

ある時、１人の看護師さんが入院している４階の病室の窓から見える建物を指さして「私たちはあの看護学校で３年間学んでここで働いているの」と教えてくれました。働いている人たちが皆個性の違いはあっても、情緒が安定していることに納得しました。聞けば、その学校で校長先生をやった方が、現役でお医者さんをやっておられるそうで、建学の精神をそこに感じました。

それから、どうやら背骨の損傷も半分ほど固まったということで、退院はできることになったものの、その時、医師から私の骨密度が38と言われ、立派に骨粗鬆症の烙印を押されてしまいました。5歳年上の姉でも骨密度が80台で、数年前から薬を飲んでいるとのこと。今後、テリボンという注射を退院後も自分で打つようにと打ち方を教えられ、それも2年間続けるとのこと。ガックリです。

退院後、娘たちに書いた便りをそれぞれパソコンに移し替えずに不安定な自筆のまま送ったのですが、彼らがそれを実行に移すわけもなく、強制するようなことでもなく、だからと言って、無に帰するのはもったいなく、そこで思いついたのが、平成30年、会がNPO法人だった頃に作成しておいた「会独自のバイオマス活用推進計画」でした。

あれから4年が経過した令和4年の現在、立脚点は同じですが、視点が広く大きくなり、実現化に一歩近づいたように思い、ここに活用することにしました。最初のバイオマス活用推進計画を書く気持ちにさせてくれたF会員に感謝です。

そこで退院後は、娘たちへの便りを客観視して、このバイオマス活用推進計画に充当することに努めました。そして、その後にまた私が再入院することになるのですが、不幸中の幸いで、そのバイオマス活用推進計画の再作成作業はそれまでに完了していました。

39. 再作成した「会独自のバイオマス活用推進計画」

令和4年、地球温暖化問題の締切が迫っている今、その解決を願って平成30年に作成した「会独自のバイオマス活用推進計画」に加筆し、再作成しました。

その時の心境を「曲がりなりにも」という曲にしました。併せてご覧下さい。

NPO法人 猿島野の大地を考える会によるバイオマス活用推進計画

目次

第1　バイオマス活用推進についての基本的な視点

1．「バイオマス」についての解釈と規定

グローバリゼーションの現代、地球温暖化現象と放射能汚染の問題は未解決で、人類全体の未来に暗い影を落としています。しかし、この地球的二大難問を作ってしまったのも、私たち人類です。一刻も早い根本的、普遍的、包括的解決が求められています。

私たちは、最初「バイオマス」という言葉を「生物体量」と解釈し、その範疇を大別して「動物、植物、微生物（化石資源を除く）」としました。しかし、途中で、国が基本法や基本計画に謳っている「動物、植物に由来する有機物である資源」という解釈も「バイオマス活用」という範疇では理に適っていると判断し、国の解釈にも添うことにしました。

2．計画策定の目的

長期的視点に立って、また、人類、世界という大局的視点に立って、

国民の理解と意識の醸成を図りながら、住民参加の形でバイオマス活用の推進を図っていく。

3．計画期間

猿島野の大地を考える会が存続している期間

第2　現状及び課題について

1．バイオマスの発生及び利用の現状

坂東市は山林が比較的少なく、木材系のバイオマス産業は育たない環境にあります。東京に比較的近いこともあり農業が盛んで、特にネギや白菜、トマトなどの生産量が高いです。生ゴミに関しては、約10年前、坂東市として合併する前の旧猿島町時代には、EM（有用複合微生物群）の生ゴミ用EMぼかしの無料配布制度が合併直前までの9年間続き、周辺の自治体で可燃ゴミの焼却費用が最低を記録しました。猿島町は環境意識の高い町で、茨城県で「住民参加型」という冠の付いた環境基本計画を最初に作りました。NPO法人「猿島野の大地を考える会」の1人が、環境基本計画作成の時の審議委員に選ばれ、その後、住民参加型を具現化するのに官民協働で、1年間のモニター期間を経て、モニターさんの感想を聞いた上で、この制度が実施されました。合併後、この制度はなくなりましたが、この住民参加型は民主主義社会の最適な方法の1つだと、その時、確信しました。

2．各バイオマスの現状及びその課題

平成28年に出された国のバイオマス活用推進基本計画の中のP9の「2025年（平成37年）における目標」を見ると、ほとんど全ての分野が順調に進んでいるとあります。ただ、食品廃棄物の分野で、消費者の生ゴミの分野だけが、利用率が低く、目標値もそれに応じて低いです。農作物非食用部もすき込みは除くと、やはり低くなっています。また、畜産廃棄物、下水汚泥も活用されていません。

私たち、猿島野の大地を考える会は、宮澤賢治的世界観の下、根本的、普遍的、大局的見地から、誰でも、いつでも、どこでもできる解決法を目指して、自分たちが納得する方法に辿り着きました。それが、光合成細菌をはじめとする有用微生物に働いてもらうことでした。これらの微生物に働いてもらえる分野は、幸いにも４分野あって、それらが微生物を中心に補完し合って環境を損なうことなく、持続可能な社会に導いてくれます。

それが、食品廃棄物であり、農作物非食用部であり、畜産廃棄物であり、水質汚泥です。農作物非食用部の籾殻や稲わらは、微生物の格好の住処になります。ただし、稲わらは、前もって大量に細かく粉砕しておきます。

光合成細菌は嫌気性で、二酸化炭素が好きなので地球温暖化防止に貢献します。この特徴から、生ゴミに活用すればすぐ土に埋めても死なないと気が付きました。会の中のゴミ関心部会「四季の会」の皆で、生ゴミが三角コーナーにいっぱいになったら、蓋のあるバケツに入れ、その上から光合成細菌をスプレーし、バケツがいっぱいになったら、あらかじめ畝穴を掘っておいて端から順に埋めていき、全て塞がったらタネや苗を植えていくという寸法で試してみました。光合成細菌は、悪臭を取るという特徴があるのでバケツがいっぱいになるまで生ゴミ特有の匂いはしません。そして、元気な野菜が出来ました。また、3.11 の時、光合成細菌は放射能を減少させるという話を聞き、半信半疑で市の測定器で２回調べてもらいましたが、その通りでした。それは、後ほどお伝えします。

第３　バイオマス活用の推進に当たっての基本的方針

１．地球市民としてのバイオマス活用の推進

私たち、現代人は物質文明、機械文明のお陰で、大量生産、大量消費により多くの人が便利で快適な生活を送れるようになった反面、大量廃棄の問題が待っていました。廃棄されるものをどのように活用するかが、待ったなしで問われています。

その解決策を機械文明に頼ると、そこにまた、温室効果ガスの問題が浮上し、地球温暖化につながってしまいかねません。また、「カーボンニュートラル」は植物が成長の過程で光合成により、大気中から二酸化炭素を吸収し、今度は植物を燃焼させた時、二酸化炭素を排出するが、前に吸収してあったので、二酸化炭素の量は増減なしということを意味していると思います。これは即ち、プラスマイナスゼロということです。ところが、どこまでもプラスの方法があります。

それは、二酸化炭素を吸収する有用な微生物を活用することです。しかし、昔と比べて、その有用な微生物が大地、大気、水の中から激減しています。そして、微小で見えないがゆえに、全く重要視されていません。その存在と大切さに気付いてもらって、住民１人１人が生活の中で身近な生ゴミ、米のとぎ汁、農業などを通して、有用な微生物を活用した生活改善実践をすることで、大地、大気、水の中に微生物を増やしていくことが求められています。

私たちは、宮澤賢治的世界観を拠り所に、争いのない、環境を汚さない社会の実現を願って活動し、もったいないピース・エコショップ事業と、地球温暖化防止と放射能を減少させる力のある微生物に辿り着きました。微生物の名前は光合成細菌といいます。生ゴミは、人類が存在する限り世界中で日々出る永遠の課題です。この微生物と生ゴミを組み合わせ、大地に還元することでいい堆肥になり、より安全で元気な農作物が育ちます。この地球的規模の二大難問を解決し、有機的な農産物につなげることで、次世代や社会のお役に立ち、自分も元気、安心、希望がいただけます。

世界中の人々が地球市民という自覚を持って、人類の命運がかかっている今こそ、身近な生ゴミを通して光合成細菌のような嫌気性の有用微生物を大地に還元し、地球全体を修復することが早急に求められています。

前の章で述べたように、坂東市になる前の旧猿島町は、茨城県で初めて「住民参加型」の冠を付けた環境基本計画を最初に作り、それを実践した意識の高い町でした。その伝統を受け継いで坂東市が、世界全体が地球温暖化問題、放射能問題、コロナ問題、ウクライナ問題で未来が全く見えない中、１人１人が地球市民という自覚を持って、生ゴミを光合成細菌と一緒に大地に返し、安全な有機野菜に変え、微生物豊かな土壌にする試みに加わりませんかと、市民全体に呼びかけ、光合成細菌で生ゴミを活用するモニターさんを募って「住民参加型」を復活するのはどうでしょうか。

地球温暖化問題と放射能問題、また、生ゴミの焼却費の軽減、大地の復活、安全な農産物と将来に希望の灯りが生まれ、その上、それは、誰でも、いつでも、どこでもできることです。この結果が良ければ、他の自治体の市民も関心を持って自治体に働きかけるでしょう。

また、大量の生ゴミ、畜産廃棄物、水質汚泥も光合成細菌をはじめとする有用微生物と籾殻や稲わらなどに働いてもらって、全て有効活用できます。これも、大和の国と言われていた大昔の日本人が私たちに残してくれた知恵の賜です。

２．有用微生物の必要性の普及

昔、顕微鏡のない時代、日本人は見えない微生物の存在と力を感得し、実生活の中に活用して日本文化を構築してきました。特に食の文化は、味噌、醤油、酒、納豆、漬物など、現代でもなくてはならない、微生物を活用した発酵、保存食品です。乳酸菌、酵母菌、枯草菌、放線菌、納豆菌などの有用微生物の主役が、光合成細菌です。

地球温暖化防止と放射能減少の力を持った、この微生物の重要性を皆さんに理解していただくために、会として拙いながら「光合成細菌物語」（本書 P126 参照）を作りました。それを読んでいただけばわかりますが、私たちの会が最初にバイオマス、生物体量（生物資源）を３つに大別したのは、壮大な地球史の中で微生物という大前提の存在がなければ、動物、植物の存在はあり得なかったからであり、3つの総称と考えた次第です。

３．循環型社会形成の鍵、もったいない精神

この循環型社会の象徴的姿は、江戸時代にあります。なんでも活用され整理された社会は、本当に見事だったと聞き及びます。人間のし

尿さえも貴重な資源で、野菜や米と交換され、運ばれ、しばらくは肥溜めで自然界にいる微生物によって分解された後、大地に肥料として活用されました。もちろん生ゴミも、掃いた落ち葉や土と一緒に、掃き溜めで、やはり微生物で自然に堆肥化され活用されました。米のとぎ汁の糠分も栄養があるということで、排水に流さず、植物にかけ、活用されました。稲わらも、燃料やむしろ、わらじにもなり、買い物もビンや容器を持って行き、何も使い捨てはありませんでした。全ての物が手作りで貴重だったので、最後まで活用されました。

このなんでも活用する精神は、日本の大昔の農耕社会だった大和時代の大和魂に根幹をなす、自然の偉大さに対する畏敬の念と自然の恵みに対する感謝の念から生まれたもったいない精神から由来したものだと思われます。百科事典で「大和魂」を紐解くと「知識ではなく、知恵」とあり、もったいない精神との密接な関係がうなずけます。

このもったいない精神は、循環型社会の形成に不可欠であり、日本人としての中核をなすアイデンティティーであり、次世代に引き継がれるべき貴重な精神的財産です。

4．二大バイオマスの活用推進

国の新しいバイオマス活用推進基本計画にある P9 の「2025 年（平成 37 年）における目標」によると、食品廃棄物と農作物非食用部は、まだ活用率が低いとあります。特に、食品廃棄物については、食品リサイクル法により食品製造業の廃棄物はバイオマス活用の目標に達しているとありますが、食品流通業や国民が出す生ゴミについては目標に達せず、分別が不完全な生ゴミについては日本全国と言わず、世界中でほとんどが焼却されている状況です。まさに、ここにこそ私たちの会が活用を推進している有用微生物の出番です。

一例を紹介しますと、市が NPO 法人「猿島野の大地を考える会」との委託事業で 10 数年実施している「米のとぎ汁流さない運動モニター制度」があります。それは、米のとぎ汁の糠分が排水を汚し、下水汚泥を増やすことから、有用微生物を活用していい発酵液に変え、様々な生活改善に活用し、その後も排水浄化につながるという制度です。この糠分は、食品廃棄物でもあり、農作物非食用部でもあります。
この食品廃棄物の主役でもある生ゴミを光合成細菌と組み合わせ、農作物非食用部や畜産廃棄物も水質汚泥も光合成細菌や他の有用微生物と組み合わせると、地球温暖化防止や放射能の軽減化につながるだけでなく、大地、大海に微生物が住みつき、有機的な大地、大海になっていき、経済的でかつ安全な農産物、水産物になります。これこそが、環境を汚さない持続的な循環型社会の姿ではないでしょうか。

5. 根本的、普遍的、大局的見地

宮澤賢治的世界観に立脚して活動してきた猿島野の大地を考える会は、環境問題を根本的に解決できる道を模索し、実験と検証を経て微生物に辿り着きました。そして、この真実を地球の修復、生物や人類の存続という大局的見地から普遍的に広げていくことが、今の時代に最も希求されていると考え、このバイオマス活用推進計画を申請することを正道と位置付け、随分前から市に何度も要望書を出し続け、1000 名以上の署名を提出し、働きかけてきました。そして、数年ほど前に市から肯定的なお返事があり、出向きましたが、その後なんの進展もありませんでした。もったいないのでしっかり忘れず、別の分野の活動を続けていました。
ある時に隣市の地球温暖化防止推進委員の訪問を受け、その存在を知り、私たちの会から３名が地球温暖化防止推進委員になり、その実行計画の中に、私たちの会がその申請を願い続けていたバイオマス活用推進計画とのつながりを知り、パブリックコメントを提出しました。そこで、バイオマス活用推進計画を担当している県の農政課とつながりを持つことができ、坂東市の市長さんや関係課長さんとも話し合いの機会を持つことができ、長年の念願であった坂東市発のバイオマス活用推進計画が生まれるかもしれない可能性に一歩近づきました。
しかし最終的には、国のバイオマスについての解釈が、私たちの解釈と根本的に違っており、坂東市の実状も国の解釈にそぐわないため計画申請は見送られてしまいました。そこで、自分たちの会独自のバイオマス活用推進計画を作って、いつの日かそれが実現することを信じて、一歩一歩実践していこうということになりました。

第４　目標達成のための取り組み

１．住民参加型社会の推進と放射能減少実験結果表

地域の主体的な取り組みと住民参加を兼ね備えた一例を、まず紹介させていただきます。旧猿島町の頃、生ゴミ問題を官民協働で取り組む間に信頼関係が醸成され、私たちの会は、用水路のヘドロと悪臭での町民からの苦情について職員から相談を受けました。最初に、たじろぐほど汚いその用水路に案内され、「3 年前に 100 万円近くかけて、そのヘドロを除去したのに、また同じ繰り返しで、根本的な解決にはなりませんよね」と言った担当職員の言葉が、私を離しませんでした。

その頃、まだ EM に排水浄化力があるかどうかわからなかった私たちの会は、会誕生から一度も休まず続けている月 1 回の定例会で話し合い、EM の排水浄化実験をやることになりました。3 ヶ月間、週 1 回の割合で、用水路の 600 メートルの区間に EM 液を灌注し、これも月 1 回ずっと続けてきた水質検査で調べたところ、驚異的な数値を得ました。その上、その実験中に、排水を汚しヘドロの原因となる主な犯人は、米のとぎ汁と廃油と合成洗剤であるということに気付きました。このことに気付いたお陰で、それ以後、米のとぎ汁や廃油を活用して、安全で万能な EM 液体石鹸を作るようになり、安価に販売して皆さんに喜ばれています。このように、環境を汚すものを反対に微生物と合わせて活用することで、環境浄化や生活改善につなげるという知恵が、バイオマス活用にはあります。

そして実験で EM の排水浄化力を検証できた私たちの会は、ヘドロの原因となる米のとぎ汁を EM 活性液で発酵液にし、様々な生活改善につなげる「米のとぎ汁流さない運動モニター制度」を猿島町と共に考案しました。それは、EM の活性液をモニターさんに月 1 回無料配布し、モニターさんは米のとぎ汁と EM 活性液で発酵液を作り、それをあらゆる生活改善に活用し、活用された後も微生物が公共下水道の排水浄化に貢献し、下水汚泥の減少にもつながるという内容です。

また、この制度と一緒に、週1回のEMによる川の浄化もやってきました。この2つは、国が達成すべき目標、環境負荷の少ない持続的な社会の実現に寄与するものと考えます。この委託事業は猿島町の時に始まってから10数年続けましたが、モニターさんや私たちの高齢化もあり、残念ながらやめることになりました。

そして、これと同様に旧猿島町時代、住民参加型を具現化したEM生ゴミぼかしの無料配布制度は9年間続き、周辺の自治体で焼却費が最低を記録。ある年には、1人当たりのゴミの搬出量が県で最低になったと聞きました。また、住民が持ち込む粗大ゴミ置き場の中で、活用できるものは仕分けして並べ、希望者に無料提供する制度も出来、数年後に作られた立派な建物は、リサイクルセンターと呼ばれました。このように住民参加型の効能は、多々あります。

そして、平成23年3月11日の後、光合成細菌が放射能を軽減する力があると聞き、私たちの会は半信半疑で市の測定機で2回調べたところ、他の試料より低い減少率を示しました。

実験結果を載せます。

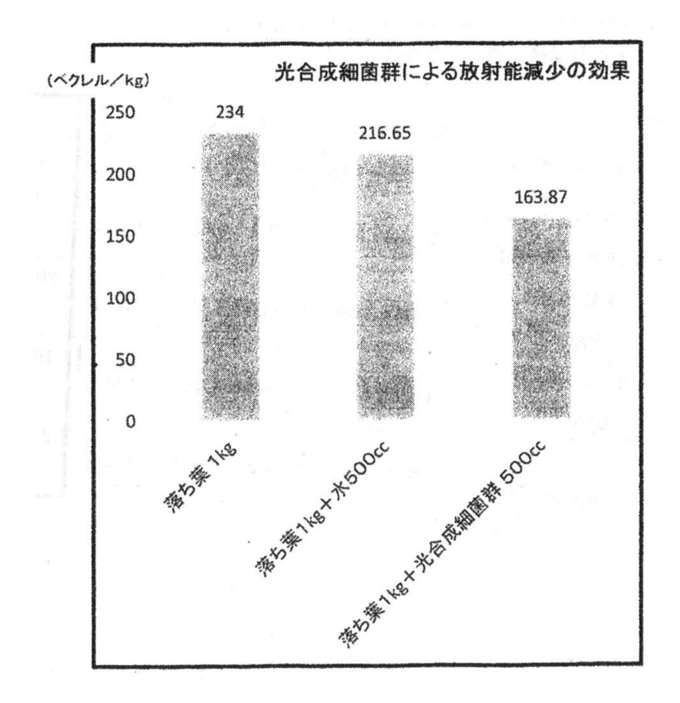

地点Ａ（実験地の中の定点）

	水温℃	PH	COD mg/l	アンモニア窒素 mg/l	燐酸イオン mg/l	ヘドロ高
実験前	25.5	6.0	1000	80.0	33.00	35
実験一月後	25.0	6.5	100	8.0	1.65	33
実験三月後	23.5	7.0	20	1.6	0.66	16

地点Ｂ（実験地の最先端で行政側がＥＭ液を24時間点滴している排水の流入地点）

	水温℃	PH	COD mg/l	アンモニア窒素 mg/l	燐酸イオン mg/l	ヘドロ高
実験前	25.0	7.5	500	60.0	33.00	～
実験一月後	25.0	6.0	100	8.0	1.65	～
実験三月後	23.0	6.0	50	4.0	0.66	～

地点Ｃ（実験地から約50メートル下流の地点）

	水温℃	PH	COD mg/l	アンモニア窒素 mg/l	燐酸イオン mg/l	ヘドロ高
実験前	25.5	6.5	500	60.0	33.00	25
実験一月後	26	6.5	50	8.0	1.65	25
実験三月後	23	6.5	10	0.8	0.33	5

＊　COD：化学的酸素要求量

この実験結果は、前述の排水浄化実験結果などと、会のホームページ peaceecoshop.com のトップページの上にある「主な活動内容」の中の「有用微生物の普及」の中にも掲載されています。

その後、会のゴミ関心部会「四季の会」で生ゴミと光合成細菌の組み合わせで実践したところ、悪臭もなく、嫌気性であるという性質上、すぐ土に埋められて、かつてのEM生ゴミぼかしよりも処理が簡便で長続きし、誰でもでき、その上、地球的二大難問の解決にもつながるという結論に達しました。

丁度その頃、茨城県から「コミュニティ協働事業」の「地域の課題は地域で解決」という募集があり、四季の会と坂東市くらしの会で「EMの中の主役、光合成細菌による生ゴミの簡便な自家処理法と安全な社会創り」という題名で応募したところ採択され、その助成金も充てて光合成細菌を培養するビニールハウスを建てました。そして、市の後援でフォーラムも開催し、市の環境基本計画にも私たちの会が紹介されました。その後も、四季の会、くらしの会、猿島野の大地を考える会の会員が、会から光合成細菌を購入して生ゴミ処理を継続しており、市の直売所でも販売、普及しています。近い将来、かつての猿島町のように一定期間モニターさんに試してもらい、その結果で光合成細菌の無料配布制度が坂東市で実現することを願っています。

住民がバイオマス活用の意義を理解し、実践することで、住民自らの中に元気、安心、希望、という現代の物質文明、機械文明の中では手に入れることができない栄養素も手に入れることができます。その上、同じ価値観を持った人たちの間に連帯感が生まれ、社会に活気が広がります。そのような住民が増えれば増えるほど、自然界に光合成細菌が増え、地球的二大難問も解決の方向に少しずつ近づき、社会的機運も高まります。これこそ、かつて安倍首相が言った「国民総活躍社会」の姿ではないでしょうか。

そこで、その制度が実現した暁には、私たちの市と平将門を通してつながっていて、未だ放射能の被害が心配されている南相馬市に、この制度を伝え、住民の力で少しでも放射能が軽減すれば、未来に希望が見出せ、次のステップに進めると思います。また、地球温暖化対策推進法の下に全国にいる推進委員さんたちにも実践、普及していただければ大きな広がりを持つと思います。中国やインドの大気汚染にも、なんらかのいい影響があれば、良い関係が生まれるでしょう。

次は、未使用バイオマスの農作物非食用部についてです。それは、稲わら、籾殻、糠などで、それらは、光合成細菌と組み合わせるとこの上なくいい堆肥になるという実例があります。籾殻と光合成細菌とは特に相性が良く、光合成細菌入りの籾殻は、短期間でいい堆肥になり、通気性、通水性が良く、軽いので作業がしやすく、いい土壌になり、安全で美味しい農産物につながります。また、稲わらも前もって、大量に細かく粉砕しておけば、籾殻と同じ効果があるでしょう。この堆肥が農業に役立てば、ネギの生産量が多い坂東市で、ネギの連作障害を直したり、有機農産物に近づくなど、農業振興に大いに役立ち、坂東市が「有機の郷」と呼ばれるようになるかもしれません。

そこで、猿島町時代に作られた立派なリサイクルセンターや隣地の市民農園を活用して、光合成細菌と籾殻を活用して、畜産廃棄物や水質汚泥や他の未使用系バイオマスとの堆肥化実験をしていけば、周囲も関心を持ち更なる明るい未来が待っているかもしれません。

2. 日本人の国民性の復活

日本の古代社会、大和時代の農耕社会で生まれた大和魂は、「自然の中に神宿る」という自然信仰で、自然を大切にしてきた特性があります。そしてそこから「もったいない精神」が生まれ、それを原動力に「大和魂」の意味の１つ「知識ではない知恵」が生まれ、長い間受け継がれ、日本文化を形成してきました。

しかし、それが物質文明、機械文明の進みすぎで、大量生産、大量消費、大量廃棄が当たり前になり、地球温暖化問題が深刻になってきました。大量廃棄されるバイオマスをどのように活用するか、日本人の国民性、大和魂である「もったいない」から来る知恵の出番です。

ここに、もったいないの気持ちから生まれた「もったいないピース・エコショップ」を紹介します。平成６年、自生農場という自然養鶏場で、余剰の卵や鶏糞、余剰野菜がもったいなく、同時に働く張り合いも欲しくて、その売上を平和活動をしている所に寄付し支援することを思いつき、誕生しました。同時に環境保全普及のため、EMや光合成細菌、安全で万能な手作りEM液体石鹸などのエコ製品も加えました。途中でショップの人気商品になった卵油も加わり、また、余剰野菜を届けてくれる会員の共鳴者が数人現れ、現在まで順調に支援が続けられています。

これらの野菜も廃棄物系バイオマス、未使用バイオマス両者に適合、包括されると考えます。ショップ誕生から令和3年度までに、ユニセフ、ペシャワール会、南相馬市などに支援でき、私たちも自分の時間を有効に充実して活用でき、元気、安心、希望、連帯感など人間的栄養素もいただいています。

ある時、私たちの会では、第二次世界大戦終戦後3年目の1948年に、英国でOxfamというチャリティーショップが時代の必要性から誕生し、現在では世界中に1万店近くあると知りました。私たちのもったいないピース・エコショップも広がれば、現代の不安定な世相に希望の一石を投じ、日本人のもったいない精神と平和を願う気持ちが伝わる契機になり、地球的規模の二大難問の解決法を伝える契機にもなり、世界全体で地球市民という意識が育ち、国民的詩人、宮澤賢治言う所の「イーハトーヴ」に近づくと思い、「もったいないピース・エコショップを全国に広げる事業」を会の定款に加えました。現在5号店まで誕生しています。

このもったいないピース・エコショップが、世界の人々に受け入れられ、広がっていけば、現代版循環型社会の1つの姿になるのではないでしょうか。しかし、これは遠大なテーマで、時間がかかるでしょう。そして、平成28年に出来た国のバイオマス活用推進基本計画のP8の2025年の目標に「『国際的な連携の下でのバイオマス活用』については、数値目標を設定しない」とありますので、現状を見ながら時間をかけて、色々な方面の方々の教示や協力をいただきながら進めていけたらと考えています。

そして、もう1つ。日本人の国民性の復活には、もったいない世代の人々の存在が欠かせません。現在ではバイオマスと総称される物を、知恵でなんでも活用して、終戦後の物不足の時代を生き抜いてきた人たちは、日本の大和魂の核でもある「もったいない」を継承し、実践してきた立派な誇り高き世代でした。そのもったいない世代の人たちが高齢化を迎え、あの頃とは全く違う機械文明、物質文明の只中に置かれ、残りの人生をどのように生きたらいいかが問われています。

このもったいない世代の人たちこそ、この文明社会のマイナス面である大量廃棄の問題に答えられる生き方をしてきた人たちです。人類ある限り永遠に出す生ゴミやし尿、畜産廃棄物、水質汚泥などの廃棄物系バイオマスも、稲わらや籾殻などの未使用バイオマスも、かつてはもったいない世代の人たちによって全て完全活用されていました。このもったいない世代の人たちが、昔とった杵柄を発揮して、これからも人類永遠の課題である生ゴミなどを、光合成細菌と組み合わせ、土壌に還元し、元気な農産物に変えてくれれば、大地に微生物が住みつき、同時に地球温暖化防止と放射能軽減という地球的規模の二大難問が解決の方向に向かい、社会に大きく貢献してくれます。

これから、人生100年の長寿社会が待っています。年齢を重ねてもできる範囲で、家事や農作業を続け、家族や次世代や社会にできるだけ負担をかけずに、むしろ社会のためになって感謝され、それを生きがいにすれば人生を全うできます。また、その後ろ姿を見せることが、後に続く人たちの何よりのお手本になって、もったいないという貴重な精神文化が伝承されていきます。それは同時に認知症予防や医療費の削減にもつながり、社会に活気を与えてくれます。

このように国民が次世代や未来社会のことを考えて、自主的に自分の生活の足元から行動する社会こそ、真の民主社会と言えるのではないでしょうか。元気な高齢者の方には、出張講座などでお話ししてもらい、かつて環境負荷の少ない持続的な社会を構築してきた実績をたたえ、これからは一緒に足元からできることでもったいない精神を発揮し、次世代に後ろ姿を見せ、持続的な社会のタネを蒔いていきましょうと呼びかけたいと思っています。

住民参加を奨励する意味で、「年をとらない玉手箱」という歌を紹介します。

年をとらない玉手箱

1．気づかないだけだよ　誰もが持ってるたましい
天から唯一の贈り物　天から唯一の贈り物
ここに元気のみなもとあり　ここに元気の源あり
年を取らない　玉手箱　年を取らない　玉手箱
気づかなきゃ　もったいない
気づかなきゃ　生まれてきた甲斐がない
生きてる間に　掘り起こそう　掘り起こそう

2．気づかないだけだよ　誰もが持ってるたましい
天に通じる受話器だよ　天に通じる受話器だよ
ここに正義のみなもとあり　ここに正義の源あり
年を取らない　玉手箱　年を取らない　玉手箱
気づかなきゃ　もったいない
気づかなきゃ　生まれてきた甲斐がない
生きてる間に　出会おうよ　出会おうよ

『とりあえず症候群のあなたに』P157 より

そして、もう1つ大事なするべきことがあります。それは、かつて循環型社会を形成し、日本人の国民性であるもったいない精神を受け継いできた世代の人々が徐々に減少してきている昨今、そのもったいない精神を復活させ、環境負荷の少ない持続的な社会を実現させる構成員を増やしていく必要に迫られているということです。

少子化で、その上、豊かで便利な時代に生まれ育ち、自然や生活からも遊離しがちな現代の子供さんたちが、これからどんな時代が待っているのかわからない不透明な未来に向けて、生命力や生活力を培う教育が早急に求められています。

ユネスコで日本政府が提案し、全会一致で採択されたというESD(Education for Sustainable Development：持続可能な発展のための教育）と、私たちが考案した体験学習である「もったいない教育」とを結び付け、これからの世代やその親の世代に、どんな時代が来ても立ち向かえるヒントになるかもしれないと思い、会として「もったいない教育」を小中学校で普及していけたらと願っています。

その際には、会の核でもあり、老若男女誰にも親しまれている国民的詩人、宮澤賢治にもご登場願い、「光合成細菌物語」や「もったいないは、二つのエコ」「家族」「ゴミ拾いおすすめの歌」などの歌も取り入れ、生涯学習的にやっていこうと思っています。

前述の出張講座ともったいない教育は、私の3年間のゴミ拾いから生まれたゴミ関心部会「四季の会」のメンバーや毎月の定例会に出席する会員たちと協力して取り組みたいと思っています。

もう1つ、私の試みたいことは、「国民的詩人 宮澤賢治から生まれた歌」と題したCDを制作することです。そのCDの中には「もったいないは、二つのエコ」「家族」「ゴミ拾いおすすめの歌」をはじめ、「年をとらない玉手箱」を含めた10数曲を入れようと思っています。このCDの売上金は、全てペシャワール会に寄付されます。

3．有機の郷創り

大地、大気、水全てに有用な微生物を増やすことは、永続性のある地球環境を維持していく上で、避けては通れない問題です。大昔の世界は、人口も少なく、人々は人力で、自然界にいる微生物の力を借りてバイオマス活用し、自然と調和しながら、農業、漁業、林業、生活などを営んでいました。そういう時代でしたから、微生物の数は均衡を保っていました。

　しかし、文明の進歩と世界人口の増加で、状況は一変しました。世界経済は複雑になり、経済性だけを追求する傾向になり、地球温暖化現象や放射能汚染という、このまま進行したら、人類や生物が誕生する前の地球の劣悪な環境に近づくことになり、人類の存続すらも危なくなります。地球的規模で昔の健全な環境に戻すには、この時だけは文明の技術を活用して、大量の有用微生物を製造し、自然に還元するしかありません。それには、食の安全（放射能軽減）をもたらし気候変動（二酸化炭素を吸収）を修正してくれる光合成細菌などの有用微生物を活用する農業に移行していくことが最も賢明です。

「有機」とは元来「生命」を意味し、有機農業とは微生物を活用する農業のことです。昔の農業は全て有機農業でした。現代農業は今のところ、主にその源が石油資源である化学肥料と農薬に頼っていますが、石油資源も有限でいつかは枯渇します。その前に、次のステップを考えておくことが大切です。

『現代農業』という雑誌の出版社（農文協）が『光合成細菌』という特別号を出したのも、将来の農業を見据えての正しい判断ではないかと思います。そこには、廃棄物系バイオマスと未使用系バイオマス、両者とも光合成細菌との組み合わせで、簡便でいい堆肥が出来、それを活用することで病気の被害も少なく、いい農作物が出来、経費がかからず、大地に微生物が住みつくことで、持続性のある大地になるという実例が沢山載っていました。

　会の代表がライフワークとしてやっている平飼い有精卵の自然養鶏も、餌作りにEMや光合成細菌を活用しています。そして、鶏舎には最初に籾殻を敷き詰め、そこで自由に排便し、自由に動き回っていますが、全く悪臭もなく、いつの間にかいいEM鶏糞が出来、これも大切な「もったいないピース・エコショップ」の支援の財源になっています。同時にこれを使ってもらうことで、大地に微生物が住みつき、現代の二大難問も解決に導いてくれます。

このような好循環の世界を、農業や生ゴミなどの処理を通して作っていくことは、大地に微生物を増やす最良の方法であり、次世代やそこに暮らす人たちに、元気、安心、希望、連帯感を与えてくれます。これが本当の有機の郷と言えないでしょうか。これが真実であり、広まれば、有機農業を目指す人たちが集まってきてくれ、後継者問題、廃屋問題、耕作放棄地問題に解決の糸口が見つかるかもしれません。

そこで、国の「地域おこし協力隊」の制度を活用し、その人材で、かつてはよく活用されていた旧猿島町時代の立派なリサイクルセンターで、実例に基づいた堆肥作りとその効果を検証する実験をしてもらうのはどうでしょうか。リサイクルセンターの隣地には、市で運営している市民農園があるので、そこで農園の利用者さんたちの承認も得て、実験検証するのも公認の存在を得られるいい機会になります。今のところ、借りる人が少なく空いているところもあるので、そこも活用して、効果があれば借り手も増え、いい宣伝にもなり、農業者や肥料屋さんたちの関心も得られ、肥料屋さんで販売品目を増やしてもらえれば、自然と有機の郷に移行するでしょう。

４．賢治からの人類の未来を示唆する言葉

賢治は自身の作品の中で「新たな時代は世界が一の意識になり生物となる方向にある」と言っています。現代は地球温暖化問題、核の問題、コロナ問題、ウクライナ問題と問題が山積みで、私たちは、人類始まって以来、全く先の見えないグローバリゼーションの中に立たされています。この文明が来るところまで来てしまった混迷の中に、新たな時代は見つかりません。

「世界が一の意識になり生物となる方向にある」という言葉は、人類に原点に返れと示唆しているように思えます。原点は、人類が生物であるということです。しかし、他の生物と違って人類だけが地球を我が物顔で支配し、汚し、循環の法則を壊してきました。その結末を先の４つの問題が象徴しています。

元来他の生物は、地球の循環の法則を守り、生命の源である食と水

を自然からいただき、自然に順応して生きています。生物である人間だけが、食と水を必要以上に濫費し、汚して循環の法則を壊してきました。生ゴミと水質汚泥がその象徴です。そして、生ゴミは活用せずに焼却し、水質汚泥は産業廃棄物になって終わりです。

現在、日本のバイオマスで活用されず余っているのが、生ゴミ、畜産廃棄物、下水汚泥、籾殻や稲わら、米糠などの農業非食用部です。この生ゴミと畜産廃棄物と下水汚泥は、光合成細菌と籾殻、細かく粉砕した稲わら、米糠などと組み合わせると、良い堆肥になり、有機野菜につながるという私の希望的方法をここに書かせてもらいます。私の経験から得た方法ですので、絶対ではないことをご承知おきの上お聞き下さい。

まず畑にあらかじめ溝を掘っておいてもらって、そこに、生ゴミを溝全部に約 10 センチの厚さに敷き、そこに光合成細菌液を灌注機を使って約 20 センチ間隔で生ゴミ中に灌注します。光合成細菌は嫌気性なので、この方法が発酵を促し、堆肥化を早めると思います。この方法は、畜産廃棄物や水質汚泥にも当てはまると思います。それから、光合成細菌液にあらかじめ数日漬けておいた籾殻や稲わら、米糠を、生ゴミの上に 2、3 センチ敷き詰め、土をかけて終了です。

畜産廃棄物も下水汚泥も同じようにやって差し支えないと思います。この堆肥化の過程を観察し、どのくらいで堆肥になるかを知りたい場合は、溝の一部を浅く土をかけて観察し記録して下さい。そして、もっといい方法や灌注する間隔や籾殻のかける厚さなど、気が付いた方は私に教えてもらえたら有り難いです。

土の中で堆肥化されたのを確かめたら、その畑を全部耕し、今度は EM の活性液を全体に散布して下さい。この後に、いいお野菜が出来たら成功です。そして、生ゴミ、畜産の廃棄物、水質汚泥の各々の成功例が確立し、全国と言わず世界中に伝えたら、この 3 種類は地球全体で活用され、地球温暖化防止や放射能減少にも貢献し、地球上の大地に有用微生物が住みつき働いてくれ、安全な農産物につながります。昔のようにもったいないものを全部活用して、宇宙の循環の法則に乗せるまで続けるのが鉄則だと思います。

私の夫は、ライフワークとして自然養鶏をやってきましたが、光合成細菌やEM米のとぎ汁発酵液を与えていますので、鶏糞も悪臭がなく、もったいないピース・エコショップの人気のエコ製品です。

また、人間以外の生物は出さない、地球を汚しているのは、生ゴミと水質汚泥です。昔は全て、人間の糞尿さえも土に返して堆肥化したので、全て活用され宇宙の循環の法則が成り立っていました。光合成細菌はアンモニアや悪臭も大好きなので、この糞尿もいい堆肥になると思います。現代の地球温暖化現象は、この宇宙の循環の法則が壊れてしまったという何よりの証です。せっかく光合成細菌の力を知ったのですから、この力を活用しないのはあまりにもったいないです。

また、水質汚泥については、日本では家庭の雑排水が全て下水処理場に行き、アメリカでは家庭で細かい物はシュレッダーにかけ、排水に流してしまうとのこと。昔、NHKの「ためしてガッテン」という番組で、下水処理場に来た水は好気性の微生物で曝気され、汚泥と水に分けられ汚泥は産業廃棄物に、水はそのまま放水されると言っていました。しかし、その放水された水には窒素とリンが沢山含まれており、それらが富栄養となって海では赤潮、湖ではアオコの原因になると知り、知らない間に私たちは大海や大河を汚していることに気が付きました。

その点、私たちの会が行ったEMによる水質浄化実験は、窒素、リンもその場で減らすし、汚泥もその中にEMを灌注したのが功を奏してか、EMの中の主役の光合成細菌が嫌気性なので発酵分解したのか、汚泥の高さが低くなりました。

下水処理場での好気性の微生物での処理は、分解は早いが汚泥を増やすと聞きます。これに比して、私たちの会で行った水質浄化実験の結果は素晴らしいものでした。EMは有用微生物群という好気性の微生物と嫌気性の微生物の集まりで、主役はあくまでも光合成細菌で、それぞれの特性を活かしながら相乗効果を発揮しています。私たちの会の水質検査の結果は、ヘドロ、汚泥もその場で減らすし、窒素やリン、それにCOD（化学的酸素要求量を意味し、水中に含まれる有機物汚濁を測る指標）も激減しました。

その上、測定値が3箇所（①実験地の中の定点、②実験地の最先端で行政側がEM液を24時間点滴している排水の流入地点、③実験地から約50メートル下流の地点）で、③のように実験地から離れた下流でも、似たような数値が得られたことから、EM菌は移動して波及効果があることが証明されました。また、EM菌で減ったヘドロは、産業廃棄物ではなくて、堆肥として活用できると思います。

この実験が、あらゆる点で功を奏したのは、従来の方法と違って、動力を使って注入棒をヘドロの中に突っ込み、圧力で大量のEM拡大活性液を押し込むやり方を採用したことにあると思います。定例会で500リットルの容器と灌注機を提供して下さり、このやり方を提案してくれた篤農家の会員さんに感謝、感謝です。というのは、私は、今回の生ゴミ、畜産廃棄物、水質汚泥の堆肥化にも、この20年以上前の水質浄化実験の時の、ヘドロに嫌気性の微生物を灌注機で突っ込むやり方を思い出し、採り入れたのです。私は現在のところ、病で動けませんが、論理的には正しいと考えます。もし、これを実験して検証してくれる人がいたら有り難いです。

また、下水処理場の現在のやり方も見直し、EMでやることをお勧めします。私たちがいくつかの研修地で見てきた排水浄化対策は、億単位の設備費をかけても、これほどの効果が上がっているようには見受けられなかったし、維持管理費も相当かかるようでした。私たちの会が3ヶ月間週1回の水質浄化実験にかかった費用は約12万円で、万全の効果が得られたのですから、これを全国の下水処理場で実践してくれれば、費用は安い上に、海、川、湖の水質が浄化され善循環の輪が作られるでしょう。

光合成細菌で活用できるものは活用して、宇宙の循環の法則が危ない瀬戸際にある今を皆で乗り切っていきましょう。その意味で、生ゴミなどの活用法の私的な意見を述べさせていただいた次第です。

これは全く余談ですが、私たちの会は、年会費1人1口1000円の小さな会なので、実験にかかった費用12万円も大金で困っていた私に、初めに相談をしてきた役場の職員が教えてくれたのが、「大好きいばらき県民制度」の助成金制度でした。それに応募し同額くらいをいただけた上に、会員の資材の無償提供もあり、光合成細菌を培養するビニールハウスも出来ました。そして、その後も助成金制度を知って、度々活用するようになり助かりました。

私たちの会のような自主的な動きが、全国や世界中に広がれば世界中の海、川、湖が綺麗になり、安全な魚介類も増え、このようなふれあいを通して国の違いを超えて「みな地球市民、地球の子供、だれでも仲間、どこでも地球の庭、なんでも活用」という温かな１つの意識が醸成されるのではないでしょうか。そして、お金だけに頼らず、自然の法則に沿って皆が助け合い、命を支えてくれる食と水を大切に自然に感謝し生きていく社会が実現することを願っています。これこそが、賢治が私たち現代人に伝えようとした「新たな時代は世界が一の意識になり生物となる方向にある」という意味なのだと思います。

５．生命産業の創出

現代文明がこのまま進行すると、生物が誕生する前の毒ガスで満ちていた地球創生の時代に向かっていくと思います。その方向性を変えるためには、大昔地球を生物が住めるような環境に持っていってくれた微生物を大量に生み出す産業を創出する必要があります。将来的には、国家的事業としてこの生命産業を創出することは、地球的規模の環境再生であり、世界に元気、安心、希望、連帯感を与えてくれ、被爆国であり、核保有国でもなく、平和憲法を大事にしてきた日本の資質を更に高め、指導的地位を確立してくれるのではないでしょうか。

６．バイオマス活用を軸にした新たなライフスタイルの提示

私たちの会が活動の拠り所にしている宮澤賢治的世界観とは、「正しく強く生きるとは銀河系を自らの中に意識してこれに応じて行くことである」という賢治の言葉に集約されています。即ち、全ての人が天とつながっている魂を自らの中に内包しており、正しく強く生きるとは、その魂の声に従って銀河的視野で生きることであるというように解釈されます。その考えに則って、会の基本理念は、全ての人が天とつながっている自由な魂の持ち主であり、その点において、全ての

人は平等であり、その自由な魂に基づいて行動することが必須条件という意味で、「自由、平等、行動、非政治、非営利」となっています。
宮澤賢治を会の中核に据えたのは、私が不惑の歳を過ぎても真に納得できる生き方に達しておらず、家族の関係が契機で極限状況にいた時、そのどん底から這い上がる過程で、それまでわからなかった賢治の詩の数行の中に、真に納得する答えを見出したことから始まります。
その後、自分に内包されている魂に出会い、それに沿って生きる方法として辿り着いたのが、自然と社会両方につながっている道路のゴミ拾いでした。それを約3年近くやったお陰で魂が自分の中に住みついてくれ、賢治が言うところの「有機交流電燈の一つの青い照明」になることができました。その間や直後に、ゴルフ場の問題で「猿島野の大地を考える会」の誕生があり、「もったいないピース・エコショップ」の誕生があり、会のゴミ関心部会「四季の会」の誕生があり、こちらの働きかけで、旧猿島町で12年間続いた月1回全戸配布のボランティア広報紙「茶はなし」の誕生があり、これらは全て、天とつながっている魂で皆がつながり合った所産であると感謝しています。
そして、賢治の人間定義によって、自分が元気に再生の道を歩んでこられたという真実を多くの人にわかってもらいたく、これまでにその軌跡を4冊の本にしました。
ゴミ拾いや有機的な交流から、バイオマス活用を軸にした建物も生まれました。代表的な1つが「私の宮澤賢治かん」です。宮澤賢治を具現的に生きる方法としてのゴミ拾いで出会った廃材、廃物を活用して、自生農場の主が仕事の合間に3年かけて作りました。館内には、私がゴミの山から見つけ出してきた、知恵から生まれた日本文化の香りのする物などが並べてあり、また、私の4冊目のCD本『とりあえず症候群のあなたへ』のCDから私の拙い歌が流れます。
もう1つの建物は、もったいないピース・エコショップの人気物である「EM液体石鹸と卵油の工房」です。その他にも、もったいない物を、持って来たり持って行ったりするのに活用された「リサイクルハウス」や、会の年2回の交流行事の時などに活用する「燻製室と工作室を兼ねた工房」。これらは全て廃材、廃物の賜物で、会の代表の手作りです。最後の「もったいないピース・エコショップ」は、平成６年に生まれ、形がないまま約 20 年の時を経て、最初は会の代表が作った育雛室が、廃材と廃物も大いに活用して、会員の大工さんによって素敵なショップに生まれ変わりました

このように、もったいない精神から知恵が生まれ、日本文化は形成されてきました。農耕社会であった大和時代から受け継がれてきた日本人の国民性である大和魂が、その根幹にあります。

グローバリゼーションの現代、この営々と受け継がれてきた大和魂の「もったいない」を、数年前アフリカ人女性初のノーベル平和賞を受賞したマータイ女史が絶賛し、環境を守る世界共通語「MOTTAINAI（＝環境 3R ＋ Respect)」として広めることを提唱しました。Reduce（ゴミ削減)、Reuse（再利用)、Recycle（再資源化）という環境活動の 3R をたった一言で表せるだけでなく、かけがえのない地球資源に対する Respect（尊敬の念）が「MOTTAINAI」には込められています。

現代に世界共通語として認められたということは、日本人の国民性である大和魂が世界に認められたということで、こんなに名誉なことはありません。大和魂には元来２つの意味があり、１つは知識ではなく知恵。もう１つは勇猛な精神。そして、第二次世界大戦の時に、この２つ目の意味が戦意高揚のために悪用され、それ以後、大和魂は日陰の身になってしまいました。大和魂は、大昔からの日本人のアイデンティティーなので、日陰の身ではなく、日向に出して世界に向けて日本人のこれからの思いを表明する意味で、大和魂の下に big peace soul（もったいない＝知恵と大和魂の意味でビッグ・ピース・ソウル）と付けて、「知恵と、大きな平和を望む魂」を、これからは大和魂と位置付け、これから「もったいないピース・エコショップ」を通して、世界に発信していくことを私は思いつきました。その方向で一緒に進んでいけたらと願っています。

この写真は「私の宮澤賢治かん」です。平成９年に完成し、未だに雨漏り一つしません。私の宮澤賢治観は、人は誰でも天とつながっている魂を内包しており、それに従って生きることが「真に生きる」ということだとみます。私の３年間のゴミ拾いは、その自分の魂に出会い、今何をすべきか、魂の声に耳を傾け、それに沿って生きることで、沢山のことが生まれ、真の元気をいただきました。

これは「EM 液体石鹸と卵油の工房」です。

これは「燻製室と工作室を兼ねた工房」です。

これが「もったいないピース・エコショップ」です。

これらのユニークな建物は、廃材、廃物を活用した自生農場の主人の作品です。

前述の「MOTTAINAI」を世界に広めるキャンペーンは、地球環境に負担をかけないライフスタイルを広め、持続可能な循環型社会の構築を目指す世界的な活動として現在も展開しているそうです。私たちの会が定款に載せた「もったいないピース・エコショップを全国に広げる事業」は、このキャンペーンを具体的に広める格好な実例にならないでしょうか。もしこの主旨に賛同し、もったいないピース・エコショップをやってみたい方がおられたら、この名称と仕組みが同じならば、フリーマーケットのようにショップの形がなくても可能です。ぜひ、ご連絡下さるか当地をお訪ね下さい。お待ちしています。

今後、これらバイオマス活用を象徴する建物や、元気、安心、希望、連帯感を生み出す新しいライフスタイルを通して、坂東市を「宮澤賢治ともったいないと微生物の里」として理解していただき、自分たちの故郷でもその精神を活用し実践していただければ有り難い限りです。

私たちの会の究極の願いとしては、武士の先駆け、平将門ゆかりの地である坂東市にある「猿島野の大地を考える会」を、宮澤賢治的世界観ともったいないの価値観から生まれ、独自の微生物を要としたバイオマス活用推進計画の発信基地として位置付けてもらい、有機の郷として後世まで伝えられていくことです。

第5　推進体制について

1．推進体制の連携

グローバリゼーションの 21 世紀は、人口問題、地球温暖化、民族紛争、宗教戦争、難民問題、核の脅威、環境悪化、大国間の覇権争い、経済至上主義の横行、錯綜する情報の洪水、遺伝子というミクロの世界から宇宙というマクロの世界まで止まるところを知りません。

46 億年という地球史の長さに比べたら取るに足りない短い人類史の中で、今まさに人類存続が危ぶまれるところまで来ています。そして、私たち現代人は、文明の便利さは謳歌しても、前述のような地球的規模の難問の山の前では、個人の無力感に陥り、諦めるだけです。

しかし、私たちの会のもったいないピース・エコショップが支援の主軸を置いているペシャワール会の代表、中村哲氏は難民問題、民族紛争、宗教戦争、環境の悪化、経済至上主義の横行、地球温暖化などに、具体的な行動を通して、その答えを示しています。政情不安や気候変動の中で急増する難民の人たちに、水と食糧を自給できる環境をと、国や宗教の違いを超えて緑の大地計画を実行に移して10数年、日本の昔の智慧を取り入れた灌漑法、PMS方式で高い評価を得、アフガニスタンの大統領からも信頼され、更に緑の大地計画をアフガン全土に広域拡大していこうとしており、平和のあり方を具体的に提示し、支援する私たちにも元気、安心、希望、連帯感を与えてくれます。

私たちは、遠く離れた日本にいて、世界平和という遠大なテーマに関与でき、同時にもったいない物を活用して、バイオマス活用推進計画を実践しています。私たちの会は、このやり方でペシャワール会を長い間、支援してきました。ペシャワール会を支援し連携することで、世界平和と環境保全の両者に関与できる悦びを知り、中村哲氏が行動で示す大和魂を「Big Peace Soul」とし、世界共通語にして広めれば、もったいないピース・エコショップも世界に広がり、同時に争いのない、環境を汚さない社会の実現に少しでも近づくのではないかと思うようになりました。

2. 草の根の力

もう１つ、地球規模の環境問題も避けては通れない難問です。特に世界中の市民が日々出す生ゴミに関しては深刻です。生ゴミというバイオマスを光合成細菌と組み合わせ、地球温暖化と核の問題を少しずつでも解決しながら、大地を豊かにできれば、人類の未来に光が見えてきます。汚れた大地、大気、水を有用な微生物によって蘇らせ、生物が生きやすい環境を整えることが、人類存続の鍵でもあります。

１人１人が地球市民、どこでも地球の庭、誰でも仲間という広い優しさで日々を送れば、どんな人もたった一度しかない自分の人生を全うできると信じます。生ゴミを光合成細菌で自家処理し大地に還元し、微生物の豊かな大地から安全な食をいただく地球市民が増えれば、お金だけに頼らないゆとりのある平和な社会になっていくでしょう。

どんな大きな問題も、根本的、普遍的な解決の答えがあれば、あとは実践あるのみです。知っていても実践しない限り、その人は真の元気は得られません。２つの大和魂、１つは知恵、もう１つはビッグ・ピース・ソウルを発揮して、宮澤賢治が言うところ所の「イーハトーヴ（＝理想郷）」を、それぞれの場所で創っていきましょう。

次世代に少しでも明るい未来を！

3. 希望の光

私たちの会が独自に作成した「バイオマス活用推進計画」が、様々な世代の人に受け入れられ、つながり合えれば、こんな素晴らしいことはありません。まさに人類、皆家族です。そんなことが私たちの会に起こりました。かつて海外協力隊でアフリカ体験をしてきた若い会員のお母さんが、自然と環境、世界平和を大事に活動しているこの会に共鳴し、「大地っ子」という自然育児の部会を立ち上げたいという申し出があり、もったいない世代ともったいない教育がつながるいい機会だと喜んで受け入れ、月に２回、この農場を活用しています。

幼い頃に大地にしっかり足をつけて自然に抱かれて遊ぶ中で、三つ子の魂がしっかり植え付けられれば、「三つ子の魂百まで」という元気で人生を全うできる可能性を持つ長寿社会が約束されるでしょう。この混迷深き現代社会の中で、真に納得できる生き方をまだ見つけられていないお母さんにとって、またそのお子さんにとって、いい機会になるかもしれません。

宮澤賢治は「永久の未完成これ完成である」「世界がぜんたい幸福にならないうちは個人の幸福はあり得ない」などなど、沢山の言葉を残しています。宮澤賢治的世界観を拠り所に活動している私たちの会は、人間は永久に未完成であることを許容し合いながらも、完成の方角だけは、即ち、世界平和と環境保全の実現という方角だけは目指していく自由は与えられていると信じています。

若い人たちのご参加を心から歓迎します。

写真で紹介した建物は、「私の宮澤賢治かん」をはじめ、「EM液体石鹸と卵油の工房」「燻製室と工作室を兼ねた工房」も道路沿いにある「リサイクルハウス」もほとんど全て廃材､廃物活用です。そして「もったいないピース・エコショップ」も、元は主人が大昔に作った育雛室を、大工さんが廃材、廃物も上手に活用し、可愛く独特な雰囲気に作ってく

れました。

　ある時、これらは廃材、廃物を活用しているので、木質バイオマスの範疇に入ることに気付きました。すると、国が指定しているバイオマスをほとんど網羅していることになり、バイオマスを推進していることになります。最後にこれに気付いたことは、嬉しい発見でした。

第5章
人類の未来

40. 災い転じて福となす

前回の圧迫骨折の入院時と同様、今回の大腿骨骨折での入院時も、入院直前に、この本を書く作業がほとんど終わっていたのは、本当に幸いでした。というのは、今度もその本の原稿作成が終わってしばらくして歩行困難になり、それを思わず無理して痛いほうの足に重心をかけてしまった時、ポッキーと小さい音がして、それでも鈍感で気が付かない私は3時間くらいしてから強烈な痛みに襲われ、救急車でこの前退院したばかりの病院に緊急搬送されたからです。そして、大腿骨骨折ということで、79歳にして生まれて初めて全身麻酔の手術を受けたのでした。

入院の度ごとに、パーキンソン病、骨粗鬆症、骨折と病が増え、もし私に5冊目の本を書いて残すという生きがいがなかったら、これらの病に打ちのめされていたかもしれません。病院にパソコンを持ち込むのは禁じられているので、形に残せず手も足も出ないからです。そして、その頃は自分が加筆して完成させた「会独自のバイオマス活用推進計画」で自分のライフワークは終わったと感じ、満足している私がいました。

そこで入院生活を送っている間に親しくなった、わかってもらえそうな看護師さんや言語、理学療法士さん、同室の患者さんに読んでもらい交流していたお陰で、ある日巷に広がっている「脱炭素社会」「低炭素社会」という言葉が話題になりました。確かに、このままだと「炭素のない社会」「炭素の少ない社会」ということになり、二酸化炭素だったら地球温暖化の犯人として子供でも知っていますが、この意図はなんなんだろうということになりました。日本人の何でも簡略化してしまう風習のせいなのか、二酸化炭素も炭素も同一視させようとする意図なのか未だにわかりません。こんなふうにして情報が溢れる現代社会に生きる人たちの意識は、全て曖昧なまま過ぎていきます。

特に人類の未来、存続に関わる地球温暖化問題は世界中の深刻な課題で、それぞれ二酸化炭素の減らす量や期限も決められていますが、未だに決定的な解決策は示されておらず、政府の側でせいぜい最善の策と言われているのが、プラスマイナスゼロのカーボンニュートラルです。これでは、増えないけれど減らないので間に合いませんが、国民の側もこんな地球的規模の問題に自分たちで答えは出せるはずがないと思い込み、無関心を決め込んでいます。

私たちは小さな小さな会ですが、その答えを握っているのが目に見えない光合成細菌という微生物であり、国民が生活の中で生ゴミや畜産廃棄物や水質汚泥をこの微生物と一緒にすればいい堆肥が出来るということを発見しました。その上、二酸化炭素が好きなので、使えば使うほど地球の二酸化炭素が減ります。私たちの会は猿島野の大地を考える会といい、その中にゴミ関心部会として「四季の会」という可愛い小さな会があります。個人的な生活に終始して限界を感じていた私は、集団、社会への仲間入りを決意し、自然と社会につながっている道路のゴミ拾いを始め、そこから様々な活動に広がっていきました。

３年近く１人でやっていたゴミ拾いに、共鳴者が出て「四季の会」が誕生し、20数年後、生ゴミと光合成細菌を一緒にする実験を行いました。その結果が良かったので、茨城県の「地域の課題は地域で解決」という募集に、「EMの中の主役、光合成細菌による生ゴミの簡便な自家処理法と安全な社会創り」という題名で応募しました。採用されて助成金をいただけ、光合成細菌の普及に熱心な一会員の資財の無償提供で、彼と夫と２人で光合成細菌を培養するビニールハウスを建設。それから光合成細菌を活用してくれる会員も増え、市の直売所にも、烏骨鶏の卵、手作りEM液体石鹸、竹酢液などと一緒に置くようになりました。私は光合成細菌の威力を知るようになると、できるだけ多くの人に知ってもらいたくて下手で恥ずかしながら「光合成細菌物語」を作り、万人に周知したくて、かつてEM研究機構で働いていた、アメリカに住んでいる三女にそれを英訳してもらいました。

今、巷に広がっている「脱炭素社会」「低炭素社会」の話に戻りますが、二酸化炭素と炭素が同一のものであると、国民全ての意識の中に植え付けようとする作為のある言葉のように思えてなりません。脱炭素社会と脱二酸化炭素社会、また、低炭素社会と低二酸化炭素社会を同一のものとするならば、炭素と二酸化炭素が全く同じということになります。国民の意識の中に、二酸化炭素は人類にとって困りものだということは知っていても、炭素は国民全ての意識の中にどのように位置付けられているのか、環境問題に関心がある人以外、正しく理解できているのかどうか疑問です。

このように今、人類にとって最大の問題である地球温暖化問題の大事な部分を曖昧にして、国民の意識に植え付けようとするのは正義に反していないでしょうか。私の知る限り、炭素は土中にあると、植物が喜んで自分の根毛を炭素のあるほうに伸ばすと聞きます。それでは、光合成細菌を生ゴミや畜産廃棄物や水質汚泥などと土中に入れれば入れるほど、土中に炭素が増えていき、有機質の土壌になるのではないでしょうか。

41. パラダイムシフトが究極の答え

このように炭素にこだわっていた頃、思いがけないところから思いもかけない矢が飛んできたのです。

骨折で入院していた時、メモを取るために、我が家の半分ノートを病院に届けてくれるように夫に頼んでおいたのです。その時に彼が届けてくれたのは、使いかけのノートでした。彼がこの時、新品のノートを届けていたら何も起こらなかったでしょう。私たちが、もったいない生活を二人で気を合わせてやってきたゆえでしょうか、それとも、神のお導きだったのでしょうか、そこには入り混じったメモの中に、私の下手な字でメモがあったのです。おそらくこの頃はまだ光合成細菌についてそれほどわかっていない私が、それでも重要そうだと感じて書いておいたのでしょうか。丁度炭素にこだわっていた時、このメモに出会うとは‼
有り難い、ありがとうの一言です。

葉緑体のない生物の光合成
微生物　　　36 億年前
　　太陽光で光合成
ストロマトライト———シアノバクテリア
緑色硫黄細菌

紅色硫黄細菌――――――――光合成細菌

1. 光合成細菌

$12H_2S + 6CO_2 \longrightarrow 12S + 6H_2O + C_6H_{12}O_6$

グルコース

2. シアノバクテリア

$12H_2O + 6CO_2 \longrightarrow 6O_2 + 6H_2O + C_6H_{12}O_6$

グルコース

独立栄養細菌

シアノバクテリア、光合成細菌は、太陽の光エネルギーによって CO_2 を還元して有機化合物に変換し、それを元に自らの細胞成分を合成し生育する生物を独立栄養生物という。

私が何を置いてもその凄さに感動したのは、葉緑体のない光合成で、目には見えない微生物が、太陽がありさえすればいつも光合成をして、何億年もかけて毒ガスや二酸化炭素や自然放射能で満ちていた地球をクリーンにした上に、水やグルコースを作り地球上に残していってくれたことです。このグルコースの中に炭素がしっかり入っています。まるで神から遣わされた天使。思わず「光合成エンジェル」というニックネームを付けてしまいました。

このグルコースとは、代表的な単糖でＤ型とＬ型があり、天然に存在するのはＤ型で、ブドウ糖とも呼ばれます。これがまさに光合成エンジェルが何億年もかけて地球上に残していってくれた置き土産ではないでしょうか。そして、グルコースは、動物、植物いずれにおいても、エネルギー代謝の中心に位置する重要な物質であるといいます。なお、高等植物の細胞壁の主成分はセルロースですが、これはグルコースからなる多糖の一種であり、地球上で最も多量に存在する生体高分子だとか。また、天然に存在するというＤ型は、高等動物の各組織のエネルギー源となる他、工業的には医薬品、食品の甘味料、染色や皮なめしなどの還元剤、発酵工業原料、分析試薬などに広く用いられているそうです。

このように見ていくと、この微生物こそが後の動植物が生きていく上で最も根源的で必要なものを残していってくれた命の恩人的存在だと言っても過言ではありません。

一言、言っておかなければならないのは、光合成細菌とシアノバクテリアという２つの微生物がCO_2を還元し、有機化合物に変換した際、光合成細菌はＳに、シアノバクテリアはO_2に即ち酸素に変換されていますね。このシアノバクテリアは、光合成細菌が進化したもので、この進化したシアノバクテリアがいなかったら、酸素は地球上に広がらなくて地球史は全く違ったものになっていたでしょう。しかし、残念なことに、シアノバクテリアは地球を酸素で満たしてくれた後に、その役目を終え、藍藻という植物に進化して現在に至っています。

そこで、地球古代の頃に活躍した微生物は、光合成細菌だけになり、彼らからの酸素の供給は不可能になり、それ以後は、葉緑体のある光合成、即ち、植物の光合成からの供給に変わりました。しかし、二酸化炭素が増え、メタンガスも増えている昨今では、グルコースの供給以外にも沢山の機能を併せ持っている光合成細菌を大量増産して、様々な方面で活用し活躍してもらうことが、人類の存続や持続可能な社会の存続にとって不可欠であり急務です。

もう１つ、私が驚嘆したのは、この２つの微生物が独立栄養体という点です。栄養を他からいただいて生きている人類や他の生物にとっては考えられないことで、まず人類にとって助かる二酸化炭素を吸ってくれた上に、他から何も摂取しないで自分の中だけで人類が助かるグリコーゲンと水にしてしまう。この点も神秘だし神業的で、人類はこれによって根本的なところで助けられています。

人類の祖先が地球上に登場したのは、今から僅か20万年前。最初の頃の祖先の人たちは、自然の中に神ありという素朴な信仰で、自然に対するもったいないという畏敬の念と、そこからいただく命の糧に対する感謝の念を持って暮らしていました。そして自然から学ぶ知恵でなんでも活用し、自然を汚さず全て循環させて生きていました。

それが、ここ数百年の間に、それまで文化が主流だったのが、文明が台頭してきて急速に世界中にその力を増大させていきました。そのお陰で私たち現代人は、便利で快適な生活を享受することができるようになった一方で、経済至上主義、覇権主義、物質文明、機械文明、権力闘争、グローバリゼーションによる情報の洪水、戦争や核の脅威、様々な環境問題と、マイナス面の方が大きくなってしまったように思います。このままいくと人類の未来に暗い影を落とすのではないかという予感が的中し、最近は地球温暖化問題の上に、コロナ問題、ウクライナ問題、北朝鮮やソ連による核戦争の脅威と、人類の存続の危機を自分の方から招いてしまっている際どいところまで来てしまっています。

　そして、私たち現代人は、大昔に見えない微生物が残していってくれた地球環境があるがゆえに生きているという恩恵を、全く感知しないまま、それゆえに感謝しないまま現在まで来てしまっています。この無機的な現代文明の中でしか生きてこなかった人々が、この微生物が創り上げた地球史の真実を知ったならば、自然を壊したり、空気や水を汚したりしてきた文明社会を反省し、持続性のある好循環で平和な社会を目指す意識が芽生えるのではないでしょうか。

「パラダイムシフト」については、この本の前のところにも書いたのですが、今回光合成エンジェルのもう１つの隠れ業、「炭素の置き土産」を知ってからは、私に残された最後、究極の使命は、36億年前に地球上に現れた２つの微生物が何億年もかけて、動植物が生きることのできる環境を創り上げてくれたという真実を、現代を生きる人たちに伝え、この微生物の存在、偉大さをはっきり認識してもらうことです。

　１人々々が文明社会に振り回されることなく、また埋没することなく、自分や次世代のこれからの生き方の指針にしてもらえたらと願い、共に考え、行動することだと確信しました。特に人類存亡の危機が迫っていて根本的解決策が示されていない今こそ、古代の世界にパラダイムシフトして光合成エンジェルにもう一度活躍してもらわない限りは、人類に明るい未来は約束されないのではないかという思いを新たにしました。

「自我の意識は個人から集団社会宇宙と次第に進化する」自我の意識は見えませんが、微生物と同じように、見えない所にこそ生きていく核心があるのではないでしょうか。私も、自我の意識が、長い間、個人の領域に留まっていて元気が出なくなり、自分で選んだのが自然と社会につながっている道路のゴミ拾い。そこからまた様々な活動が派生し、最終的に、誰でも、いつでも、どこでもできる争いのない、環境を汚さない社会のあり方に辿り着きました。そして、「みな地球市民　地球の子供　誰でも仲間」「どこでも地球の庭　自分の庭」という意識が生まれ、その意識があれば、賢治が言うところの「理想郷：イーハトーヴ」は世界のどこでも可能という明るい気持ちになれました。

自分の意識を大事に育てていきましょう。地球の子供たち皆で、地球環境をシアノバクテリアや光合成細菌が作ってくれた時の状態にできるだけ近い状態に持っていき、キープすること。それにはできるだけ多くの人が「みな地球市民」という意識で「誰でも、どこでも、いつでも」できる光合成細菌を活用した生活を送ることです。私の人生最後のお願いです。よろしくよろしくお願いいたします。

最後に、私が入院中にお渡ししてあった「会独自のバイオマス活用推進計画」に対して、1人の方が私の退院の際、お便りを下さいました。一部を紹介します。

私自身も光合成細菌の導入は大賛成です。資料を読んでいる間、ワクワクしました。光合成細菌の導入に向けての一番の課題としては、地域の方々にいかに地球温暖化や放射能汚染を他人事ではないという「我が事化（ワガコト化）」の意識を持ってもらえるかだと考えます。一案としては、レジ袋を有料化してマイバック（エコバック）の意識を持ってもらうというようなシステムになれば、自然と人々が更なる地球温暖化対策に取り組めると考えます。

彼のこのアドバイスを読んで、かつて私たちの町、旧猿島町が「住民参加型」の環境基本計画を茨城県で最初に作り、それを具体化した「EM生ゴミぼかしの無料配布制度」や「米のとぎ汁流さない運動」を思い出し、この「住民参加型」を復活させて、光合成細菌の無料配布制度をやってもらうことを思いつきました。私が骨折してみなさんと交流するうちに、「脱炭素社会」「低炭素社会」という不可思議な言葉に出会ったお陰で、私の究極の使命に辿り着くことができました。天に導かれたとしか言いようがありません。本当にありがとうございました。

最終的に本当に人類が望む社会は、「脱二酸化炭素社会」と「有炭素社会」ですね。どちらも現在ではこの2つを可能にしてくれるのは、葉緑体を持たずに自分の体1つで光合成をし、二酸化炭素を還元して水やグルコースにしてしまう光合成エンジェルだけです。

もう1つ、ニックネームを思いつきました。光合成メッセンジャーボーイというのはどうでしょうか。メッセンジャーボーイは、二酸化炭素を吸ってくれるだけでなく、生ゴミや畜産廃棄物や水質汚泥を光合成細菌と一緒にして土の中で堆肥化する時、必ずグルコースや炭素も残していってくれます。炭素があると植物が喜んで根毛をそちらに伸ばすのですから、入れれば入れるほど大地が豊かになるということを示しています。そこで、地球上の大地、大気、大海、大河、地球市民生活全てに、このメッセンジャーボーイに働いてもらって、この地球を昔のような循環型社会にしていきましょう。

英訳

Photosynthesis in organisms without chloroplasts

Microorganisms 3.6 billion years ago

Photosynthesis with sunlight

Stromatolito—Cyanobacteria

green sulfur bacteria

Red sulfur bacteria——————————Photosynthetic bacteria

photosynthetic bacteria

$12H_2S + 6CO_2 \longrightarrow 12S + 6H_2O + C_6H_{12}O_6$

Glucose

cyanobacteria

$12H_2O + 6CO_2 \longrightarrow 6O_2 + 6H_2O + C_6H_{12}O_6$

Glucose

autotrophic bacteria

Cyanobacteria and photosynthetic bacteria fix CO_2 using sunlight energy and convert it into organic compounds, which are then used to

synthesize and grow their own cellular components.
It is called an autotroph.

Learning from this chemical formula, what impressed me more than anything else was photosynthesis without chloroplasts, where microorganisms carry out photosynthesis whenever there is sunlight. They did this for hundreds of millions of years. In addition to cleaning the earth, which was full of poisonous gases, carbon dioxide, and natural radioactivity, they also created water and glucose and left it on the earth. There is a lot of carbon in this glucose. It's like an angel sent from God, and I couldn't help but give it the nickname “Photosynthesis Angel.”

Glucose is a typical monosaccharide that comes in D-type and L-type, and the naturally occurring type is D-type, which is also called glucose. Isn't this truly a souvenir left on earth by the photosynthetic angels over billions of years? Glucose is said to be an important substance located at the center of energy metabolism in both animals and plants. The main component of the cell walls of higher plants is cellulose, which is a type of polysaccharide made of glucose and is said to be the most abundant biopolymer on earth. In addition, type D, which is said to exist naturally, serves as an energy source for various tissues of higher animals, and is also used industrially in pharmaceuticals, food sweeteners, reducing agents for dyeing and leather tanning, raw materials for fermentation industries, analytical reagents, etc. It is said to be widely used. Viewed in this way, it is no exaggeration to say that these microorganisms are the lifesavers who left behind the most fundamental and necessary things for later animals and plants to survive.

One thing I must say is that when the two microorganisms mentioned above reduce CO_2 and convert it into organic compounds, the photosynthetic bacteria convert it into C, and the cyanobacteria convert it into O_2, that is, oxygen. These cyanobacteria evolved from photosynthetic bacteria, and without these evolved cyanobacteria, oxygen would not have spread across the earth, and the history of the earth would have been completely different.

Cyanobacteria filled the earth with oxygen. They evolved into several types, including blue-green algae, which continue to exist today.

Therefore, the only microorganisms that were active in the ancient times of the earth were photosynthetic bacteria, and it became impossible for them to supply oxygen. After that, oxygen was supplied from photosynthesis with chloroplasts, that is, from photosynthesis of plants. It has been changed. However, in recent years, as carbon dioxide and methane gas have increased, it has become increasingly important for mankind to mass-produce photosynthetic bacteria, which have many functions beyond the supply of glucose and have been utilized in various fields. It is essential and urgent for the survival of society and the survival of a sustainable society.

Another thing that surprised me was that these two microorganisms are autotrophs. This is unimaginable for humans and other living things, which live by receiving nutrients from other sources. First, they absorb carbon dioxide, which is helpful for humans. It turns into helpful glycogen and water. This point is also mysterious and divine, and humanity is being helped in fundamental ways by this.

The ancestors of humans appeared on Earth only 200,000 years ago. Our early ancestors lived with a simple belief that God existed in nature and with a sense of reverence for nature and gratitude for the sustenance of life they received from it. They used the wisdom they learned from nature to use everything they could and lived by recycling everything without polluting nature. It was around 2000 years ago when we started counting years using the Western calendar. Until then, culture had been the mainstream, but with the rise of civilization, it gradually and rapidly increased its power worldwide. Thanks to this, we modern people have been able to enjoy a convenient and comfortable life while simultaneously having economic supremacy, hegemonism, material civilization, mechanical civilization, power struggles, information floods due to globalization, and wars. With the threat of nuclear weapons and various environmental problems, the negative aspects are getting bigger. If things continue as they are, it will cast a dark shadow over the future of humanity. The coronavirus issue, the issues in Ukraine, the threat of nuclear war from North Korea and the Soviet Union, and we have reached a critical point where we are inviting the very survival of humanity on our own.

And we, modern humans, have come to this day without realizing or being grateful for the blessings of being alive because of the global environment left behind by microorganisms a long time ago. Suppose people who have lived only in this inorganic modern civilization learn the truth about the earth's history created by microorganisms. In that case, they will reflect on the civilized society that has destroyed nature and polluted the air and water. This will foster a sense of striving for a sustainable, virtuous, and peaceful society.

I wrote about the "paradigm shift" in the previous part of this book. Still, after learning about another secret technique of photosynthesis angels, "carbon souvenirs," I realized that this is the last, ultimate thing left for me. Our mission is to convey to people today the truth that two microorganisms that appeared on Earth 3.6 billion years ago have created an environment in which plants and animals can live over hundreds of millions of years, to make people aware of the existence and greatness of these microorganisms. I am convinced that we need to think and act together, hoping that each of us will not be swayed or submerged by civilized society but rather that it will serve as a guideline for us and the next generation to live our lives in the future. Especially now, when the survival of humanity is in danger, and no fundamental solution has been proposed, unless we shift the paradigm to the ancient world and let the photosynthetic angels once again play an active role, humanity cannot be promised a bright future. I have renewed my belief that this is the case.

"The ego's consciousness gradually evolves from the individual to the group, society, and the universe." Although the ego's consciousness cannot be seen, just like microorganisms, the core of life lies in a place that cannot be seen. My sense of self has been stuck in the personal realm for a long time, and I have lost energy, so I have chosen to pick up trash on roads connected to nature and society. From there, various activities evolved, and in the end, we arrived at a society that is free from conflict and does not pollute the environment, which anyone can do anytime, anywhere. As a result, the awareness that "everyone is a global citizen, a child of the earth, everyone is a friend" and "everywhere is a garden of the earth, your own garden" is born, and if we have this awareness, the "utopia Ihatov" that Kenji calls it, is possible anywhere in the world. It made me feel brighter. Let's cultivate our own consciousness. All of the children of the earth must work together to bring and maintain the global environment as close as possible to the state it was in when cyanobacteria and photosynthetic bacteria created it. To achieve this, as many people as possible can live a life that utilizes photosynthetic bacteria, which can be done by anyone, anywhere, and at any time, with the mindset of being "all global citizens." This is my last request in life. Thank you very much for your support.

Finally, when I was discharged from the hospital, one person wrote to me about "The Organization's unique biomass utilization promotion plan", which I gave them while I was in the hospital. I will introduce some part of them.

> "I am in full support of the utilization of photosynthetic bacteria myself. I was excited while reading the materials. I think it's important to make people realize that pollution is not someone else's problem. One idea would be to create a system where people would be conscious of using their own bags (eco-bags) by charging for plastic bags, which would naturally encourage people to take further steps to combat global warming."

After reading his advice, our town, the former Sashima Town, was the first in Ibaraki Prefecture to create a basic environmental plan based on resident participation, and this plan was implemented with the "EM Garbage Bokashi Free Distribution System." Recalling the "Don't Wash Rice Washing Water Campaign," I came up with the idea of reviving this "resident participation type" initiative and having them run a free distribution system for photosynthetic bacteria. As I worked hard to communicate with everyone, I came across the mysterious words "decarbonized society" and "low carbon society," leading to my ultimate mission. All I can say is that heaven guided me. Thank you very much.

Ultimately, the society that humanity truly desires is a "carbon-free society" and a "carbon-rich society." Currently, the only ones that make these two possible are photosynthetic angels, which do not have chloroplasts but instead carry out photosynthesis with their own bodies, reducing carbon dioxide to water and glucose. Hey. I came up with another nickname. How about "a photosynthetic Messenger Boy"? Messenger Boy not only absorbs carbon dioxide but also leaves behind glucose and carbon when it composts food waste, livestock waste, and water sludge in the soil with photosynthetic bacteria. When carbon is present, plants are happy to grow their root hairs in that direction, which shows that the more carbon is added, the richer the earth becomes. Therefore, let's have this messenger boy work on the earth, the atmosphere, the oceans, the great rivers, and all the lives of the citizens of the earth, and make this earth a recycling-oriented society like the old days.

42. 有機の郷創り

私に退院が許されて、少しは自分のことができるようになったら、この「有機の郷創り」を始めたいと思うようになりました。それは、これまで皆で色々やってきて、自分の中に温めてきた結論とも言うべきことをこの言葉に凝縮させて、そろそろ表に出すべき時ではないかと思うようになってきたのです。

そのきっかけは、光合成細菌の凄業と時代の価値転換とも言うべきパラダイムシフトの意味が一体化して、それが時代の急務だと私の中に浸透してきたのです。有機の郷には「宮澤賢治」と「光合成細菌」と「もったいない精神」という前置きがあります。この3つは不可決な要素なので、説明させて下さい。

①宮澤賢治について

まず、宮澤賢治について。賢治は私にとって「人間とは」「自分はどのように生きるべきか」を教えてくれた人です。賢治の代表作「春と修羅」は、人間の両面を表していると私は考えます。「春」は誰もが神とつながっている魂を意味し、「修羅」は誰もが持っている煩悩を意味します。その「春と修羅」の冒頭に、私が真に求めていた「人間定義」とも言うべき言葉があったのです。それが、「わたくしといふ現象は仮定された有機交流電燈のひとつの青い照明です」「いかにもたしかにともりつづける因果交流電燈のひとつの青い照明です」でした。そして、どちらも必要な定義ですが、どちらが主でどちらが客かというと、もうおわかりでしょうが、有機のほうに軍配が上がります。

私は自分が生き詰まり極限状況に陥り、そこから自力で必死に這い上がる過程で、長い間求めていた答えはここにあったのだと納得しました。例えば、人間の性格や現象は、その人の生まれた所や環境などで限定されます。では、有機交流電燈とは何かと考えた時、有機とは無機に対する位置にあり、有機は命を有し、無機は命を持たない意味です。命を有している私たちは、絶対なる神と魂でつながっていて、無機は魂は有しません。そして、無機は生きていないので交流はしません。

賢治のこの詩を知って、私が求めていた生き方は、誰もが神とつながっている魂に沿って、自由に交流し合って生きていくことなのだと納得し、それが具体的に何かを試行した末に私が選んだのが、自然と社会両方につながっている道路のゴミ拾いでした。ゴミ拾いをしていると魂が顔を出し、自分のするべきことに導いてくれます。生活を元気にし、親子関係を改善し、自分の中から自然に歌も生まれ、良いこと尽くしで、賢治の人間定義の正しさを私に納得させてくれました。

ゴミ拾いを始めて半年後にゴルフ場問題があり、私たちは賢治の「正しく強く生きるとは銀河系を自らの中に意識してこれに応じて行くことである」という言葉をかざして反対を表明しました。しかし対立ではなく相手の魂を重んじる対話姿勢で臨み、その後「猿島野の大地を考える会」が誕生した時も、賢治の世界観を拠り所に「自由、平等、行動、非政治、非営利」を会の基本理念とし、全ての人が神とつながっている自由な魂の平等な持ち主で、それに基づいて行動することによって、皆で会としてのこれまでの成果を築き上げてきました。

一方、この1人のゴミ拾いから自然と仲間が生まれ、「四季の会」となり、光合成細菌と生ゴミの堆肥化、光合成細菌の培養、そしてEM液体石鹸の販売などに広がり、その収益金は全てペシャワール会へというように、会の主な3つの事業も有機的に全てつながっていて、活用しないともったいないという精神の賜物です。

例えば、最初の事業は、「もったいないピース・エコショップ」でした。そして様々な過程を経て、真に世界平和に活用されていると思える中村哲医師のペシャワール会に辿り着きました。今回の5冊目の本の出版も苦しい中でどうやら完成に漕ぎ着けられそうなのも、もったいない精神に後ろを押してもらったせいかもしれません。だから、皆さんにもたった一度のもったいない人生、魂の望む人生を送ってほしいのです。

そのためにお役に立つかはわかりませんが、坂東市の図書館に私の4冊目の『とりあえず症候群のあなたに』というCD本と、この5冊目の本を10冊ずつ寄贈させてもらいますので、読んで有機的な生き方を感じてもらえたらこの上ない悦びです。その後に、自分が書いた1冊目から3冊目をもう一度読んでみようと思い立ち読んでみたら、そこには今の自分の何倍もの元気を有した自分がいて、調べてみたら2冊目と3冊目はまだあり、読後感がまた全然違うので、この際これも10冊ずつ寄贈させてもらいます。読んでもらえたら嬉しいです。

この「有機の郷創り」を実行するには、自生農場を中心として実行することが第一であると考えました。そこで、はじめは自生農場の周辺で、会員や関心のある人が、ゴミ拾いや、私に影響を与えてくれた賢治の言葉や私の作った拙い歌の歌詞を看板に書いて建てたり、生ゴミ活用のパンフを配ったりして、自由に交流しながらお互いを認識し合っていってほしいのです。

②光合成細菌について

しかし「窮すれば通ず」ではありませんが、がっかりした分1つ思いつきました。今坂東市で困っている「耕作放棄地」の問題とつなげて、「有機の郷創り」に関心のある人が、耕作放棄地をできるだけ安価に借りるか売ってもらい、光合成細菌などの有用微生物と、市で焼却している生ゴミを提供してもらって、それを堆肥化して野菜に還元するという昔からの農法を試行してもらうのはいかがでしょうか。そして、そこから美味しくて安全なお野菜が出来れば、これは新しい農法だと人々の関心を惹くようになるかもしれません。これは、稀少で貴重な体験です。もしこれが実証できて、新しい有機農業として認められれば、価格も安く、人々の関心も高まり、この地で有機的な生き方をする人が増え、どこの自治体も困っている「廃屋問題」「後継者問題」「未使用の荒廃地問題」の問題も自然と解消してくるかもしれません。

また、ここで、もう1つ思いついたのですが、国がこれから県や自治体に募集する「バイオマス活用推進計画」は、提出期限の締切が、令和7年の2年後に迫っています。これに私が作成した「バイオマス活用推進計画」を更に2年後の状況に合わせて作成し直し、応募するのはどうでしょうか。現在、日本中にある住民の出す生ゴミは、分別がされてないのでほとんど焼却され、高い焼却費と悪いガスを出して活用されていません。それら、生ゴミ、水質汚泥、畜産廃棄物、農業非食用部などの残存物をいただいて有効に活用できれば、これからの坂東市の廃棄物処理に焦点が当たり、他の所にもいい影響を及ぼしてくれるかもしれません。そして、これまで農薬と化学肥料で微生物が少なくなった大地が徐々に蘇ってくるのではないでしょうか。

この制度は、国が募集して応募するのは県や自治体ですので、私たちの場合には、その内容を坂東市に認めてもらうことになります。応募まであと2年ほどの猶予がありますので、この地の耕作放棄地で実験して、この農法が将来に可能性があるかをじっくり観察してみるのがいいと思います。この実験くらいの規模ならば、私の体験では施設や食品市場の生ゴミの量で間に合うでしょう。そして、これでいい結果が出れば、原理的には同じことなので証明されたことになり、大きい視点から言えば、全てを活用できる宇宙循環型社会の実現というパラダイムシフトが起き、それは人類や生物の理想郷に近づいたことを意味します。

食物と水の安全性の問題も、私たちのこれまでの光合成細菌などの有用微生物との活用実験で大体実証されました。特に水質浄化実験は水質検査の結果が残っています。たとえ一場の処理場でも、「有機の郷創り」の地で試してもらえれば、その効果と処理費の安さに驚くでしょう。これが全国に波及して赤潮とアオコの被害がなくなれば、世界に波及するかもしれません。これも大きなパラダイムシフトです。

先日、20年ぶりの訪問客がありました。彼女はその頃、私たちに影響されて作ったというEMの米のとぎ汁液を持って来ました。夫がそれを顕微鏡で見て、びっくり。その中にその頃の光合成細菌と酵母菌がまだ生きて入っていたのだそうです。

③もったいない精神について

古代から続いてきた日本人の特徴である「大和魂」。その意味を紐解くと、「日本人の知恵と勇猛な精神」とあり、後者が世界大戦の時に悪用され、日陰の身になってしまいました。私たちの会は、それをもったいなく思い、「大和魂」を「知恵」とパラダイム式に私が着想した「ビッグ・ピース・ソウル」とし、平和憲法を持つ日本の環境保全と世界平和への思いを世界に発信できたらと思っています。この「もったいない精神」こそが、大和時代から続いている日本人の自然に対する感謝の念から生まれた知恵の文化の根源であり、これからの新しい有機農業の根源ではないでしょうか。

最後に、私が公共的な制度で最も関心のあるESD（Education for Sustainable Development）について、皆さんのご理解とご協力をいただけることを願ってお伝えしておきます。

この制度は、ユネスコから発信され「持続可能な開発のための教育」という意味です。これは、私たちの会が掲げる「もったいない精神」を次の世代に伝える格好の制度ではないでしょうか。例えば、私たちの会が最後に辿り着いた3つの事業を、わかりやすく教材にして自然にもったない精神が伝わるように組み立てて、ユネスコから世界中に発信してもらえれば、日本の世界平和と環境保全を願う気持ちも伝わり、自然と世界の共感も得られるのではないかと考えています。私ができることだけをここに述べておきますので、あとは学校の先生などがそれぞれの教育の場で独創性を発揮してやってもらえれば有り難いです。

まずは、私たちの会の３つの事業を、体験教育風に組み立てることです。もったいない物を持ち寄り、お互いに必要な物と交換し合う制度で、もしそこに利益が発生すれば自分たちが望む所に寄付をし、役に立ったら他にも広めて、世の中からできるだけゴミを出さず反対にゴミになるものを活用するという活動です。

もう１つは、毎日出る生ゴミを微生物と組み合わせ大地に返し、美味しい野菜や美しい花に変身させる試みに挑戦してみることです。目に見えない微生物を顕微鏡で観察したり、「光合成細菌物語」を読んでもらって、微生物の力を感じてもらいたいのです。毎日の生活の中で微生物の働きを知ってもらうために、EM 生ゴミぼかしで生ゴミを堆肥化して土に埋めて安全な野菜を作ったり、排水を汚す米のとぎ汁を、反対にEM 発酵液にして色々な生活改善に応用したり、排水を汚す米のとぎ汁や廃油を活用して体にも排水にもいいEM 液体石鹸を作ってみることは貴重な体験になるでしょう。こうした体験はいずれも、成長してからの子供の価値観に何らかの良い影響を及ぼしてくれると確信します。

また、私たちの会がある自生農場にも「もったいない精神」が活かされている建物があります。私のゴミ拾いで出会った廃材や廃物なども活かして夫や会員さんが手作りした「私の宮澤賢治かん」「石鹸工房」や「もったいないピース・エコショップ」、大きいテーブルや椅子もあります。また、「私の宮澤賢治かん」内には木の匠さんの立派な作品があって、「もったいないから知恵で何かを作りたい」という気持ちにつながるかもしれません。よかったら参考にして下さい。

そして、このもったいない精神を伝えたいという私の強い思いと温かい出会いがあり、「もったいないは、二つのエコ」（P108 参照）という歌になりましたので、子供さんたちと歌ってもらえたら本望です。また、これ以外にも「ゴミ拾いおすすめの歌」や「家族」も歌ってもらえたら、成長していく過程でお役に立つのではと感じます。

以上の思いをESD制度に応募する時、盛り込みたいと思いますので、その節はご協力よろしくお願いいたします。また、今からこの趣旨に賛同し活用して下さる方も大歓迎です。併せてよろしくお願いいたします。

あとがき

最終的に、光合成細菌のもう１つの凄業を知ることになった最初の端緒は、私がパーキンソン病と診断され一時は絶望的になりましたが、それまで会の皆で宮澤賢治の世界観を拠り所に、それ一筋にやってきたことが全て無になってしまうのはあまりにもったいないという気持ちにさせてもらったことでした。

その10年以上前に元気だった頃、私は４冊の本を著してきました。４冊目の『とりあえず症候群のあなたに』を書いた頃の私は、近代の文明社会で生まれ育ち、生き方が確立しないままとりあえず生きざるを得ないうちに、様々な症候群に陥り苦しんでいる人たちに向けて、文明の前の時代、即ち「日本文化の時代」も生きてきた自分たちの世代は、２つの時代から納得した生き方を選択できた分、幸せだったと述懐しています。それでも、宮澤賢治という存在がなければ、私は無理であったとも。そして、賢治の人間定義で元気になった自分は、その具現的な生き方として自然と社会に通じる道路のゴミ拾いを通して、自分の魂と向き合い、それに沿って生きることで、真の元気を貰っていったとも。

夫は様々な職業を経て自分の納得するライフワーク、自然養鶏に辿り着き、鶏舎も自分で建て、始めようとする矢先に、ゴルフ場の建設予定地に入り、良い条件を出されましたが、賢治の「正しく強く生きるとは銀河系を自らの中に意識してこれに応じて行くことである」という言葉に背中を押され、私たちは反対を表明し、県内初の立木トラスト運動、オオタカの出現による「オオタカ保護の会」が誕生しました。しかし、この反対運動も、対立ではなく対話の関係を貫いたお陰で、ゴルフ場さんとも良い共生関係が保たれ、平成４年に「猿島野の大地を考える会」が誕生しました。

その８年後に「もったいない」で個人的に発想し生まれた「ユニセフショップ」と、環境問題にEMを中心にと、この２つを会の事業にNPO法人の資格を取得。途中でペシャワール会の中村哲医師の世界平和を体現している姿に感動し、支援の主軸を移し、「もったいないピース・エコショップ」と改名しました。もう1つも「EM等、有用微生物普及による環境保全事業」としました。この2つの事業は、会員さんの協力もあって順調に進み、もったいない物が全て活用され、平和につながることで、関わっている人たち全てが元気、安心、希望、連帯感を共有することができ、令和3年度までの29年間で多くの寄付ができました。ありがとうございました。

途中で、第二次大戦後、物不足の時代に英国で「Oxfam」が誕生し、今は世界中に1万店以上あると知り、今は物余りの時代。「もったいないピース・エコショップを全国に広げる事業」を思いつき定例会に諮り、会の定款に加えました。現在、5号店まで出来ました。

環境保全事業の面で、それまで全く関心がなかったEMの力を信じ、関心を持つように導いてくれたのは、1人の老人と誠実な農業経験豊かな2人の会員さんの存在でした。私たちの会は、「住民参加型」という冠の付いた「環境基本計画」を茨城県で最初に作った環境意識の高い町にありました。そこで環境審議委員に選ばれた私は、EM生ゴミぼかしの無料配布制度を提案し、1年間のモニター期間を経て、モニターさんの意見が好評だったので実施され、合併までの9年間続き、その間ゴミの焼却費は周辺の自治体で最低を記録しました。

この間に官民協働の信頼関係が生まれ、ある日役場の職員さんから、町民から苦情の多い用水路について相談を受けました。「3年前に100万円近くかけてヘドロをどかしたのに、また元の木阿弥で、本当の解決にはなりませんよね」と言った彼の言葉が私を動かし、その頃一度も休まずやっていた月1回の定例会に諮ったところ、週1回3ヶ月間、500リットルのEM活性液をヘドロの中に動力噴霧器で灌注することに決まり、やはり月1回の水質検査で調べることに。

その結果は、予想した以上に素晴らしく、根本的解決につながり、その上経費は12万円。それでも会費1口1000円の貧乏な会としては困っていた時、相談してきた職員さんが教えてくれたのが、県の「大好きいばらき助成金制度」。それに応募して同額くらいをいただけ、それからもその制度を活用するようになり助かりました。

そして、年1回の会の便りが発行された時、その水質浄化実験結果が

1つの会の目に留まり、その会からこのデータを自分たちの会のホームページに載せていいかとの相談を受け、今度はそのホームページを見た別のグループが大型バスで2回訪問。このことで、ホームページの力を知り、自分たちの会のホームページを作ろうと決心、幸運にもパソコンに強い人に出会い、願いが叶いました。

一方、この水質浄化実験に関わったお陰で、用水路を主に汚しているのは、米のとぎ汁と合成洗剤と油物と気が付き、この気付きが後の「米のとぎ汁流さない運動モニター制度」と「食器洗いも洗濯もシャンプーも可能な安全なEM液体石鹸」の誕生につながりました。我が家の米のとぎ汁と廃油は、このEM米のとぎ汁発酵液作りと液体石鹸製造に欠かせないので、絶対無駄になりません。

合併後も行われた「米のとぎ汁流さない運動モニター制度」と川の浄化活動は、通算で16年くらい続きました。

ここまでの会の足跡を振り返っても、その時その時を一生懸命生きていれば、必ず何かが後につながるということがわかっていただけたでしょうか。ただ、私の70代後半の歳月は、正直言って、私が元気な時に「時は金なり」に対抗して作った諺「時は命の燃焼なり」を返上して、「時は時々命の不完全燃焼なり」になってしまいました。ゴルフ場の玄関先で「もったいないピース・エコショップ」をやらせてもらっていた元気な頃は、店番をしながらお客さんが通らない時に、比嘉先生や光合成細菌の第一人者である小林達治先生の著書、雑誌『現代農業』などを読んで「光合成細菌物語」を作ったり、光合成細菌と生ゴミの堆肥化に取り組んだりしましたが、次第に以前のように自然に出てくるエネルギーが出なくなり、ただ会の活動を義務的にこなす日々が多くなっていきました。

私がもっと解放的で気さくで頼みやすい性格だったら、会員さんも喜んで助けてくれただろうし、私たちの関係ももっと親密になっていただろうにと、今頃になって反省しています。でもこの最後の歳月は、苦しみや反省を伴いながらも、総括すると、様々な会員さんたちの優しさや配慮のお陰で、無事にNPO法人を笑顔で解散できましたし、また、肝心なところに気付かずに、過剰な期待とエネルギーをつぎ込んだ「バイオマス活用推進計画」も、長い間の郷友、F会員の助言で「会独自のバイオマス活用推進計画」作成につながり、後にそれが加筆され具体性のある計画になりました。

一方、背骨の損傷やパーキンソン病や大腿骨骨折や骨粗鬆症と段々病を増やしていき、再起不能のようになっていく私を見捨てず、むしろ心配してくれ、私の世話をしてくれる夫のことも気遣い、手作り料理や野菜、フルーツ、お菓子などを届けてくれた四季の会や地元の会員さんたち、夫の妹さんたち、私の姉夫婦、自由来の教え子たちのお気持ちが有り難く、時には病の先行きに悲観的になる私を勇気づけてくれました。

そして、郷里の幼馴染で、先立ちになって会員を増やし、2号店も引き受けてくれたKさんと親友のAさんに至っては、何度も手作りのカステラやクッキー、お惣菜、その他諸々を沢山送ってきてくれて、彼らのさりげない優しさと明るさに私はいつも癒され、教えられました。

また、以前から会の交流行事の時にはいつも店番をしてくれていたお仲間と一緒に、もったいないピース・エコショップで、自分たちが持参した物も含めてほとんど売り切ってくれた、Kさんたちのお仲間の1人が、彼女の故郷の奄美大島の人たちに、生ゴミ活用に光合成細菌を沢山注文してくれ、EM液体石鹸と一緒に送らせていただきました。もし向こうで生ゴミを光合成細菌で堆肥化し、元気なお野菜に変身できれば有り難いと、その時私は心底思いました。

光合成細菌は多機能ですから、それに当てはめて働いてもらえば、沢山のことがまだまだ可能であると思います。これまで焼却していた生ゴミも、光合成細菌で堆肥化できれば、焼却費不要、地球温暖化防止、悪いガスも出ないし、良いこと尽くしです。それどころか、温暖化現象で南極の氷が溶け、氷の下に眠っている大量のメタンが将来は溶解して出てくる恐れがあるとのこと。メタンガスや硫化水素など人間にとって困るものが光合成細菌は好きなので、メタンガスの抑制や大気汚染防止にも将来役立ってくれるでしょう。また、光合成細菌は人間が助かる核酸やビタミン、カロチン、アミノ酸などを分泌するので、将来医療の分野でも役立つのではと思います。

今振り返れば、病や怪我のお陰で入院し、その度に真の最終目標に私は一歩一歩近づいていったのだと思います。その気付きに天のお導きを感じ、何物にも代え難い悦びでもありました。

人類が自ら作り出した知識文明が、自分たちの首を絞めるようになってしまっている現代、人類存続の危機が迫っている今こそ、人類が最初に育てた知恵文化に戻り、全てが循環する社会に戻し、世界中の人々が国や宗教の違いを超えて「みな地球市民」という広い視野で暮らしていければ、争いのない環境を汚さない社会に一歩一歩近づいていくのではないでしょうか。それには、現在問題になっている地球温暖化や放射能の問題解決と同時に、循環型社会の構築や大地、大海、大気の浄化や炭素社会作りに貢献してくれる光合成細菌を世界的規模で大量培養して活用していく生命産業としての体制を整備していくことが早急に望まれます。そして、永い地球史の中で、目に見えない微生物が、私たち人類を含む全ての生物が生きることのできる環境を作ってくれていたという真実に、現代を生きる私たち１人１人が感謝し、私たち生き物全てが地球の子供と思って生きていきましょう。

５冊目の本を書こうと思った時は、全く未完成だった私が、ここまで究極の答えに近づくことができるとは思ってもみませんでした。様々な人たちの関与、協力の賜物です。賢治の「永久の未完成これ完成である」という言葉を想起させます。本当に有り難いの一言です。

地球温暖化問題は未解決のままであり、人類が示している締切は迫っています。多面的機能を持つ光合成エンジェルを大量に培養して、様々な分野に活用し、もったいない物は光合成エンジェルに働いてもらって3Rで堆肥化、資源化し、ぐるぐる回る宇宙循環型社会にして、親である地球に親孝行していきましょう。

ここまで書いた頃から、ウクライナ戦争が段々激しくなり、世界中が将来への核戦争や大国間の駆け引きなどに思惑が集中し、地球温暖化問題等への懸念は隅に追いやられていきました。しかし幸か不幸か、6月の半ば頃から例年にない暑さが押し寄せるようになり、地球温暖化問題の深刻さが再び浮上し、将来の食糧不足問題も相まって、人類は三重苦の真っ只中に立たされる羽目に陥っています。戦争の件は、人間の愚かさゆえにどうしようもありませんが、地球温暖化問題と将来の食料問題は、人類共通の課題で光合成メッセンジャーボーイに任せれば解決の方向には持っていくことができるでしょう。でも早急に世界一丸となって取り組まなければ、間に合いません。
最後に、夫の大学時代に所属していた「奉仕会」の１人、松浦良蔵さんにこの本の出版に際して、多大なご尽力をいただきました。改めて感謝申し上げます。

５冊目の本の９割分の原稿をようやく書き終わった今の正直な心境は、自分の実力のなさの劣等感、明るくなれないバカ真面目な性格、欠けている自然な優しさ、対人関係に不向きな性格などなど。これからの１割分の原稿はもちろん構想も全く出来ていませんでした。
全く先の見通しも立たないまま日々が過ぎていきました。そして、初めて経験した長い無機的な点滴生活の辛さから逃げたくて、意識的にその記憶に蓋をしてしまった私には、脱け殻のような面が出てきて、自分でもどうしようもない情けない日々がどんどん重ねられていきました。そんな私をどのようにしてやればいいのか心配してくれた夫と娘たちが、やはり私のことを心配してくれた主治医さんに相談してくれ、決めてくれたのが、家の近くの老人介護施設「寿桂苑」に入ることでした。
80歳という高齢で初めて味わう別世界が、そこにありました。私は、その頃、食事もできなかったらしく、後で聞くと三食とも胃瘻で摂っていたそうです。さぞかし無機的な日々だったのだろうと、今になって、その頃の自分が哀れになります。現在の自分には記憶力などではとても敵わない、せっかくあれだけの立派な原稿が過去の自分には書けたのに。賢治の「人間は現象であり関係であり矛盾である」という考えに「あの頃の自分は矛盾だらけだったが、そこをどうやら通り抜けたからこそ、今の心境を手にすることができた」という感慨を新たにしています。この苦境を体験し、通り抜けたことで、いつの日か天からお迎えが来るまで、私はもう迷うことなく穏やかに自分の夢である「有機の郷」を追い続けることができると思うようになりました。皆さん、こんなに不完全な私ですが、「有機の郷創り」に賛成して下さる方、いつの日か次世代にバトンタッチできて、平和で環境が善循環する社会の実現に少しでも近づくのを信じて一緒に生きていきましょう。諦めたら無為の日々が待っているだけで、もったいないです。

私の拙い書を読んでいただいて、ありがとうございました。

あとがきのあとがき

はじめに

私がこの「はじめに」を書く頃は、先の見通しも展望もなく、只々時間が無為に過ぎていくのがもったいなく、もったいない気持ちを優先させて書くことにしたのです。「形作って魂入れず」の境地だったような。でも、とにかく書いておいて本当によかったです。以前の自分に戻って、この原稿に向かい合うことができたのですから。

どんな時でも、いつか自分にも日光のように暖かい光が当たると信じて生きていくことを教えられました。

1．現在の正直な心境

今、真夜中です。私が夫と娘を無理やり起こしてしまって反省はしているのですが、私としては今やっておかなければという真剣な気持ちなのです。ごめんなさい。それは５冊目の本を書くことが、今は何もできなくなってしまった私が少しでも再生に近づくことなのです。それは少しでも早くパソコンの使い方を思い出すことで、他のできないこと、例えば、自分の足で歩くことや自分の喉を元通りにすることも、できるようになるかもしれないという希望が生まれるのではないかと思えるのです。事実、そのように思っていたら、随分経ってからですが、少しずつ力がついてきて、明るい見通しが立ってきた気がしています。

この５冊目の本も、まとめの段階に入りました。先日、夫の所に次女から電話があり、孫が１年を振り返って書いた作文がとても良かったので、彼の承諾を得てここに載せます。

この１年を振り返って

私は、この１年を振り返って、周りの環境や自分の環境が大きく変わったものの、とても楽しくて有意義な１年だったと思います。

初めて教室に入った時から、中学校とは雰囲気が大きく違うなと感じました。中学校での初日の教室はシーンとしていたのを覚えていますが、ここでは初日からみんなが騒がしく、そして仲良く話しをしていました。私は初日、あの謎の緊張と静寂に満ちた教室を想像して登校しましたが、とても仲のいい雰囲気に安心したのを覚えています。

中学校の頃は、積極的に人と話すことがなかった私ですが、ホームルームの時間のみんなや部活の人たちがとっても親しく話しかけてくれたので、人と話すことが楽しく前向きになれた気がしています。

高校に入って初めて運動部に入ったのも、私にとって大きな変化でした。体力や運動神経も平均以下で、自分が運動部に入るなんて想像もしていませんでしたが、入ってみると部活の雰囲気は明るくて、先生も優しく、運動を通して友達と交流したりするのは、とても楽しいことなんだと感じました。

私はまだ体力や筋力もなく技術も下手で、到底試合に出たりして活躍できる実力なんてないですが、練習を頑張っていつか人並みに上手くなれたらいいなと思っています。

今まで知らなかった雰囲気に触れて、今までやらなかったことを毎日やるようになって、「自分自身が変わっていく感覚」を初めて味わった気がします。面倒くさいと思ったことを後回しにしたりして、今までかなりダラダラと過ごしてきた私ですが、キツイ運動を続けて体力がつくのを実感できたり、明るいクラスメートのみんなと交流するうちに、性格が前向きに変わり始めるのを感じたりして、以前の自分にはあまりなかった、それでいて以前の自分が持っていなかったところを持っている人たちを羨ましく思っていた「向上心」をやっと感じ始めることができた気がします。

そんなわけで、私はこの１年を振り返って周りの環境の大きな「変化」と自分自身の「変化」があり、楽しく有意義な１年だったと思います。

高校１年　元屋 丈

私は、この作文を読んで、彼は自分の意識の変化を自覚し分析する能力が高いと思いました。賢治の「自我の意識は個人から集団社会宇宙と次第に進化する」という言葉を想起させます。彼の成長が楽しみです。

久しぶりに触れたパソコン。小さい体に沢山の病気を抱えているので、パソコンを理解する隙間がないのか、ここまで来るのにどれだけ時間を要したか。でも諦めません。日々触れていれば現状維持は可能でしょう、と自分に言い聞かせています。でも今もまた戻れなくなって、看護師さんに助けてもらって、ようやく。でもここに交流が生まれ、感謝も生まれるのだから、有り難いですよね。

この頃は、やはりこの施設に来てよかったと思うようになりました。なんでここに入ることになったかずっと謎だったのですが、夫や娘に聞いたりしてようやく謎が解けました。令和4年に隙間なく病気や怪我が起こり、その上、会のNPO法人を辞めざるを得なくなり、また、自分しかできない本創りも自分で決めた以上やらなくてはならず、私はその精神的な重荷に耐えられず、無意識に蓋をしてしまったのでした。

その後、どのくらい経ってからなのか全く覚えていないのですが、その蓋を開けてみたら、パーキンソン病になって歩く練習ばかりしていたら、どうも足が痛くなり、かかりつけの医師に相談しようと思っていた矢先、家の台所で夫が突然大声を出したので私はびっくりしてしまい、思わず後ろ向きに凄い勢いで倒れて脊柱圧迫骨折をしてしまいました。

病院に運ばれ、そこで背中のコルセットが出来るまで10日間入院。その後に退院して、家でシルバーカーを押して歩く練習をしている間、前へ一歩を踏み出す時に緊張して無理に出したらポキッと小さい音がして、それから3時間後に激しい痛みに襲われ、再度救急車で病院へ緊急配送され、手術後入院。どのくらい入院していたか定かでありません。その後に今度は誤嚥性肺炎で再び救急車で病院に運ばれたそうな。

この間のことは何も記憶にありません。その後に退院して、喉のせいか食欲のせいかわかりませんが、食べられなくなり毎日点滴を受ける病院生活に入ることに。この生活が無機的で、地下室のようなところに閉じ込められた囚人のような気持ちにさせられ、先の見えない暗いトンネル生活が続きました。この点滴生活が、その後の明暗を分けた気がします。無機か有機か、宮澤賢治ではありませんが、これは人生の重要な分岐点でした。

この後、胃瘻の手術をして家で胃瘻生活をしていました。その間、主治医が週に1回ほど往診に来てくれ、その間にパーキンソン病が進行したのか、てんかんという手の大きな震えもあり、先行きに希望が持てなくなったのでしょうか。主治医の紹介もあり、今の場所に入居。この判断は正解でした。この施設のスタッフや患者さん、皆さんが有機的な人たちだったからです。

有機とは、生きていてそこに温かい血が流れているということです。昨夜、私も入れてもらっているグループの人数を数えてみたら30人でした。皆さん、個性豊かな人たちばかりです。今まで別世界だった所に自分がいるということは、とても新鮮でした。これまで、この施設の院長先生ととてもお世話になった2人の職員さんに私の4冊目の本『とりあえず症候群のあなたに』を貰っていただきました。今振り返るに、令和4年は苦しかった反面、その中を命懸けで潜り抜け5冊目の本の大半を書くことができた、なくてはならない大事な歳月でした。

その上、5冊目の最後を飾ってくれるかのように、シアノバクテリアと光合成細菌が何億年もかけて毒ガスや二酸化炭素や自然放射能で満ちていた地球をクリーンにし、人類に残していってくれた天然の置土産、水やグルコースを知りました。このグルコースがブドウ糖とも呼ばれ、D型とL型があり、彼らが残していったのはD型で、動物、植物いずれにおいてもエネルギー代謝の中心に位置する重要な物質であるということを知りました。

なお、高等植物の細胞壁の主成分はセルロースで、これはグルコースからなる多糖の一種であり、地球上で最も多量に存在する生体高分子であり、また、天然に存在するというD型は、高等動物の各組織のエネルギー源となる他、工業的にも広く用いられているといいます。この観点から、この2つの微生物こそが後の動植物が生きていく上で最も根源的で必要なものを残していってくれた命の恩人的存在と言えないでしょうか。

このシアノバクテリアは、光合成細菌が進化したものであり、この微生物がCO_2を還元し、O_2に変換します。この光合成細菌が進化したシアノバクテリアがいなかったら、酸素は地球上に広がらなくて地球史は全く違ったものになっていたでしょう。その後シアノバクテリアは、その役目を終え、藍藻類という植物に進化してしまいました。つまり、酸素を供給できるのは植物だけになり、大昔からの微生物は光合成細菌だけになりました。そして、光合成細菌による炭素の供給も決して忘れてはいけません。これからの私たちの会の環境問題の方針をこれによって教えられました。

私たちの会「猿島野の大地を考える会」が最後に辿り着いた3つの事業は、①もったいないピース・エコショップ事業、②もったいないピース・エコショップを各地または世界に広げる事業、③ EM（有用微生物群）、光合成細菌、炭素などを、世界中で余っているバイオマス、例えば、国民が出す生ゴミ、農業非食用部、畜産廃棄物、下水汚泥を活用していい堆肥にして大地に還元する運動を広げていく環境保全事業です。

これらが少しでも国民の意識の中に入っていけば、有り難いです。私たちの会は小さいですが、大局的、根本的、普遍的な視点に立って、ここまで辿り着いたという自負があります。

2．自我の意識の重要性

宮澤賢治の言葉で、私がとても影響を受けたのは「自我の意識は個人から集団社会地球宇宙と次第に進化する」というもので、「地球」というのは、私が勝手に注入させてもらいました。社会と宇宙の間では距離がありすぎると思って。

昨日はその一例にならないかという日でした。私の本を差し上げた看護師さんが、私に昔からあったと記憶している懐かしい雑誌を持ってきてくれ、私は全部一通り目を通し１人の女性を知りました。彼女は現在89歳で、自分が長い間住んでいた昭和時代の質素な家に住みながら、そこを同時に昭和の時代を語り継ぐ「昭和の時代の生活資料館」にしており、もったいない精神で生きてきた自分に相通じるものを感じ、早速お電話を。残念ながら休館日でした。次にかけた時は男の人が出て、彼女はしばらく休んでいるとのことでした。

私のゴミ拾いはその「昭和の時代の生活資料館」の典型です。環境部会「四季の会」も、ボランティア広報紙「茶はなし」も、1人で始め、1人で楽しんでいたら自然に2つとも長く継続し、思いがけない出会いや出来事が起こりました。そしてゴミ拾いで出会った古き良き時代の人々の知恵や技を駆使した家具、立派な食器戸棚、細かく縁取られた障子、立派な玄関の扉などは展示しておくだけではもったいないので、自分の家で使っています。

先ほど紹介した「昭和の時代の生活資料館」をやっているご婦人と同じ姿勢で、まさに実生活で生き方を示しています。「私の宮澤賢治かん」も、私がゴミ拾いで出会ったカボチャを入れた木枠の大きな箱をいただいて、それを私が解体し、夫がその板で3年かけて仕事の合間に彼のセンスで作ってくれ、これも「猿島町まるごと博物館」の1つです。館内では、私たちの会の活動を少しですが紹介しています。大きくくくれば「みな地球市民　地球の子供」です。

このようにして全てが有機的につながって会の活動が成り立っています。この施設で私の4冊目の本を貰ってくれた1人目は、この施設の院長先生でした。2人目が私の胃瘻を担当してくれた看護師さん。今日は、彼に本のお礼を言っていただき、胃瘻をベッドでやってくれているときに、自分の価値観を大事にしながら生きているという話をしてくれました。彼は仕事の傍ら、放送大学でもう何十年も学んでいるそうで、3人の男の子も良く育っているらしく、彼の独特な子供との接し方も教えてくれました。彼は年に1回、1人々々と別々に旅行に行って話をしてくるのだとか。子供たちもそれを楽しみにしているそうです。また、医療は一生かけて学べる領域だと思っていると話してくれました。

今日は日曜日。車椅子に座っていると、また胃瘻の穴の部分が疼き出しました。看護師さんが夫に電話してくれたり、若い介護士さんが昨日の腹巻を替えてくれたり、看護師さんが胃瘻の穴の部分を細かく調べてくれ、何か塗ったりしてくれて痛みが少し軽減しました。皆が自分のことのように考えてくれて、有り難いです。

3．生きる意欲

胃瘻を入れてから食事は口からではなく、全て1日3回胃瘻から摂っていました。ここに入居してから少しずつ飲み込めるようになり、1食から始まり、今では朝食と昼食の2食が口から摂れるようになりました。それでも、胃瘻は1日2回やると思っていたのですが、午後5時からの夕食分の1回だけ。その後、夕食も口から摂れるようになり、午後6時半頃から7時頃までが夕食の時間となりました。

以前と違って、食事と食事の間が短くなり、空腹感が少しあるだけで以前より快適になりました。施設でのこの対応にとても感謝しましたが、正直言って、まだ空腹感は残っていて、自家中毒になった赤子の時の自分の生命力の表れでしょうか。人間にとって空腹感というものは、生命力や生きる意欲を表すとても重要な要素だと私は評価しています。

その上、以前は胃瘻の栄養計算は重量によって決まると思い込んでいたので、自分の思い込みというか自分の偏見を反省し、キロカロリーと聞いて計算をしてみたところ、間食のプリン、77キロカロリーを高カロリーのゼリーに換えることで、1日のカロリーは925キロカロリーになり、しばらくそれでやっていこうということになり、私も納得することができました。

今の私の体重は25キログラム。入居する前の体重が23キログラムだったので、少し増えたので体調もいいようで、これまでずっと完食でき、この食事状況もいいのだと感じられて嬉しいです。普通の人のカロリーの摂取量は大体1200から1300キロカロリーくらいとかで、あまり差はありません。

胃瘻をやめられる時は、今のように全部ドロドロにしてしまわないで、誤嚥性肺炎にならないようによく自分の歯で噛んで胃に送り込むことができるようにしたいです。水分も、とろみの入らない普通の飲み物を飲めることを望んでいます。生きている間に全部実現しないでしょう。でも諦めないことが自分にとって最も大事なことだと思っています。

私の本を貰っていただいた看護師さんに、胃瘻について教えていただきました。胃瘻をする時、胃につながっているお腹の穴のところは、簡単に抜けないように、お腹の表面に2センチくらいの鳥の翼のようなシリコンで作られたものが付いていて、内側も抜けないように穴の周りを丸いもので取り囲んでいるそうです。胃瘻を取る時はこのシリコンの管を取り除けば、お腹の穴は自然に塞がるのだとか。この胃瘻の部分が時々痛まなければ、あっても我慢するのですが、痛みを伴うのでいつかは取り除きたいと望んでいます。看護師さんはとても誠実で実力があり、このように自分の世界観を持っている人が集まれば、強力な力がそこに生まれるでしょう。これからの出会いも本当に楽しみです。

これから、5冊目の本の絵や写真、イラスト、表紙の絵の選択など、楽しい時が待っています。表紙の絵は、私たちの原点で最初に持った家と土地から見えていた筑波山を描いたものにしようかと思っています。全てがそこから始まったからです。

ある日、入院中の患者さんのお世話をしてくれている職員さんで初対面の方が、私のベッドに一番近いテーブルにあった『とりあえず症候群のあなたに』を見つけました。その表紙が私であることに気付き、本の副題が「宮澤賢治的世界観より」だと知った彼女は、自分も宮澤賢治に関心があると言って、ご主人と岩手にある宮澤賢治館を訪ねた時の写真をスマートフォンで沢山見せてくれました。私も昔、夫とその資料館を訪ねたことがあったので意気投合して話していたら、今年の5月5日に「銀河鉄道の父」という題名でキノフィルムズという会社から、映画として公開されると教えてくれました。

先日の「昭和の時代の生活資料館」にしろ、今度の映画公開の話にしろ、こういう同じ方向性を持った人たちが触れ合うことで、何かが生まれるかもしれません。将来、私たちの会の活動を、賢治の具現的な生き方として取り上げてくれるかもしれないという夢が、私の中に生まれました。元気の素が、また1つ私の中に増えました。

かつて私の中に、毎日新聞を通してスウェーデンのグレタさんを知ったことで意欲が生まれ、彼女への手紙書きが始まり、結局は彼女から返事はなしの礫でしたが、後悔は全くなかったことを思い起こせば、なんでもありません。その時間は、私の命が燃焼でき、本にも残せたのですから。メデタシメデタシです。

4．試みの成果の悦びと感謝

今度はどんなふうに有機的につながり合えるのか、全く駄目なのか楽しみです。この精神的な余裕が私の中に生まれたのは、80歳という現在の私の年齢からでしょうか。先日、夫が電話で、私にも読んでもらいたいから『法然』という本をもう1冊買って今度の面会に持って行くと言っていました。内容は、50年以上を共に過ごしてきた私たちの共鳴音なのか、楽しみです。

5冊目を残したいという私の試行錯誤の日々が、ここまで私を導いてくれたのですから、賢治の「永久の未完成これ完成である」という言葉に重なります。その安心感にありがとう。

この介護施設に来て最近になって、自分の家からここに自分を移してくれたのは、正解であったと感謝するようになりました。あのまま家にいては、自分に何の変化も起きなかったでしょう。自分を甘やかしては何も収穫はないということを教えてもらいました。

宮澤賢治の哲学に則って、夫と2人で培ってきた足跡と結論を残しておかなくてはあまりにもったいないと、最後に5冊目を残しておこうと全力を尽くして始めた令和4年の歳月。終わった時は抜け殻のようになっていた私でしたが、そこで引きこもっていたら、ますます抜け殻になっていたでしょう。

この施設に来てみたら、引きこもってなぞいられない状態が私を待っていました。まず、胃瘻を1日3回分、受けなくてはならない自分にとって、それをどのように受けるかが大きな課題でした。この課題に取り組むため、まずは院長先生に手紙を書かせてもらい、私の要望を伝えたところ、「小野さんの自由な判断に任せる」というお返事をいただき、ベッドで胃瘻を受けるという私の要望が叶いました。賢治の「人間は現象であり関係であり矛盾である」という考えを想起させます。段々関係が改善されていくのは有り難いし、全てそのプロセスが最も大切なのだと教えられました。

5．この施設のお陰で5冊目の結論が！

私のこの施設での生活が、5冊目の結論を導き出してくれました。
それは、日々精一杯生きて、絶望しないこと。どんな些細なことでも自分で思いついたことは、実行してみること。結果はケセラセラ。これが、現在の私の等身大の結論です。この姿勢を天に還るまでの私の一貫した姿勢にしようという決意が、私を安定させてくれました。
その具体例を1つ紹介します。今日は2月8日（水）夜の11時半です。いつものベッドの上での自分考案の運動を終えて、今日は更にもう1つの自分考案の運動を実践してみました。それまで胃瘻の穴の周りの疼く痛みが辛く、消極的だったのですが、それでは真の解決にはならないと決意し、その痛みをこらえて、その痛みを受け止める努力をしようと考えたのです。
それにはそれよりもっと大きな目的を作って、それを達成するために活用することです。その大きな目的とは、私が出ることを拒んでいるベッド後方の鉄柵に、自分の体を持っていくことでした。そこで、鉄柵の穴に自分の脚を片方ずつ入れてベッドの外に両足をつけ、鉄柵に掴まり、立ったり座ったりして足腰を鍛えるというものでした。これを毎日50回ずつやれば、徐々に効果が出るのではないかと考えたのです。もし、この運動の最中に見回りの職員が来ても、堂々と笑顔で迎えようと思っています。

6．自分の思いを形に

今日はこの施設でたまたまお会いした昔の自由来の教え子の2人に会えて、彼女たちととてもいい交流ができました。1人の方は、宿直中に私が怪我をしないようにとても心配してくれます。もう1人の教え子の方とも、胃瘻中に話ができ、今日出そうと思っていた便りを全部書き終わったと伝えたところ、「手書きの便りはいただくと嬉しいですね。私もアナログの世界が好きなので」と言っていました。こんなふうに今日はこの２人の心の内側が覗けて、とてもいい１日でした。お二人とも立派な看護師さんに成長していました。

私が、ここで思いがけなく２人に会えたのは、30数年前に自分の考えついた試み「自由に来るという意味の自由来」をやったことから始まりました。なんであっても、どんなに時が経っても、叶うことはいつか叶うのですね。そう感じることができるのは、自分の人生を豊かにしてくれますね。

7．もう１つの試み

更に、私はこの流儀で近い将来、ある１つのことを企画しています。それは、昔の日本人の手の文化を生活の中に取り戻すことです。そういう手の文化に育てられた私たち世代が、段々少なくなっています。その世代から次の世代に引き継がないと文化が絶えてしまい、あまりにもったいないです。私は最近、その具体例に自分がぶつかってしまい、実行しようと考えたのです。

それは、自分の衣類の修繕でした。具体的には、ズボンのゴムがきついのと、ズボンの足の長さを短くするというものでした。それには、糸、針、ゴム、ハサミ、縫ってある部分を開けるためのナイフなど、材料が危険なので許可されにくいですが、もし全国的に広まればそれが当たり前になり、このような施設で皆が集まって談笑しながら針仕事をしている姿が日常の風景になるでしょう。その微笑ましい光景は、見る人に昔を思い起こさせてくれるでしょう。でも、これも夢に終わりそうです。本作りに時間を取られそうですので。ごめんなさい。でも、遠い将来だったら可能です。諦めてはいません。

私にこの意欲を湧かせてくれたのは、私のささやかな個人的な夢に協力してくれた看護師さんたちの存在でした。私は今回の入院で、しっかり整理していかないとすっかり忘れっぽくなっている自分に自信が持てないので、適当な大きさの箱に必要な物を入れておくことを思いつきました。私が、適当な大きさのボール箱に色紙を貼って可愛い箱を作りたいと看護師さんに言ったところ、彼女がボール箱、色紙、のり、ハサミを揃えてくれ、私は可愛い箱作りを楽しめました。今、それが形になったことで私の情緒も安定し、毎晩ベッドまでお供してくれ、私のなくしやすいという欠点を補ってくれています。

もう1つ。この頃、私が出したお便りにお返事をくれる有り難いお友達がいて、私にとって皆さんの真心がこもっている大事なものなので、なくさないように、また、何度も読めるようにしようと、宮澤賢治の『銀河鉄道の夜』の映画化を教えてくれた介護師さんに「それを入れる箱が欲しい」と話しておいたら数日後に、色紙を貼る必要もない可愛い箱を探してきてくれました。

ここにその作品を写真で載せます。

このように近い将来、念願の本が出来る前後に楽しい日々が約束されているという予感が、私にとって一番嬉しいことです。

8．本音の便り書き

これまでの会の活動を総括して、5冊目の本を書こうと思っていた時、私はこの項を考えてもいませんでした。それが、この施設で大家族の皆さんに囲まれながら暮らしているうちに、時間のある時はこれまで交流のあった人たちにお便りを書きたいという気持ちが自然に湧いてきて、それまで忙しいのを理由に余裕がなかった自分が初めて味わう、不思議な感覚だと驚きながら、その声に従って楽しそうに便りに向かっている自分がいつの間にかいました。

どの人も賢治が言うところの「わたくしといふ現象は仮定された有機交流電燈のひとつの青い照明です」と「いかにもたしかにともりつづける因果交流電燈のひとつの青い照明です」に集約され、どんな人の存在も許容されると私は信じています。私たちの会「猿島野の大地を考える会」は、そのような人たちが、会の基本理念「自由、平等、行動、非政治、非営利」の下、集まって「永久の未完成これ完成である」の方向で活動しているのどかな団体でありたいと願っています。

これまで直接、間接を問わず会に貢献してくれた会員さんに感謝の気持ちを伝える時は今しかないという思いが熟したのか、便りを書きたいという思いが募り、書かせてもらった次第です。まだ書いていない人もいますが、そのうち届くと思いますので、気長にお待ち下さい。

ここに1人だけ紹介させていただきます。先月の2月28日に96歳で天寿を全うした、姉の夫である義兄です。彼は、長野県の山奥の極貧の家に生まれ、リュック1つを背に山を下り、働きながら独学し弁護士になった正義感の強い立派な人でした。私たちの会にも初めの頃から、入会してくれ、私が自由来の親御さんから頼まれた問題にも誠実に対応してくれました。私のことをお～ちゃん（子供の頃に父が私に付けた呼び名）と呼び、柔和な笑顔が印象的でした。その義兄が最後に何と私と同じ「パーキンソン病」になってしまい、私と同じように食欲がなくなり、長い苦しい点滴生活の後、胃瘻は拒否（さすが苦労人の義兄）して、苦しみを見せず旅立たれた立派な最期だったと姉から聞きました。義兄が生前から自分の遺影に使おうと決めていた写真は、私たちの次女が自生農場でやった結婚式で、彼が乾杯の音頭を取ってくれた時のものでした。そこにはとても良い笑顔が残されており、彼の自然への回帰の思いが伝わった気がしました。

夫と２人で義兄への便りを書き、ご冥福を祈って棺に入れさせてもらいました。子供の頃から、私と違って家思いでしっかり者のお姉さん、長い間、本当にご苦労様でした。お義兄さんを偲びながら、これから少し養生して下さい。

お義兄さんについては、どうしてもここに書いておきたかったので、私のわがままを許していただきました。他に出させていただいた便りに対してお返事を下さった方もありました。どれも心に沁みるお返事ばかりで、何度も読ませていただき元気を貰いました。ありがとうございました。その点に関しましては、P299の「おわりに」をご覧下さい。

９．再び、有機の郷創りの地にて

５章の「42. 有機の郷創り」で書かせてもらったのですが、何か書き足りなくて、お気持ちのある方だけ読んで下されば幸いです。

ノーベル平和賞を授賞したマータイ女史が、日本の「MOTTAINAI」を絶賛し、それを3Rで表して具体化する組織を作ったと聞き、私たちの会のやってきた３つの事業は、全く「もったいない精神」の賜物と思い、その組織を活用しないのはもったいないと思うようになり、最近ようやく気持ちに余裕ができたので、皆さんにもこの思いを理解、共有していただき助けてもらおうという思いに至りました。

私は病のため万全の状態ではないので、私の代わりに、この２つの組織が共存共栄の関係になって存続できるように持っていって、両者をつないでくれる方が欲しいのです。

今のところ、３つの事業は会長の夫と私のEM液体石鹸の代行をしてくれている会員さんが、細々とですが継続してくれていて、本当に僅かではありますがペシャワール会にも支援させてもらっています。せっかくここまで続けてきたので、このまま立ち消えになってしまうのは忍びなく、これまで一緒にやってきてくれた会員さんのどなたかに頼んでみようと決心した次第です。

もちろん「もったいないピース・エコショップ」をやって下さる方は、個人でもグループでも構いません。例えば、マータイ女史が作っていかれた組織の方でも、私たちの会も入っている中村先生の活動を資金面で応援している日本で1万3000人もおられるというペシャワール会の会員さんなど大いに歓迎です。

そして、どこかにも書きましたが、「もったいないピース・エコショップ」は別にお店の形態は問いません。常設でも、その時限りでも構いません。ただ、やって下さる所には「もったいないピース・エコショップ○号店」と書かれた木の看板と、「もったいない精神は知恵と大和魂から」という字の下に「ビッグ・ピース・ソウル」とフリガナを付けた木の看板を貰っていただきます。また、できたら私の拙著『とりあえず症候群のあなたに』のCD本と、その頃までに完成していたら5冊目の本『有機の郷 猿島野の「生き方資料館」』を貰っていただいて、ショップの趣旨を理解下されば、お互いの関係が親密になると信じます。

このささやかな思いつきが、どなたかの協力を通してどこかで小さな花を咲かせてくれれば、こんな嬉しく有り難いことはありません。よろしくご協力のほどお願いいたします。

10. 中村哲さんの言葉を引き継いで

この前、夫が私に届けてくれたものの中に『わたしは「セロ弾きのゴーシュ」』という題名の中村哲さんの本が入っていました。この間、ペシャワール会の便りを読んでいた時、そこに今度ペシャワール会に若いグループが結成されたということが載っていて、私たちの会の究極の目的である「有機の郷創り」を知ってもらうだけでも無駄ではないと思い、私の4冊目のCD本『とりあえず症候群のあなたに』と5冊目の本の5章42項のコピーと便りをペシャワール会の会長さんである村上優さんに送っておきました。

そして、改めて中村哲さんの本を読ませていただいて、彼の遠大な構想力と広大な行動力に驚嘆させられました。その実現にかかった費用は、病院や診療所の建設や諸費用は別にして、用水路だけで4億円かかったとのこと。その費用は私たちの会も仲間入りしていた「ペシャワール会」から全部出たとのことで、私たちの会の会員さんたち皆の真心も生かされたことに感謝でした。

そこには、アフガニスタンという国と国民の実態が書かれていました。少し紹介させてもらうと、アフガニスタンは大体高地にあり、2000年から現在まで地球温暖化から来る大旱魃で、2000万人の国民の半分以上が被災し、家畜の9割が死滅、400万人が飢餓線上、100万人が餓死線上ということでした。では、なぜアフガニスタンの乾燥地帯で2000万人以上の国民がそれまで食べてこられたかというと、アフガンの人口の約9割が農民および遊牧民で、彼らが農耕できるのは、ヒンズークシュ山脈という高い山がほとんどを占めていて、そこの山の雪が夏に溶け出し、その川沿いに豊かな農産物を作らせて、それで皆が生きてきたというわけです。

その水が今枯れかけていて、砂漠化した地域がどんどん広がっており、その原因が地球温暖化現象から来る大旱魃です。絶対的な降雨量が減っているだけではなくて、夏に溶け出してくる水がなくなるということで、夏の雪線が段々上昇しているからです。現在、4000メートル行っても雪がない状態です。25年前は真夏の雪線は3300メートルでした。25年間に700メートルも上がったということが、旱魃の最も大きな原因です。

標高4000メートルの雪を頼りにしてきた地域は、壊滅状態、難民化するしかありません。それでは難民が増えるだけで何の根本的な解決につながりません。そこで中村さんが考えたのが、誰も見向きもしない4000メートル級の山（標高5000から6000メートル級の山だったらしばらく雪は溶けないだろうとの推測から）の砂漠に用水路を引き、それを生活用水として、また、農業用水としても自給自足でき、アフガニスタン人がずっと難民化しないで自分の村で生きていけるようにと考えたのです。そして、最初の2年間の用水路の灌漑化で約5000人以上のアフガン人が戻ってきて、村に定着できるようになったということでした。
それにかかった費用は4億円。その費用は、用水路に必要な資材と、そこに定着しようと集まってきた難民の用水路建設に払われる労働の対価でした。それは全部、私たちの会も入っているペシャワール会の会員、日本の約1万3000名の募金によるそうです。会員の皆さんのもったいない精神の努力の結集が役に立ったのだと思うと、有り難い限りです。
そして、中村哲さんが考えた最後のもったいないの知恵の活用が、誰も見向きもしない砂漠に最後にその用水路の水を持っていき、その地にイスラム教の教会、モスクと学校も備えた自立定着村を作ったことでした。そして、その用水路の水はそこに住む人たちに使われた後、砂漠に流しっ放しにして自然にしみ込むようにしておいて、そこに住む人がこれからもできる未来の村も含めて自主管理運営活用していくという構想だったと思います。現在、この村は一家族10人として70の家族が住んで全体を守っているということでした。
中村先生が求めていた究極の世界は、地球温暖化から生じる旱魃の問題がなく、生命の根源である食と水が永遠に循環する平和な社会でした。ただ、先生が突然お亡くなりになってからこれまでに、その旱魃の問題は解決されていません。私たちの会が辿り着いた究極の結論には、旱魃問題を根本的に解決する方法があったのですが、私たちはその頃は先生が旱魃に悩んでおられたことを全く知りませんでした。先生がお元気で用水路建設に取り組んでいた頃に、それをお伝えしていたら先生はご自分の独特の知恵で旱魃問題にも手を打たれていたことだろうと残念でたまりません。
先生も私たちと同じように昔の日本人が持っていたもったいない精神をお持ちでしたから、現代では不要で焼却されている生ゴミや、人間のし尿や畜産の廃棄物、水質汚泥、農作物の非食用部などでさえ活用して、光合成細菌などの有用微生物と組み合わせ堆肥化し、大地で有機農産物に還元し、その上に地球温暖化による旱魃問題にも大きく貢献し砂漠の大地も再肥沃化できるという究極の結論に辿り着き、実践していらしたのではないでしょうか。
近いうち、私たちの会でペシャワール会の若いグループに光合成細菌などの凄業やパラダイムシフトの世界をお伝えして、それを今度はアフガニスタンの人々に具体的に伝えてもらい、世界に先がけて実践し、中村先生の願った平和と環境保全の両立の世界の実現を願っています。

というのは、今読んでいた『わたしは「セロ弾きのゴーシュ」』という本の表紙に大きな太い字で「中村哲が本当に伝えたかったこと」とあり、その横に暗示的に「人が生きて、死ぬことの意味を、日本人は忘れているんじゃないかという気がするんですね」とあります。

私はこれを知って、若い時に人生で初めて自分の土地と家を買い、夫と２人で一生懸命に働いて親から借りた借金も返しホッとしたのも束の間、虚脱状態になってしまったのを思い出しました。意外なところに意外な伏兵で、自分たちの目指す自由と独立を手に入れてしまった以上、もう頂上に登り詰めてしまった唯物的ロマンの限界とでも言いましょうか。それとも賢治が言うところの、自我の意識がそれまで個人の領域に留まっていたのが、個人の領域では満足できなくなったという意識の表れで、見えない意識が無意識に少し進化したのかもしれません。

しかし、その当時の自分は本当に苦しくて幾晩も眠れず、死の誘惑に駆られたことを覚えています。ようやく宮澤賢治の詩の中に自分の真に納得する人間の定義を見つけました。今振り返ると、私が新生するためには、この苦難を自分で模索することが必要だったのでしょう。納得して辿り着いたのが、自然と社会に通じる道路のゴミ拾いでした。そのゴミ拾いをしていると、天にある魂に自分の眠っていた魂が覚醒され、その後の会の誕生も活動も、そこから全て派生していきました。そして、会が到達した結論も、天のお導きのような世界全体の幸せを願うような温かいものでした。

私は、とりあえず生きている日本人が多いという現代、それも人類の存続が危ぶまれている今こそ、自分の意識を宇宙にまで進化させて生き、満足して宇宙に還ってほしいということを、中村哲さんも願っていたのではないかと思うようになり、その点に私たちの会との共通点を見つけ、この項を設けさせてもらいました。

それを実現するために、私たちが創った「有機の郷」に１人でも多くの人が訪れ、一度しかないもったいない自分の人生を有意義に生きてほしいと願っています。ペシャワール会の今後に大きく関わっている若いペシャワールのグループ会員や、これまでペシャワール会の活動を資金面でも支えてきてくれた1万3000名という会員の人たちに、特に読んでいただきたいです。また、できましたら、「もったいないピース・エコショップ事業」と「もったいないピース・エコショップを全国に広げる事業」と「EM等、有用微生物普及による環境保全事業」、この3つを一体化した私たちの会の活動に共鳴していただいて、今後のペシャワール会の存続と地球温暖化問題の解決に関わってくれることを切望しています。

最近、お聞きしたところによりますと、中村先生亡き後、1万3000人だった会員さんが2万7000人に増え、先生がノーベル平和賞の候補にも挙がっていて、それを支援する動きも活発化しているとか。私はそれを知ってペシャワール会に明るい未来を感じました。ペシャワール会の会員さんたちに、光合成細菌のことを知っていただき、それを近い未来に実践してもらえることを願ってやみません。

11. 温室効果ガスとは

地球温暖化問題に大きく関係しており、そこから派生する旱魃問題で、長い間アフガニスタンで人々を苦しめてきた犯人は、温室効果ガスと聞きました。この際、自分が納得できるまで学ぼうと思い、夫に資料を持ってきてもらいました。

と言いますのは、私たちの会が光合成細菌こそ地球温暖化問題と旱魃問題を解決してくれると同時に、地球上の環境も汚す不要なものを活用して大地を肥沃に、そしてそれらを有機農産物にして多くの人々の食を保証してくれる循環型社会を構築してくれるという万全の結論になぜ辿り着けたのかを、この本の「あとがきのあとがき」の中に「10. 中村哲さんの言葉を引き継いで」として設けたのですが、今読み返してみると根本的な部分に触れていないことに気付いたからです。それは、地球温暖化問題と旱魃を引き起こす温室効果ガスの正体の説明です。

温室効果ガスとは、大気中に含まれる二酸化炭素やメタンなどの7つのガスの総称です。そして、温室効果ガスには、太陽から放出される熱を地球に閉じ込めて、地表を温める働きがあります。メタンには二酸化炭素の21倍の温室効果があると言われており、二酸化炭素を吸ってくれる光合成細菌にはメタンを抑制する力があるという話も聞きます。

大気に排出される量は様々で、2010年における人為起源の温室効果ガスの排出割合は、二酸化炭素が76.0パーセント、メタンは15.8パーセントと次第に低くなっています。また、もう1つの温室効果ガスのフロンは炭素とフッ素が結び付いた物質で、途中でオゾン層を破壊する物質ということが判明し、生産が禁止されました。しかし、その代わりに登場した代替フロンは温室効果が異常に高く、その意味では温暖化を一層助長していることになり、あれから工業化や文明化が進んでいる近代では、温室効果ガスの量が相当増加していることが推測されます。

過去20年間を見ると、大気の二酸化炭素濃度の増加分のうち4分の3以上が化石燃料によるものとされています。そのため、工業化が進んでいる先進国が二酸化炭素排出の大きな割合を占めています。温室効果ガスが増えすぎると地球から逃げていくはずの熱が放出されずに地表に溜まってしまい、気温が上昇して異常気象や気候変動につながります。

温室効果ガスを削減するために世界が掲げている目標と取り組みはそれぞれ違いますが、日本では温室効果ガスの排出を完全になくすのは現実的に難しい部分があるので、温室効果ガスの吸収と除去量を、排出量から差し引いた合計をゼロにすることで、温室効果ガスの排出を実質的にゼロとするカーボンニュートラルの方法が採り入れられました。それを国が具体的に形にして県や全国の自治体に政策として下ろしたのが、「バイオマス活用推進基本法」に基づいた「バイオマス活用推進計画」でした。国は「バイオマス活用推進基本法」で、「バイオマス」という言葉を「動物、植物に由来する有機物である資源」と規定しました。そして、植物が二酸化炭素を吸って酸素を出してくれる特性に着眼して、山林を増やす自治体には助成金を出す制度を設けました。

私たちの会はそれよりずっと以前の旧猿島町の時から環境問題を根本的に解決するものは何かを追求して、次第に納得できる微生物に近づいていた時で、坂東市になっても「EM活性液による米のとぎ汁流さない運動モニター制度」と「EMによる川の浄化活動」委託事業で続いていたので、坂東市になってから「コミュニティ協働事業」の1つとして「住民による町創り5つのプロジェクト」の募集があった時、これからの活動を期待して仲間に加わりました。そこで「バイオマスタウン構想」を知り、バイオマスという言葉を「動物、植物、微生物」と規定しているところに、私たちの会の活動との共通点を見出し主張しましたが、最終段階で議会を通過せず見送られました。

会としては諦めきれず、その後も署名を集めたり要望書を提出したりして働きかけましたが、返事をくれなかったのは、国が助成金をつけて募集しているような山林を坂東市が持っていなかったからでした。

すっかり的が外れてがっかりしていた私に、立木トラストのゴルフ場の反対運動の時から会を支援してくれていた故郷の友の励ましで気を取り直し、平成30年4月に、まだNPO法人活動中、「会独自のバイオマス活用推進計画」を作成しました。これを今改めて読み直してみて、この頃の自分は魂全開だったなあと感無量です。

この項のテーマが「温室効果ガスとは」なので、光合成細菌の権威者、京都大学の小林達治教授の本を読んで書かせていただいた私の拙い「光合成細菌物語」から、光合成細菌の特徴を紹介して終わりとします。

・赤くて独特の臭気がする。
・酸素が嫌いで二酸化炭素が好き。
・悪臭を取ったり、ヘドロを少なくする。
・鶏に飲ませるとお腹の中のサルモネラ菌がいなくなったり、鶏糞が臭わなくなる。
・金魚や熱帯魚の水槽の中の二酸化炭素や糞を食べて、水を綺麗にしてくれる。
・農業でも空気中の窒素や炭素を固定して、植物にあげるから肥料がそんなに必要でない。
・人間が困っている硫化水素やメタンガスや二酸化炭素やアンモニアなどが餌として必要。

・その反対に、自分たちが要らなくて出す核酸やビタミンB12やカロチンやアミノ酸が、人間の方では、核酸は傷ついた遺伝子の修復に、ビタミンB12、カロチン、アミノ酸は、野菜や果物の色を良くしたり栄養価を高める。

人間と光合成細菌の関係が、お互いに活用しなくてはもったいない、こんなに有り難い関係だと知った以上は、この真実をできるだけ多くの人に知ってもらってご自分で確認してもらいたく、お伝えした次第です。

私たちの会は、国が森林保全を推進する自治体には助成金を払うことにも反対ではありません。森林保全によって温室効果ガスが減ることは確実ですし、森林の美観にもつながります。

地球温暖化現象や旱魃問題を引き起こすのは、大気に排出される温室効果ガスの量です。温室効果ガスとして定められているのは多い順から、二酸化炭素：76.0パーセント、メタン：15.8パーセント、一酸化二窒素：6.2パーセント、フロン類：2.0パーセントですが、途中でこのフロンがオゾン層を破壊することがわかって生産が禁止され、その代わりに登場したのが、二酸化炭素の数百倍から数万倍の温室効果があると言われる代替フロンです。

36億年前に地球に現出したと言われている2つの微生物、光合成細菌とそれが進化したと言われるシアノバクテリア。その時代に生存したこの微生物こそが、毒ガスや二酸化炭素や自然放射能などで、生物がとても生存できない劣悪な環境だった地球を、それこそ長い歳月をかけて人間を含めた生物が住めるような環境に作り上げてくれた、言わば命の恩人のような存在でした。私が特に驚嘆したのは、この2つの微生物が独立栄養細菌といって、太陽の光エネルギーによってCO_2を還元して有機化合物に変換し、それを元に自らの細胞成分を合成し生育する生物だということです。即ち、人間や他の生物のように体に「食と水」を入れて生きる必要がなく、太陽の光線を体内に入れてそれを自分で合成して栄養源にするだけで生きていけるのだというのです。それをわかりやすく化学式で表すと次のようになります。

光合成細菌：$12H_2S + 6CO_2 = 12S + 6H_2O + C_6H_{12}O_6$
シアノバクテリア：$12H_2O + 6CO_2 = 6O_2 + 6H_2O + C_6H_{12}O_6$

このように光合成細菌が進化したシアノバクテリアは酸素を出していましたが、地球上に光合成をして酸素を出し二酸化炭素を吸う植物が現れた後は、更に進化して藍藻類という植物に進化し、独立栄養細菌は光合成細菌だけになってしまいました。でも、この２つの微生物の功績は、地球上の動物、植物にとって不可欠な水とグルコース（上記の $C_6H_{12}O_6$ がグルコースです）を地球上に残していってくれたことです。このグルコースの中に動物、植物に必須な炭素もしっかり入っていて、また、人類が生存していくのに必須な栄養素、別名、ブドウ糖が入っていて、この２つの微生物なくしては人類の存在はあり得ませんでした。

現在、このように温暖化問題をはじめとし、難問題を抱えてしまい窮地に立たされている人類に、根本的、大局的解決が求められています。その解決の鍵を握っているのが、光合成細菌と言いたいのです。私たちのような小さい会で主張してもどうにもならないかもしれませんが、これまで私が自分の生き方を確立できたのは宮澤賢治の世界観に拠るもので、会の基本理念「自由、平等、行動、非政治、非営利」もそこから生まれ、会の全ての活動が派生していきました。ゴミ拾いはその最たるもので、それを無心にしていると自分の自由な魂が覚醒され、次なる活動を誘発し、平成６年に生まれた「四季の会」「ボランティア広報紙」「猿島町まるごと博物館」はその象徴とも言えます。この３つが絶妙につながり合い、１人の老人との出会いにつながり、そこからその後の会の運命を決定づけてくれたEM（有用微生物群）との出会いにつながりました。

そして、そのEMの真価を篤農家の会員さんが証明してくれ、その上、水質浄化実験の驚異的な効果も証明され、会員の関心は次第にEMからEMの主役と比嘉先生が言われる光合成細菌にも移っていきました。私は、光合成細菌が嫌気性であることに注目し、すぐ土に埋めても死なないと思い、四季の会の人たちに生ゴミを蓋のあるバケツに入れてそこに光合成細菌をスプレーで数回ふりかけ、バケツがいっぱいになったら、畑にあらかじめ穴を掘っておいて端から埋めてき全部埋め終わったら、そこにタネを蒔いて育ててくれるように頼みました。中に畑のない人がいて、週に１回、会の活動日に光合成細菌入りの生ゴミバケツを持って来るのですが全然悪臭がなく、それで農場の畑で野菜を育ててみたところ、美味しい野菜が育ちました。坂東市の後援で、EMや光合成細菌に関するフォーラムも開催できました。こうして次第に光合成細菌にも関心を持つ人が増え、会員の中では味が一味違うと田んぼに使う人も増えてきました。

かつて汚い用水路での水質浄化実験の時に排水溝から主に出てくるのが、米のとぎ汁と廃油と合成洗剤だと気が付いた私は、米のとぎ汁と廃油も活用したEM液体石鹸を考案しました。それは安全なので、食器洗いも洗濯にもシャンプーにも使え排水溝の浄化にもなり、市の直売所に夫が培養してくれる光合成細菌や会員の無料提供してくれる竹酢液や、夫が無償提供してくれる烏骨鶏卵と一緒に置いてあり、順調な売れ行きです。これまで私が元気だった頃は、製造回数260数回までいったのですが、その後不自由な体になりできなくなった時に救世主が現れ、有り難いことに現在は２人の熱心な会員さんが引き継いでくれています。もちろんその利益はペシャワール会に行きます。

このように細やかな活動ながら継続することで、光合成細菌の存在が少しずつでも人々に知られるようになり、いつの日か私たちの会が掲げた「有機の郷創り」の地を訪れる人が増え、「耕作放棄地の問題」「廃屋問題」「農業後継者の問題」などに希望の灯りがさすことを願ってやみません。

また、中村哲さんが残していった地球温暖化と旱魃の問題に、パラダイムシフトとして、あらゆる生ゴミや他の余剰のものと光合成細菌を組み合わせて堆肥化し、有機農産物につなげる農法をアフガニスタンの一部の地で試行してもらえないでしょうか。光合成細菌は私たち夫婦が個人的に費用を負担して用意しますので、遠慮なくどれだけでもお申し付け下さい。私たちの会もずっと以前からペシャワール会の会員で、中村哲さんの世界平和と環境保全の両立に努力される姿勢に人としての究極の生き方を教えられ、元気、安心、希望、会員同士の連帯感など、人間的栄養素もいただきながら支援させていただいてきました。

ペシャワール会の会員さんは、私たちの会の皆と同じ気持ちだったのでしょう。中村さんがお元気に活動されていた頃のペシャワール会の会員数は1万3000人でしたが、中村さんがお亡くなりになってから2万7000人に増えたと知り、中村さんの死を悼み、彼の生前の生き方を通して人類の未来に希望をつなげたいと思う人がいかに多いかを感じました。また、ノーベル平和賞の候補にも挙げられていると知り、世界平和を体現している人がいかに少ないかを象徴しているとも感じました。

私たちの会は、宮澤賢治的世界観を拠り所に、日本人の生き方の根源でもあるもったいない精神から生まれた3つの事業を核とし、全ての環境問題の鍵を握ると確信している光合成細菌を軸とした有用微生物群の普及を通して、これまでの矛盾だらけの文明社会をパラダイムシフトして、全ての社会活動ができるだけ長く円滑に回って、できるだけ多くの人がその恩恵に与れる「宇宙循環型社会」の実現を目指しています。

英訳

In this chapter, I would like to explain the true nature of greenhouse gases, which are strongly related to the cause of global warming and droughts in areas like Afghanistan.

What is greenhouse gas? Greenhouse gas is a general term for seven gases, such as carbon dioxide and methane, contained in the atmosphere. Greenhouse gases have the function of trapping heat emitted by the sun in the earth, warming the earth's surface. It is also said that methane has 21 times more greenhouse effect than carbon dioxide. On the other hand, other information suggests that photosynthetic bacteria, which absorb carbon dioxide, can suppress methane. The amounts emitted into the atmosphere vary; in 2010, the proportion of anthropogenic greenhouse gas emissions gradually decreased, with carbon dioxide accounting for 76.0% and methane accounting for 15.8%. Another greenhouse gas, fluorocarbons, is a combination of carbon and fluorine, and its production was banned after it was discovered that it was a substance that destroyed the ozone layer. However, the CFC substitutes that have appeared in its place have an abnormally high greenhouse effect, and in that sense, they are contributing to further global warming. Since then, as industrialization and civilization have progressed, the amount of greenhouse gases estimated has increased considerably.

Additionally, over the past 20 years, fossil fuels account for more than three-quarters of the increase in atmospheric carbon dioxide concentration. As a result, industrialized countries account for many carbon dioxide emissions. If greenhouse gases increase too much, the heat that should be escaping from the earth will not be released and accumulate on the earth's surface, causing the temperatures to rise. This leads to extreme weather and climate change.

The world has different goals and efforts to reduce greenhouse gases. In Japan, it is difficult to eliminate greenhouse gas emissions completely, so we are focusing on absorbing greenhouse gases. A carbon-neutral method was adopted that effectively reduces greenhouse gas emissions to zero by subtracting the amount removed from the amount of emissions and making the total zero. The national government put this into law and passed it on as a policy to prefectures and local governments across the country in the "Biomass Utilization Promotion Plan" based on the "Basic Act on the Promotion of Biomass Utilization." In the "Basic Law for the Promotion of Biomass Utilization," the Japanese government defined the Japanese term "biomass" as "resources that are organic substances derived from animals and plants." Taking note of the ability of plants to absorb carbon dioxide and release oxygen, we have established a system to provide subsidies to local governments that increase the size of forests.

Our organization started searching for the concrete solution to save environment since way back while the former Sashima town still existed. We were searching for something that could fundamentally solve environmental problems. We were gradually getting closer to be convinced by the idea of microorganism. The project continued with the commissioned project of "EM's campaign monitoring system to prevent rice washing water from being washed away" and "River purification activities by EM", and after becoming

Bando City, there was a call for applications for "Five Town Creation Projects by Residents". At that time, I joined the group, looking forward to their future activities. There, I learned about the "Biomass Town Initiative" and found similarities with our group's activities in that the Japanese word "biomass" is defined as "animals, plants, and microorganisms." The group could not give up and continued to collect signatures and submit requests, but the group did not receive a response. This was because the city did not have one. I was disappointed that I had completely missed the mark. Still, with the encouragement of a friend from my hometown who had been supporting the group since the Tachiki Trust golf course protest movement, I regained my composure, and in April 2018, our organization received an NPO status. When we became an NPO organization, we created a "unique biomass utilization promotion plan." Re-reading this now, I am overwhelmed with emotion and realize that back then, my soul was fully open. Since the theme this time is "What are greenhouse gases?", I would like to introduce photosynthetic bacteria in my "Photosynthetic Bacteria Story," which I wrote after reading a book by Professor Tatsuji Kobayashi of Kyoto University, an authority on photosynthetic bacteria. Since the characteristics have been written, I will introduce them and conclude.

First of all, it is red in color and has a unique odor. It liberates oxygen and fixes carbon dioxide and nitrogen. Removes foul odors and reduces sludge. If you feed it to chickens, the Salmonella bacteria in their stomachs will disappear, and chicken manure will stop smelling. They clean the water by eating the carbon dioxide and feces in the aquarium of goldfish and tropical fish. Photosynthetic bacteria are not killed by boiling, so some members boil the water to kill other germs and then drink it with their families for their own health. In agriculture, nitrogen and carbon in the air are fixed and given to plants, reducing the need for synthetic fertilizers.

They need hydrogen sulfide, methane gas, carbon dioxide, and ammonia as food, which humans are in trouble with. On the contrary, they release nucleic acids, vitamin B12, carotene, and amino acids that we, human needs. They release those because they don’t need them. Those things are used to repair damaged genes, and vitamin B12, carotene, and amino acids improve the color of vegetables and fruits. It is also said to increase nutritional value. Now that I know that the relationship between humans and photosynthetic bacteria is such a valuable one where we must take advantage of. I would like as many people as possible to know these facts and confirm it for themselves.

Our organization is not opposed to the government paying subsidies to local governments that promote forest conservation. Forest conservation reduces greenhouse gas emissions and improves the beauty of forests.

It is the amount of greenhouse gases emitted into the atmosphere that causes global warming and drought problems. The following greenhouse gases are carbon dioxide: 76.0%, methane: 15.8%, and nitrous oxide: 6.2%. Fluorocarbons: 2.0%, which is hundreds to tens of thousands of times more detrimental than carbon dioxide. However, it was discovered that these fluorocarbons destroy the ozone layer, so production was banned. Instead, they were replaced with hydrofluorocarbon compounds, which do not have a greenhouse effect. It is said to be a CFC alternative.

Two microorganisms are said to have appeared on Earth 3.6 billion years ago: photosynthetic bacteria and cyanobacteria. At that time, these microorganisms took many years to transform the Earth, which was in a poor environment where no living things could survive due to poisonous gases, carbon dioxide, and natural radioactivity, to become habitable for living things, including humans. What particularly surprised me was that these two microorganisms are called autotrophic bacteria, which are organisms that use sunlight energy to fix CO_2 and convert it into organic compounds and synthesize their own cell components based on these organic compounds. In other words, unlike humans and other living things, they do not need to live by putting food and water into their bodies; they can live by simply letting the sun's rays enter their bodies and synthesizing it themselves to use it as a source of nutrition. Expressing it in an easy-to-understand chemical formula:

Photosynthetic bacteria : $12H_2S + 6CO_2 = 12S + 6H_2O + C_6H_{12}O_6$
Cyanobacteria : $12H_2O + 6CO_2 = 6O_2 + 6H_2O + C_6H_{12}O_6$

Cyanobacteria, which are a type of photosynthetic bacteria. They produce oxygen. But after plants that photosynthesized, produced oxygen, and absorbed carbon dioxide appeared on Earth, they evolved into blue-green algae. As a result, the only autotrophic bacteria left were photosynthetic bacteria. However, the accomplishment of these two microorganisms is that they left water and glucose ($C_6H_{12}O_6$ above is glucose) on earth, which is necessary for the survival of animals and plants. This glucose contains carbon, which is also essential for animals and plants. Glucose is also an essential nutrient for human survival, and without these two microorganisms, humankind would not exist today. Humanity who is currently faced with difficult problems, including global warming, is in a predicament, and big-picture solutions are required. I would like to say that photosynthetic bacteria hold the key to solving these problems.

Our NPO organization's basic principles are "Free soul, Equality, Action," which were led by Mr. Kenji Miyazawa's worldview and philosophy. These principles were always reflected in our activities. The ultimate activity to center my mind always has been "trash picking" anywhere in nature. It centers me and helps me to focus on finding what we can do next as an organization. My trash picking led to creating a ladies' group, "Shikinokai," to pick trash together, opening the door to have our town paper notify of our volunteer activities, and even to actually make the concept of "Whole Town Museum" come to life.

And, finally all those activities led us to EM (Effective Microorganisms) which determined the group's fate. The true value of EM was proven by members who are dedicated farmers, and on top of that, the amazing effects of water purification experiments were also proven. The members' interest gradually shifted from EM to photosynthetic bacteria, which Professor Higa says are the main characters of EM. Noting that photosynthetic bacteria are anaerobic, I thought that they wouldn't die even if I buried them in the soil right away, so I asked the members of the Shikinokai to put their garbage in a bucket with a lid and spray photosynthetic bacteria several times. When the bucket was full, dug a hole in the field and filled it in starting from the edge, and when it was all filled in, sowed the seeds there and let them all grow there. There were people among us who don't have fields. So, once a week, on the day of the group's activities, they brought the bucket to the farm. They never had bad odor and we put them into our farm's soil to grow beautiful vegetables. With the support of Bando City, we were also able to hold a forum on EM and photosynthetic bacteria. As a result, more and more people are becoming interested in photosynthetic bacteria. Among our members, the number of people who use it for their rice fields has increased because of its better taste.

Our organization had researched our town's water purification levels regularly for many years. We learned the dirty irrigation ditch liquid mainly consisted of rice scrubbing water, waste oil and synthetic detergent. So, we came up with a safe EM liquid soap. It can be used for washing dishes, doing laundry, and shampooing, and it can also clean drains. They sold well at a direct sales store in town along with bottled photosynthetic bacteria, that was cultivated by my husband, and a bamboo vinegar solution (provided by members for free). We also sell special chicken named Ukokkei, eggs there as well. And, all the proceedings are donated to Peshawar-kai.

Our organization's hope is that, by continuing these small scale, but important activities, people will gradually become aware of the existence of photosynthetic bacteria. We also hope that one day more people will visit the area that our organization has set out to do, which we call "Yuukino Satodukuri", meaning to create a place that follows Mr. Miyazawa's philosophy, the spirit of Mottainai and the work of photoshynthetic bacteria. We hope that this will shine a light of hope on issues such as the problems of abandoned farmland, abandoned houses and agricultural successors.

In addition, as a part of the paradigm shift to address the issues of global warming and drought that Mr. Tetsu Nakamura left behind, how about introducing a farming method in Afghanistan that combines all kinds of garbage and other surplus materials with photosynthetic bacteria to make compost, leading to organic agricultural products? Our group has been a member of the Peshawar-kai for a long time. The way of Mr. Tetsu Nakamura, who strives to balance world peace and environmental conservation, has taught us the ultimate way of life as human beings. We have received a sense of energy, peace of mind, hope, a mutual bond among our members, and a sense of solidarity for us to keep going. When Mr. Nakamura was alive, the number of members of Peshawar-kai was 13,000. After his death, I learned that the number had increased to 27,000. I realized how many people mourned his death and wanted to connect hope for the future of humanity through the way he lived his life. Also, the fact that he has been nominated for the Nobel Peace Prize symbolizes how very few people embody world peace these days. Our organization is based on Kenji Miyazawa's worldview, with three core activities born from the mottainai spirit, which is the root of the Japanese way of life and which we believe holds the key to all environmental problems. Through the dissemination of beneficial microorganisms, we can shift the paradigm of civilized society, which has been full of contradictions, and create a new, well-maintained, smoothly run society where all the people can benefit. That is a society where each of us realize one is merely a member of the one universe, cosmos system.

12. この施設の院長先生と皆さんに感謝

今日は、この施設にお世話になって本当に良かったとしみじみ実感できた記念すべき日でした。この間ずっと私を悩ませていた胃瘻の痛みを、ここのH院長先生が胃瘻の穴を塞ぐ手術を教えてくれ、でもそれを決めるのはあくまでも私自身だと言いきってくれたので、私は覚悟してそれに臨みました。そうしたら、それを担当してくれたのは別の病院の医師で、あっという間（という表現がぴったり）に手術は終わり、その後の経過も良く、今では何事もなかったかのように有り難い日々です。

でも、その頃もあったのでしょうが、胃瘻と比べたらそれほどではなかったのか、最近になって口腔内の様々な小さな痛みがまとまって私を苦しめるようになりました。口の中に絶えず粘液性のある痰や唾気が上に上がってきて溜まり、絶えずそれを出さないと呼吸も会話もしづらくなり、この頃はいつの間にか口の端に涎が出るようになってきました。1日で屑かごがいっぱいになります。

私が、そもそもこの施設にお世話になるようになったのは、地元のかかりつけの病院の先生が、その頃に歩くことがままならなかった私を「パーキンソン病」と診断し、この施設を紹介してくれたからでした。そして、お世話になった当初に機転の利く夫が、ここの院長先生に私の4冊目の本を差し上げてくれていたのです。それが功を奏したのでしょうか、誠実な先生は私のその拙い本をよく読んで下さり、神経内科が専門の先生は私を内面的によく理解して下さいました。しばらくして彼は、私がパーキンソン病ではないと判断し、その薬をやめました。それと相前後して私の口腔内の痛みを先生に診断してもらっていましたが、結局先生の判断は、パーキンソン病の神経伝達物質は、足、腰、手、指などの運動や動きとつながっていて、喉の痰、唾気、涎、鼻水などは、自分の思考傾向などと深く関わる自律神経につながっているので、私の症状は良くも悪くも私の自律神経の作用に影響されているから治らないということでした。

そこで、そこだけを治そうとすることは諦めて、自分が生涯をかけてやろうとすることを最優先にして、その弱い部分は受け入れて最後まで生きていく覚悟をすることというのが先生の最終的なご判断でした。私はそれを聞いて、先生は私の本を深く読んで私を良くも悪くも（悪い所の方が多いですが）わかってくれていると本当に有り難く思いました。

私はこの先生の判断で、これまで私に影響を与えてきた宮澤賢治の人間定義を思い出しました。人間は誰でも一生が「春と修羅」であり、「わたくしといふ現象は仮定された有機交流電燈のひとつの青い照明です」「因果交流電燈のひとつの青い照明です」という二面を併せ持っており、自分とは、自分という現象や生まれ育った時代や環境によって限定されるが、たった1つどんな人間にも共通するのは、天の魂につながっている「有機交流電燈のひとつの青い照明」という誰とも何とも交流することができる自由な魂を持っています。108つの煩悩があるという修羅も、その天の魂と自分の自由な魂をつなげて生きることで、春のような幸いの境地になれると理解し、そこに辿り着くのに色々試行錯誤の末に見つけたのが、自然と社会につながっている道路のゴミ拾いでした。

そして私は賢治のこの人間定義に納得し、その後の人生は個人的にも会としても一貫してこれに沿って生きてきました。しかし、その過程でも、因果の限界で苦労が足りない弱い自分に挫折感を抱き、何度も嫌悪感や後悔で生き詰まることがありましたが、皆に支えられてどうにか5冊目の本として形になる時点まで辿り着くことができました。

今日の院長先生の言葉は、この真に自分しかできない、やりたいことをやれていることに感謝と幸せを感じ、そこに焦点を当てて生きなさいというように取れ、私の目を開かせてくれました。そして、この口内の問題も自律神経から来るのだとしても、それはあくまでも自律神経の末端の話であり、主幹は私のライフワークである本の完成です。確かにその軽重に焦点を合わせ自助努力している間は、口内の痛みが以前より緩和するようになったと感じられるようになりました。これからは「駄目で元々」と楽観的になって日々を過ごしていきたいと思います。この痛みに特効薬ではなく、いい実践方法があれば教えて下さい。トライしてみたいです。

今度は、看護師さんに感謝の一文です。私は先日、自分の「うっかり」から部屋で転倒してしまい、テーブルに頭を強く打ちつけてしまいました。幸いこぶが出来ただけで済みましたが、その後、何人かの看護師さんが心配してくれて、私の大きすぎる靴のせいと判断し、夫に靴を取り替えるように忠告してくれ、早速夫が忠告通りの靴を買ってきてくれて、私も歩きやすくなり、それを見て看護師さんたちが喜んでくれました。

この施設では、どんな看護師さんも介護士さんも、どんな患者さんにも対応表現は様々なれど、親身であることは確かで、その明るくて温かい人間性には感心させられ、とても自分には真似できないと反省させられます。

私はこの施設にお世話になって、いつの間にかもう４ヶ月以上になりますが、これまで経験したことのない大家族制度の中で過ごせたことは、私の人生の中で貴重な財産になりました。それは、どんな人も宮澤賢治の人間定義に照らせば、皆、本質的には同じであり、外見は仮定された現象である。生まれた時代や場所や環境や家族関係などによって性格などが形成され、１人１人が他の人たちと交流し合って生きている存在である。天にある魂と１人１人が持っている内なる自由な魂がつながって行動している時、自分らしい光を放って生きることができるという観点から見ると、この施設の人、全ての人が皆同じ人間であると実感します。

この大きな人間観をここに来て学べたことは、私にとって最も大きな心に残る収穫です。この場をお借りして、皆さんに感謝申し上げます。ありがとうございました。

おわりに

私がこの「おわりに」に書きたかったのは、天に導かれる日が来るまでこの穏やかな心境で暮らせるという予感が、この老人介護施設にお世話になったお陰で身についたという感謝の気持ちが生まれたことでした。そして、その間に身近なことを、この不自由な身でやれることをやって、日々を満ち足りたものにしていくということでした。

その１つが、これまでお世話になった人たちに、自然に無心に便りを書くようになったことでした。そうしたらパーキンソン病で日々動きが鈍くなってきていた指の動きが、便りを書くことで動かさざるを得なくなり改善されたというおまけまで付きました。

この日常生活から生まれる小さな発想を大事にして実行に移してみると、そこから思いがけない発見や関係が生まれ、それがまた次の発想につながるということを、これまでの私たちの会の足跡を振り返って思い起こさせてくれました。

現在、この５冊目の本の原稿がほぼ完成するところです。今、この施設で私が親切のお返しに私の４冊目の本を貰ってもらった青年に、その感想を聞いたら「自然の有り難さを感じました」と答えてくれました。この言葉は私に、昔やっていた自然の中でのゴミ拾いを思い起こさせてくれ、もう一度今度の有機の郷で、初心に返ってゴミ拾いをやっていこうという気持ちを起こさせてくれました。そのためには、できるだけ今より元気になり、実行できる力を養わなければという明るい希望が湧いてきました。

今回、皆さんに送った便りは、なんの打算もなく、ただただ感謝の気持ちで送ったのですが、賢治の言葉に「自我の意識は個人から集団社会宇宙と次第に進化する」という言葉があります。私は昔まだ若い頃初めて、親から借金して自分たちの土地と家を手に入れ、大感激してその荒地を自分の思い通りにし、２人で一生懸命に働き借金を返した時、味わえると思っていた充足感がそこには全くありませんでした。人間は個人的な分野だけでは幸福に限界があるのだと感じ、自然や社会のために自分を活かすことから何か生まれるかもしれないという予感が、私をゴミ拾いに導いてくれたというのが真実だったのです。そしてその自分で納得して選んだ道が、私を皆さんと共に素晴らしい世界に連れて行ってくれました。そのプロセスがあったからこそ、自然に皆さんに便りを書きたくなったのだと思います。

全ての原点はゴミ拾いだったのです。青年の言葉が、そのことを思い出させてくれました。だから、そこから自分が創りたかった「有機の郷」を日々の私のゴミ拾いから発信していこうという決意が強くなったのです。そして、そのお陰で、この施設で日々やっている公私両方のリハビリ体操を行って、それができるように頑張ろうという意欲が私の中に強くなりました。「人間の意識」は眼には見えませんが、その人の人生を左右する重要なものです。意欲もその１つであると思い、彼に感謝しています。

しかし、正直に申しますと、ただ１つだけ、まだ手をつけないでそのままにしている心残りなことがあります。アウトラインを申しますと、この坂東市を世界に向けて、光合成細菌の凄業とこれまでの価値観の大転換を組み合わせ、余っている生ゴミなど不要なものを全て活用して安全な食と水に変換する「有機の郷創りの地」に関心と理解を示してくれる人々が集まり「宇宙循環型社会」の実現が可能であることを検証することです。

そこで、ライフワーク、ライフスタイルどちらも含めた「有機の郷にようこそ」と発信し、私たちの会がこれまで、もったいない精神でなんでも活用してきた実践力を皆で分かち合い、市民の皆さんに認めていただき、そういう市民社会を大人、子供一緒になって、また、官民協働でどれだけ時間がかかっても創っていきたいのです。そこで、その過去の実績も活用しなくてはもったいないと思い、「有機の郷創り」をこの地でと思いついた次第です。

何か関心やご質問がありましたら、いつでも大歓迎です。本音で長くお付き合いできるのが何よりですから。そして、そこからまた何かが生まれることを楽しみにしています。

それから、もう１つお願いがあります。この会のこれまでの活動は、全て日本人の大和魂の真髄とも言える「もったいない精神」が核にあります。私も戦後の物不足の中で大きくなりましたので、行動の源泉は全てそこから来ています。この精神は、大量生産、大量消費の物余りの時代に育ち、これからどんな時代が来るかわからない若い世代に伝えて身につけておいてもらわなければならない精神的財産です。私たちの会の３つの事業は、全て「もったいない」が根底にあります。どうしても次の世代にその大切さを伝えたくて、私の中から「もったいないは、二つのエコ」という歌が生まれました。学校などで歌っていただければ、この上ない喜びです。日本の学校で歌ってくれるようになったら、今度はESDの制度に応募して世界中の子供さんたちに歌ってもらって、少しずつでも子供さんたちの意識が変わることを願っています。

突然の発想、この地を「生き方資料館」に！

こういうのを機が熟したというのでしょうか。突然、私の中にこの発想こそが今までやってきた私たちにとっての、また私たちの会にとっての究極の結論に思えたのです。それは、「あとがきのあとがき」２項の「自我の意識の重要性」に書いた、昭和の時代の生活資料館をしている高齢の女性の雑誌の記事と、宮澤賢治の「銀河鉄道の父」という題名の映画が封切られるという介護士さんからの情報がきっかけでした。この２つの情報が相まって、今私たちがその実現は遠い先のことと知りながらも「有機の郷創り」の地をこの地でという願いに少しでも近づく可能性が持てる１つの現実的な方法を思いついたのです。

それは、この自生農場全部を「生き方資料館」にすることでした。生き方資料館という概念は、私たちのそして私たちの会がやってきたこれまでの足跡が全て、この農場に集約されているということに気付いたから生まれたのです。最初の第一歩はもちろんゴミ拾いから誕生した「私の宮澤賢治かん」でした。館内には、私がゴミ拾いで出会った日本文化の香りのする品々が並び、私がゴミ拾いの途上で生まれた拙い「ゴミ拾いおすすめの歌」や「家族」「たんぽぽのうた」などの歌が流れます。

そして、次なる建物もやはり私のゴミ拾いで出会った大谷石を活用した「卵油」を作ったりする洗い場を兼ねた可愛い家でした。卵黄油ともいい、卵の黄身だけを使って作る漢方ではない和方の薬で、発祥は平安時代とか。心臓に効くと言われ、疲れると心臓が硬くなるのを感じていた私は、自分で試飲して本当に効くのがわかりました。高価なので、もったいないピース・エコショップの一番大きな収入源になり、これも私が作っていたのですが、病でできなくなり夫が途中で交代してくれました。この後も私がパーキンソン病になり、私が考案し268回まで続いたEM液体石鹸製造も、有機農業をライフワークにしている会員さんが自ら申し出て親友と引き継いでくれ、今のところ続いていて、この２人には本当に感謝しています。

また、少し歩くと立派なビワの木に出会います。皆さんはビワ茶とかどくだみ茶という自然茶を飲んだことはありますか。とても味わい深い味がし、ビワ茶は咳止め、どくだみ茶は便秘にいいと聞きます。両者とも収穫して天日に干して保存しておかなくては飲めません。これも地味ですけど好評です。

次に皆さんをお迎えする建物が、「もったいないピース・エコショップ」です。はじめは、活用されないのがもったいなく思っていた製品外の卵を私が安く売って、子供の命につなげて自分の生きがいにしようと夫に貰って始めたユニセフショップでした。ペシャワール会の中村哲さんの存在を知り、アフガニスタンという私たちにとって遠い国で世界平和を具現化しようとしている姿に感動し、支援の主軸を移し、その時NPO法人の資格も取り、店の名前も「もったいないピース·エコショップ」に改め、再出発しました。会員の連帯感や士気も上がり、持ってきてくれる野菜なども増え、支援金も増えました。

現在は、私がこんな状態で、ショップも夫たちが細々と続けてくれていますが、この自生農場を「生き方資料館」にした以上、営業時間中はせめてこのショップも店の役割を果たさないともったいないです。この建物は、最初に夫が作った育雛室が使われなくなったため、会員の大工さんが廃材を大いに活用して素敵なショップに変えてくれたものです。

皆さんが持ち寄ってくれた品々を四季の会の人たちが綺麗に並べてくれて、室内には「もったいないは、二つのエコ」を歌う子供の声が流れます。ショップの真ん中に「バイオマス活用推進計画」の実現を願って亡くなった会員の作品である大きな木のテーブルがあり、厨房も隣室にあるので、将来は簡単な食堂や音楽ホールにも活用できると思います。もちろん、ここには「もったいないピース・エコショプ１号店」と「もったいない精神は知恵と大和魂から」の大和魂の下に「ビッグ・ピース・ソウル」とフリガナを振って。

この木の看板２つを、部屋の中央に下げて下さい。ここを訪れた人の中に、このショップの趣旨に賛同し協力したい方は、お買い物をして下さってもよし、ご寄付して下さってもよし、ご自分でお店を開いて下さってもよし、ボランティアでお手伝いしてくれてもよし、なんでも結構です。そして、お帰りになる時は、テーブルに置いてあるノートにご自分の感想やご意見をいただけたら有り難いです。

全ての人が有機交流電燈のひとつの青い照明と思えば、誰でもいつでもどこでもつながり合えると信じます。ずっとこれまでお店の形態なしでやってきましたので、約20年ぶりに形になり、生き方を示すことができる指標ができ、これも「生き方資料館」の立派な１つです。

この建物の次に出会うのが、EMの活性液や培養液を造る装置の置いてあるビニールハウスです。最初は住民参加型の環境基本計画に官民協働で実施した「EM生ゴミぼかしの無料配布制度」や「米のとぎ汁流さない運動モニター制度」。また、川の浄化に必要なEMの拡大培養機が欲しくて私は何度も助成金制度に挑戦したのですが、EM活性液や培養液を作る機械は高額ゆえか落ちてばかりで、思いきって町長さんに半額でいいからと頼んだところ、快く応じてくれて、その後、2つの制度は長く続き、その間、機械による活性液作りや培養液作りはもちろん言い出しっぺの私の仕事でしたが、この2つの制度も2つ合わせると20年以上になり、あまりの長さにいい塩梅のところで終わりとさせてもらいました。また、自生農場に直接EMや光合成細菌やEM液体石鹸を買いに来る人も増え、少しずつ環境保全に貢献していると悦んでいます。

また、この地には、夫が細かい端材で作った燻製小屋があり、夫と大工さんによって作られた燻製釜があります。会の年中行事や娘たちの結婚式にはそれが振る舞われ、会員の有志で作った手作りのテーブル、椅子が出され、当日、皆で作る竹のコップやお箸で美味しくいただきます。これからも、この地を活用したい人が出てきたら歓迎します。そして、「有機の郷創り」のお仲間になってくれた人は大歓迎です。

次に、ビニールハウスの脇道を辿ると、大きなかまぼこ状の建物が2棟現れます。夫が数ヶ月かけてほとんど1人で建てた鶏舎です。もう20年以上経ちますが、雨漏り一つしていません。周囲には夫が苗木から、また、私が挿し木から育てたメタセコイヤの樹がありますが、凄い巨木となってそびえ立っていて、歳月の長さを感じさせます。

私は結婚後、両親から借りた自分の家の借金を少しでも早く返したくて、できるだけ自然のものを活用して、自給自足の生活を試みました。蕗の苗を植えて増やしたり、大好きなミョウガの苗を移し替えて増やしたりしながら自然の生活を満喫し、結局それは後々の自分のショップにも役に立ち、もったいない生活の有り難さを実感しました。一方、ビニールハウスが出来てからは、夫の光合成細菌の培養への熱意が高まり、『現代農業』などを取り寄せては1人でコツコツ試して、遂に光合成細菌の増殖に到達したのでした。

このようにして私たちは光合成細菌の凄業の世界に自然に引き込まれていきました。その後、筑波大の橘先生となぜか２人が頼まれた講演会で知り合う機会がありました。その時、日本で使われていた「大和魂」が第二次大戦の時、戦意高揚のため悪用され汚され日陰の身になってしまい、このままではもったいない。なので日向に出すには、平和憲法を持っている国は日本とコスタリカ、２ヶ国だけという真実を強調して、大和魂を「大きな和の魂」と解釈すべきと私は主張しました。私のその意見に彼は、それこそが１つのパラダイムシフトと絶賛してくれたのです。その時、初めて私はパラダイムシフトという意味を知りました。

その後、光合成細菌の凄業を知って、これこそが時代を宇宙循環型社会に根本から変えるパラダイムシフトと思い、自分のまた会としてのライフワークにしていこうと決めました。そしてこれこそが、猿島野の大地を考える会自身が求めていた「有機の郷創り」という究極の世界なのだと気付きました。

ここに来てそのことを体感してもらい、納得してくれた方にはお仲間になってもらい、各地で有機の郷を創っていっていただきたいのです。

ただ、私には反省すべきことがあります。これまで会として他にやることが沢山あり、最も大事な農業体験が私に不足していることです。80歳でこのか弱い体では、これから何も期待できません。農場内にもまだ使われていない畑がありますので、生ゴミなどと光合成細菌と組み合わせて元気な野菜が出来るということを証明してもらいたいのです。

それをこの地でやってくれる方が、この「生き方資料館」の最初の人物です。農場内に宿泊できる所もありますので、有機の郷創りのこの地でお待ちしています。賢治の「永久の未完成これ完成である」ではありませんが、人間のやることに完成はありません。ただ完成の方向に向かって歩むだけです。有機の郷も代々その志を受け継ぐだけです。

人類の目標は、この地球で今一番問題になっている地球温暖化と旱魃の問題を解決することです。不要と思われている生ゴミなどを光合成細菌などと組み合わせて堆肥化し、元気で安全な米や野菜にしたり、光合成細菌などの有用微生物で地球上の大地、大海、大気をクリーンにすることが、将来の人類の幸せにつながると考え、国の違いを超え実践する人をできるだけ増やすことです。この有機の郷は、人類がこの永遠の課題を解決できない限り、あり続けます。

ここでの出会いと広がりを期待しています。

よろしくよろしくお願いします。

最後の最後に

これでひとまず５冊目の内容は終了と思いきや、思いきりの悪い私からもう１つの発想が。というのは、私はこの施設にお世話になって、いつの頃からか光合成細菌を水分に混ぜて飲むようになっていました。そのきっかけは、光合成細菌を農業に活用しているＢさんという人が『現代農業』に載り、私たちと一緒に「バイオマスタウン構想」の実現を夢見ていたＩ会員がＢさんを訪問したことで、Ｂさんも私たちの会員になってくれて、両者の情報交換も密接になりました。その時、彼が光合成細菌を煮沸して他の雑菌を死なせて光合成細菌だけを家族中で飲んでいて、とても体にいいと実感しているということを知りました。ことわっておきますが、光合成細菌を飲むよう推奨するものではありません。飲むことで病気が改善されると実証されているわけでもありません。あくまでも自己責任で試しているという話です。

結局、Ｉ会員はガンで亡くなったのですが、もっと前から光合成細菌を飲んでいればガンにもならずに元気だったかもしれないという思いが、私も光合成細菌を飲んでみようかという気持ちにしてくれ、この施設に入ってからも夫と一緒にそれほど熱心ではありませんが飲んでいました。でも他の薬も飲んでいるので、どこに効いているのかわかりません。Ｂさんは、光合成細菌を飲み、光合成細菌で作った野菜を食べ、夫の自然養鶏の卵で作った卵油も飲んでいるせいでしょうか、私たち２人より高齢にもかかわらずとてもお元気で、元気で長生きのお手本を見るようです。

私は、光合成細菌が元気の素地を彼の内側に作ってくれているのではないかと感じるようになり、光合成細菌を核とし、あとは真に必要と自分が納得する薬だけに絞ろうとＨ先生に相談してみました。先生は柔和な表情で、私の好きなようにと言ってくれました。私は１種類は減らしてみましたが、正解でした。あと１種類自分で減らし、あとは自分の感覚を信じて生活をして、今一番自分を苦しめているのは、いつまでも切れない粘着性の強い唾がたまって呼吸が苦しく、声も出ないし、食べる時も咳き込むし、これが解決されれば、光合成細菌の人体の及ぼす凄業の１つと信じられると確信できると思いました。

残念ながら、それが確証できる前にＨ先生が退職してしまい、その後を引き継いだＳ病院長の時は、インフルエンザのせいで病院の規則が変わって外からの持ち込みは一切禁止になり、この光合成細菌も飲めなくなってしまったため、この効果もわからずじまいになってしまいました。

一応、最後に「後悔先に立たず」なので、優しい夫が届けてくれた１冊の本が心残りなので題名と著者名だけでもここにお伝えしておきます。題名は『EM-X が生命を救う』著者は、和光市の市長さんで、医学博士の田中茂さんという方で、読ませていただいて薬でもなく医学の世界でも使われていないEM-X をご自分の患者さんで試して、本で伝えている勇気に感銘を覚えました。

特にパーキンソン病の特徴である黒点に触れていて、そこにEM-X を適応するといい反応を示すと書かれていたと記憶しています。そこで、この田中茂医師の本との出会いから、私たちの会の光合成細菌との効能の類似性を感じ、そこからヒントを得て、病気を治せるかもしれないという発想が湧きましたが、前述の病院の規則でそれができずにいます。あと一歩のところで踏みとどまっている意気地のない私です。関心のある方はお試しください。そして感想もお寄いただければ有り難いです。今のところ、この施設を退院して生活を変えて、夫に迷惑がかかることを心配しています。

全く話が変わって、今度は地球的規模の話になります。最近新しい情報筋から、現代一番世界で問題になっているのが生活で増えている「プラスチックゴミ」だといいます。いつの間にか、それに微生物、酵素、毛虫、細菌などが関わっているとのこと。また、世界中の微生物がプラスチックを分解するよう進化しつつあるのだとか。光合成細菌とEM 有用微生物群の出番かもしれません。

現代人を今、最も苦しめているのは、地球温暖化問題と昔はどこでも見られた循環型社会の不毛の姿です。宮澤賢治の言葉に「永久の未完成これ完成である」があり、人類はどこまで行っても未完成です。永遠に人類ある限り、眼前に立ちはだかる問題に臆することなく立ち向かいましょう。この点にも関心のある方は「有機の郷創り猿島の地」の「生き方資料館」をお訪ね下さい。共に考えましょう。

ここから先は、この本の出版社の編集長さんがゴミ問題について共に考えるために調べて持って来てくれた資料「地球を救う？プラスチックを食べる微生物を紹介」（Forbes JAPANより）から一部紹介します。一緒に読んでそれぞれの感想を期待しています。

20 世紀最大の発明とも言われるプラスチック。軽くて丈夫で加工しやすいという特性から、瞬く間に世界中に普及し、今では身の回りがプラスチック製品であふれている。

一方で、プラスチックごみの処理方法が大きな問題となっており、近年ではプラスチックを減らすためにさまざまな取り組みが進められている。そんな中、2021 年にスウェーデンの研究者たちによって、プラスチックを食べる酵素が 3 万種類いると報告された。実は、プラスチックを食べる酵素や生物は驚くほどたくさんいるのだ。

2015 年、アメリカのスタンフォード大学の研究チームは、ミールワームという幼虫が発泡スチロールを消化できることを発見した。現在では、ミールワームの消化液を摘出し、発泡スチロールの大量処分に役立てるための手段が模索されている。

2016 年、京都工芸繊維大学の研究チームは、このポリエチレンテレフタレートを栄養源として育つ微生物を発見した。この発見は世界中の研究者から注目を集め、2020 年にはアメリカの研究チームが 2016 年に発見された微生物よりも最大で 6 倍速く分解可能な酵素を発表した。

2011 年、アメリカのイェール大学は、アマゾンの熱帯雨林でプラスチックを食べて成長する珍しいきのこを発見した。さらに、増殖に酸素を必要としないので、プラスチックの埋め立て地でも十分に利用できると考えられている。しかし、プラスチックを完全に消化するには、生物分解性のものでも数カ月かかってしまう。研究者たちは、この消化のスピードを最適化する研究を進めている。世界中で研究が進められているにも関わらず、いまだにプラスチックを食べる微生物が有効活用されていない理由は、コストや手間、一定の環境条件が必要になるからだとされている。また、研究者の間では、既存の微生物に悪影響を及ぼさないか、異なる環境下で微生物が効果を発揮できるのか、などの疑問点が残っている。これらの疑問が解消されて実用化されれば、プラスチック問題の解決に大きく近づくはずだ。

ここからは、日本のプラスチック問題の現状を見ていこう。

日本は世界で２番目にプラスチックごみを排出しており、その量は年間約850トン。プラスチックのリサイクル率は80%を超えているため、高い数値を残していると思いがちだが、このうちの60%はサーマルリサイクルと言われる、廃棄物を燃やして得られる熱を回収する方法でリサイクルされている。プラスチックとして再利用される分は20%しかなく、国際的な基準で見たときのリサイクル率は低くなっているのだ。

海洋ゴミの６割以上を占めているのがプラスチックごみだ。環境省の調べによると、毎年２～６万トンのプラスチックごみが日本から発生したものだと推定されている。これらのごみの８割は、町で捨てられたあとに水路や川を流れ、海に流出したもの。このままプラスチックごみが増え続けると、2050年には魚よりもゴミの量のほうが多くなると予想されている。

私たちにできることは、研究が進んで実用化につながることを期待しつつも、できる限り生活の中でプラスチックを出さないようにすること。エコバッグやマイボトルを持ち歩くだけでなく、固形石鹸を使ったり、裸売りの野菜を選んだり…できることはたくさんあるはずだ。無理なく楽しく、プラスチックフリーな暮らしを目指して取り組んでいこう！

余談ですが、「関連記事」というところに３つの気になる項目が載っていました。その１つが［地球温暖化が進めば、いつ地球に住めなくなるのか？］。２つ目は［テレビとYouTubeの交差点に立つ。放送作家・白武ときおの「天職との出会い」］。３つ目は［徳島市が「燃えるゴミ」の名称変更　衝撃の呼び方とは？］。この３つは、将来の人類の行く末を暗示しているように思えてなりません。

ここに1つ、[プラスチックを「食べる」酵素に賭ける　リサイクルの未来]（BBC NEWS JAPANより）という明るい話題を。

ペットボトルの原料ポリエチレンテレフタラート（PET）は、自然環境下では分解されるのに何百年もかかる。しかし、日本の科学者が発見したPETaseと呼ばれる酵素は、PETをわずか数日で分解し始める。これはプラスチックのリサイクル工程の改革につながる可能性がある。プラスチックが、より効率的に再利用できるようになるかもしれないのだ。英国の消費者は毎年130億本のペットボトルを使うが、30億本以上がリサイクルされていないのが現状だ。（中略）英オックスフォードシャーにあるシンクロトロン施設「ダイヤモンドライトソース」は、強力なX線照射によってPETaseの高画質3Dモデルを作り上げた。構造を把握した次には、PETase表面の残留物を調整すれば酵素の効き目が向上することに研究チームは気づいた。つまり、自然界のPETaseはまだ完全に最適化されておらず、人工的な操作の余地が残されていることになる。

次に「リサイクルの輪を閉じる」という項目から。

石油から工業的に作られるポリエステルは、ペットボトルから衣服まで幅広く使用されている。現行のリサイクル工程の結果、ポリエステル素材は徐々に劣化する。ペットボトルがフリースになり、じゅうたんになり、最後には埋立地へと送られる。一方で、PETaseを使う場合の変化は劣化ではなく、ポリエステルの製造工程を原材料段階まで逆行することになる。そのため、素材は再利用が可能となる。
「ポリエステルを素材まで戻せば、その素材はまたプラスチック製造に使えるようになる。と同時に、石油の利用を減らすことができるかもしれません。（中略）そして、我々はリサイクルの輪を閉じることになります。本当の意味でのリサイクルの実現です」とマギーハン教授は説明する。

PETase の大規模な利用が可能になるには、まだ数年かかる見通しだ。大規模なリサイクル過程の一環として経済性を獲得するには、現状で数日かかる PET 分解の速度を加速させる必要がある。

マギーハン教授は「一刻も早く、埋立地や自然界に到達するプラスチックの量を抑える必要があります。PETase を使った技術を活用できるようになれば、将来的にひとつの解決策になる」とし、これがプラスチック管理の転換点の始まりになると期待している。

ここから私たちの会「猿島野の大地を考える会」の紹介をさせてください。活動歴 25 年後に新しい名称『有機の郷、猿島野の大地の「生き方資料館」』に変わります。

会の基本理念は「自由、平等、行動、非政治、非営利」です。私たちは 3 本の柱を核にこの会をやってきました。1 つ目は宮澤賢治の人間定義。代表的なのは「わたくしといふ現象は仮定された有機交流電燈のひとつの青い照明です。…いかにもたしかにともりつづける因果交流電燈のひとつの青い照明です」という部分です。2 つ目は日本の伝統的精神「もったいない魂」、3 つ目は「光合成細菌を中心にした EM 有用微生物群」です。

「猿島野の大地を考える会」の 20 数年間の足跡を、この自生農場という場で具体的に形にしたのが「生き方資料館」です。私たち会員も十分活動できて満足できる結論を得られたので、そろそろ次の世代に引き継いでもらおうと考えたのです。「永久の未完成これ完成である」という私の指針にしている賢治の言葉があります。人間のすることは、例えば自然に感謝して破壊しない生き方だったら完全に近いと言えますが、現代はその正反対です。地球温暖化問題もそのような生き方の象徴で、私たちの会が長い間支援しているペシャワール会の中村哲医師も、その答えに辿り着かぬ前にあの世に旅立たれてしまい無念でなりません。私たちが辿り着いた光合成細菌の世界を知ってもらっていたら、アフガニスタンの情勢は変わっていただろうと無念でなりません。

ここで視点を変えて、地球創世 46 億年前の時代に戻ってみましょう。

その頃は、生き物が全然住めない劣悪な環境でした。そこに30億年くらい前に現れたのが、光合成細菌とシアノバクテリアでした。この2つの微生物は地球に蔓延していた二酸化炭素や毒ガスや放射能を栄養にどんどん増えていき、地球を生物が住みやすい環境にしてくれました。この2つの微生物がいなかったら、地球はどうなっていたでしょう。その後、二酸化炭素を吸う植物が現れるとシアノバクテリアは水中の植物に進化し、微生物は光合成細菌だけになりました。それから30億年後の現代まで生き続けているとは、なんと神秘的な微生物でしょう。

神秘的と言えばまだあります。彼は（雌雄がないので）人間や他の生物と違って食べ物を外から取り入れません。彼が必要とするのは、太陽の光線だけです。それを体内に入れて自分の体内で栄養として合成するだけです。科学文明の進んだ現代でもこの謎は解明されていません。全く卑近な例ですが、私たちの会の光合成細菌に熱心な会員さんが、それを煮沸して雑菌を死なせて家族中で飲んで快適に暮らしていると聞きました。私は1年ほど前からパーキンソン病と診断されました。その病名すら聞いたことがなかったのですが、段々その症状が出てきて認めざるを得なくなりました。

最初に脳の黒点という神経を司る重要な箇所が侵され神経伝達物質が出なくなり、骨粗鬆症状が出て、その証拠にシルバーカーを押している時に骨が折れ、救急車で運ばれ手術。その後、もう一度なぜか忘れましたが緊急入院。その時の全く放っておかれた無機的な点滴生活が私を精神的におかしくし、それを心配してくれた夫と娘が考えてくれたのが、この老人施設に入れることでした。それまでずっと胃瘻生活で孤独だった私は、この賑やかな集団生活がすっかり気に入り元気になっていきました。それと同時に食欲も出てきて少しずつ胃瘻の回数も減り、ほとんど完食できるようになりました。そして院長先生の勧めもあり、胃瘻を取る手術を納得しておまかせし成功。

一番の難関を通過して、もう1つ、私を待っていたのが咽頭の苦しみでした。これが段々とひどくなってきて今では涎まで出るようになり、一見すると認知症のようにも見える有様です。こうなるとますます消極的になって、夫との電話の会話まで受け身になり、こちらの思いも届かない。唯一の救いは文字で伝える手段が私に残っていたことでした。これも、私の体にいつの間にか染み付いた「もったいない精神」の賜物でした。このお陰で、著書を５冊も残すことができそうで本当に有り難いです。私があの世に旅立った後も私の思いを引き継いで、更に生きづらくなってくるであろう地球を救ってもらうため、30億年前に地球に現れ毒で満ちていた地球を今のように私たちが住めるような環境にしてくれた、命の大恩人とも言うべき「光合成細菌」にもう一度働いてもらうことが最も賢明な方策ではないでしょうか。

光合成細菌には前述したかもしれませんが、太陽の光線だけで何も必要としない、煮沸しても死なない、二酸化炭素を吸い、命に必須な水、グルコースを出してくれ、南極の氷の下から出るメタンガス（硫化水素）を吸ってくれるなどの能力があります。現代社会でも生ゴミや籾殻、わら、畜産廃棄物などと組み合わせるといい堆肥になり、有機農産物になります。現代では焼却することで大気を汚し、焼却代もかかります。これを積み重ねることは、地球温暖化防止対策につながらないでしょうか。前述した現代のプラスチック問題の本質とは違うかもしれませんが、そういう専門家の方にも光合成細菌の凄業を伝えて合議すれば、何かそこにヒントが見つかるかもしれません。

人類の歴史はたかだか１億年にも足りません。ここで悲観的にならず、皆で突破口を探していきましょう。もう一度賢治の言葉「永久の未完成これ完成である」を噛みしめて、自分が生きている間に後世の人たちに自分の遺言とも言うべき気持ちを残せれば、それが本望というものではないでしょうか。

その手段が私には自分の本心から生まれた、拙い歌を残すことでした。歌は本を読まない人でも耳に入り、その人の意識に自然と入ります。改めて聴いてみると納得します。「とりあえずの歌」「たんぽぽのうた」「どこからともなく」「ゴミ拾いおすすめの歌」「後悔」「生きてる実感を求めて」「現身」「ボランテイアの歌」「家族」「Family」「一つの勇気」「禁断の木の実」「うちの猫は外猫」「オンリーストーン」「年をとらない玉手箱」「もったいないは、二つのエコ」。

日本は世界で平和憲法を持って守ってきた希少な国であり、もったいないの伝統は国の宝です。P108で紹介した「もったいないは、二つのエコ」の歌に今の私の思いを加え、この本を読んで下さった皆さんに最後のメッセージを送ります。ここに紹介させていただきます。

「勿体無いは　二つのエコ」
勿体無いは 二つのエコ　エコロジー アンド エコノミー
勿体無いで世界を繋げよう 世界を仲良しに
勿体無いは　日本の宝　日本の宝
日本に広げよう　世界に伝えよう

完

小野 羊子（おの ようこ）

1943年　千葉県生まれ
1965年　青山学院大学英米文学科卒業
1971年　茨城県猿島町（現・坂東市）に移住
1990年　生きることに行き詰まり、宮澤賢治の人間定義に納得し、『私の宮澤賢治』を著す
1996年　賢治哲学を試行し、その真理を実感。世に伝達したいとの思いから『私の宮澤賢治かん』を著す
2001年　21世紀の幕開けに際し、環境破壊と戦争の対極にある世界を目指そうと呼びかけた『宮澤賢治を生きる』を著す
2010年　4冊目の著書『とりあえず症候群のあなたに』（CD付き）を出版

有機の郷 猿島野の「生き方資料館」
二人のけんじと共に生きて——

2024年9月1日　第1刷発行

著　者　　小野羊子
発行人　　大杉　剛
発行所　　株式会社 風詠社
〒553-0001　大阪市福島区海老江5-2-2 大拓ビル5-7階
Tel 06（6136）8657　https://fueisha.com/
発売元　　株式会社 星雲社（共同出版社・流通責任出版社）
〒112-0005　東京都文京区水道1-3-30
Tel 03（3868）3275
装　幀　　2DAY
印刷・製本　シナノ印刷株式会社

ISBN978-4-434-34401-5 C0095
乱丁・落丁本は風詠社宛にお送りください。お取り替えいたします。